高等学校新工科计算机类专业系列教材

U0159639

C 语言程序设计

主　编　彭莹琼　杨　珺　黄伟继

副主编　代　飞　杨红云　殷　华　舒　晴

参　编　邓　泓　王　超　史　珊　钟文博

西安电子科技大学出版社

内 容 简 介

本书作为"C 语言程序设计"课程的教材,全面、系统地介绍了 C 语言程序的基本概念、语义和语法,并精心设计了一个贯穿于各章节的大案例,以方便学习理解。

全书共 12 章,主要内容包括 C 语言及程序设计概述,数据类型、运算符与表达式,C 语言程序设计初步,顺序结构程序设计,选择结构程序设计,循环结构程序设计,数组,函数,预处理命令,指针,结构体与共用体,文件。书中设计和挑选了大量具有代表性的例题,从实际问题出发进行详细阐述,并选择合理的数据结构、构造算法、编码的结构化程序设计过程,引导学生逐步掌握程序设计的思想、方法和技巧。

本书可作为高等学校计算机类专业的基础教材,也可作为相关专业人员的参考用书。

图书在版编目(CIP)数据

C 语言程序设计 / 彭莹琼,杨珺,黄伟继主编. —西安:西安电子科技大学出版社,2021.7
(2024.9 重印)
ISBN 978–7–5606–6108–7

Ⅰ. ①C… Ⅱ. ①彭… ②杨… ③黄… Ⅲ. ①C 语言—程序设计—教材
Ⅳ. ①TP312.8

中国版本图书馆 CIP 数据核字(2021)第 120479 号

策　　划　李鹏飞
责任编辑　李鹏飞
出版发行　西安电子科技大学出版社(西安市太白南路 2 号)
电　　话　(029)88202421　88201467　　邮　　编　710071
网　　址　www.xduph.com　　　　　电子邮箱　xdupfxb001@163.com
经　　销　新华书店
印刷单位　广东虎彩云印刷有限公司
版　　次　2021 年 7 月第 1 版　2024 年 9 月第 2 次印刷
开　　本　787 毫米×1092 毫米　1/16　印　张　17.5
字　　数　414 千字
定　　价　49.00 元
ISBN 978-7-5606-6108-7

XDUP 6410001–2

如有印装问题可调换

前　　言

计算机语言从最初的机器语言、汇编语言发展到现在的高级语言，表达方式越来越接近人类的自然语言，处理问题的方式也越来越接近现实世界。在高级语言中，C 语言是使用最广泛的高级语言之一，是计算机从业人员应该掌握的一种重要的程序设计工具。C 语言具有语法丰富、结构清晰、使用灵活、执行高效等特点。C 语言程序设计作为大多数高等学校计算机类专业的第一门程序设计基础课程，对学生掌握程序设计的基础方法、训练计算思维方法起到很好的作用。

本书编者多年从事 C 语言程序设计课程的教学和教学改革工作，在编写本书时从教学的实际情况出发，结合学生反馈的问题，采用案例教学方法，着力培养学生独立编程和思考的能力。

本书的章节编排以学生的学习和认知过程为基础，注重内容的可读性和可用性，力求与实际工程需求相匹配。全书共 12 章。第 1 章给出一个大案例并对 C 语言及程序设计进行了介绍；第 2 章介绍了 C 语言的数据类型、运算符与表达式；第 3 章介绍了 C 语言程序设计基础知识；第 4～6 章分别介绍了程序控制语句及其应用；第 7 章讲述了 C 语言中的数组及其使用方法；第 8 章介绍了函数的概念与使用方法及应用；第 9 章介绍了预处理命令及应用；第 10 章介绍了指针；第 11 章讲述了结构体与共用体；第 12 章详细介绍了文件的相关知识。

本书具有以下特点：

(1) 内容力求简明。精心设计的例题既能帮助学生理解知识，又具有启发性，可实现教与学的统一。

(2) 语言通俗易懂，内容丰富翔实，突出了以实用为中心的特点。本书可以帮助学生用较少的时间掌握较多的知识。

(3) 本书采用"做中学，学中做"的教学方法，通过对实例、案例的分析，达到师生互动的目的。

本书由彭莹琼、杨珺、黄伟继担任主编，代飞、杨红云、殷华、舒晴担任副主编，邓泓、王超、史珊、钟文博参与编写。其中，第 1、2、8、11、12 章由彭莹琼、邓泓、代飞共同编写，第 3～6 章由黄伟继、杨珺、王超、史珊、钟文博共同编写，第 7 章由舒晴编写，第 9 章由殷华编写，第 10 章由杨红云编写。彭莹琼、邓泓制定了本书的编写大纲，并对全书进行了修改和补充。

　　本书在编写过程中借鉴了很多教材的成功经验，参考了很多文献，在此向参考文献的作者们表示由衷的感谢。我们会不断努力，把最新的教改成果运用到教学中来。

　　由于编者学识有限，书中不足之处在所难免，恳请各位读者和专家批评指正。

编　者

2021 年 3 月

目 录

第 1 章　C 语言及程序设计概述

1.1　C 语言案例——学生通讯录管理系统的制作

C 语言是一种被国内外广泛使用的语言，是国内高等院校普遍开设的基础课程之一，也是程序设计人员所需掌握的基础性语言。

本书从一个大家熟悉的案例入手，将此案例所涉及的知识点分散在每个章节来讲述，学生学习完本书的各章节后就可以了解整个案例的功能，从而掌握 C 语言的操作技巧。

1. 系统简介

学生通讯录管理系统能够实现对联系人基本信息进行添加、显示、查找(按学号、姓名、电话号码)、删除(按学号、姓名、电话号码)等基本管理操作。

2. 源代码及注释

实现系统基本功能的源代码及注释如下：

```c
#include <stdio.h>
#include <string.h>
#include <stdlib.h>
struct student
{
    char rcord[10];             //学号
    char name[20];              //姓名
    char phone[12];
    char qq[20];
};
int num=0;                      //全局变量
struct student stu[1000];       //最大可存 1000 张名片
void student();                 //主菜单
void student1();                //添加联系人
void student2();                //显示通讯录
void student3();                //查找联系人
void student3_1();              //按姓名查找
void student3_2();              //按学号查找
void student3_3();              //按电话查找
void student4();                //删除联系人
```

```c
void student4_1();            //按姓名删除
void student4_2();            //按学号删除
void student4_3();            //按电话删除
void main()                   //主函数
{
    student ();
}
void student()                //主界面
{
    int a, k;
    system("cls");
    system("color f2");
    printf ("\n\n\n\n\n\n");
    printf ("\t\t\t【学生通讯录管理系统】\n");
    printf("================================\n");
    printf ("\t\t\t*************\n");
    printf ("\t\t\t*1.添加联系人 *\n");
    printf ("\t\t\t*2.显示通讯录 *\n");
    printf ("\t\t\t*3.查找联系人 *\n");
    printf ("\t\t\t*4.删除联系人 *\n");
    printf ("\t\t\t*0.退出该程序 *\n");
    printf ("\t\t\t*************\n");
    printf("================================\n");
    scanf ("%d", &a);
    switch (a)
    {
        case 0: exit(0);
        case 1:
        {
            student1 ();
            student ();
            break;
        }
        case 2:
        {
            student2();
            break;
        }
        case 3:
```

```
        {
            student3();
            student ();
            break;
        }
        case 4:
        {
            student4();
            student ();
            break;
        }
        default:
        {   printf("输入错误, 请输入正确的选项, 是否继续(1 是 0 否)\n");
            scanf("%d", &k);
            if (k==1)
                student ();
            else exit(0);
        }
    }
}
void student1 ()                    //添加联系人
{
    int i, k;
    system ("color 84");
    for (i=0; i<=200; i++)
    {
        system ("cls");
        printf ("\n\n\t 输入学号\n\t");
        scanf ("%s", stu[num].rcord );
        printf ("\n\n\t 输入姓名\n\t");
        scanf ("%s", stu[num].name);
        printf ("\n\n\t 输入电话\n\t");
        scanf ("%s", stu[num].phone);
        printf ("\n\n\t 输入 Q　Q\n\t");
        scanf ("%s", stu[num].qq);
        num++;
        printf ("是否继续添加(1 是 0 否)");
        scanf("%d", &k);
        if (k==1)
```

```
                printf("===============================\n");                    else
            break;
        }
    }
    void student2 ()                //显示通讯录
    {
        system ("cls");
        system ("color e0");
        int i;
        char k;
        if (num==0)
            printf ("\n\n\n\t\t\t 您的通讯录为空!\n");
        for (i=0; i<num; i++)
        {
            printf ("\n 学号: %s\n 姓名: %s\n 电话: %s\nQ   Q: %s\n", stu[i].rcord, stu[i].name, stu[i].
                phone, stu[i].qq);
            printf("===============================\n");
        }
        printf ("按任意键返回主菜单");
        scanf ("%s", &k);
        student ();
    }
    void student3 ()                //查找联系人
    {
        int i;
        system ("cls");
        system ("color 40");
        printf("\n\n\n\n\n*********************************\n");
        printf ("\t\t1 按姓名查找\n");
        printf ("\t\t2 按学号查找\n");
        printf ("\t\t3 按电话查找\n");
        printf ("*********************************\n");
        printf ("请选择: (按其他数字键返回! )");
        scanf ("%d", &i);
        switch (i)
        {
            case 1:
            {
                student3_1 ();
```

```c
                break;
            }
            case 2:
            {
                student3_2 ();
                break;
            }
            case 3:
            {
                student3_3 ();
                break;
            }
        }
    }
    void student3_1 ()            //按姓名查找
    {
        int k, n;
        char name[20];
        printf ("请输入姓名: ");
        scanf ("%s", &name);
        for (k=0; k<num; k++)
        {
            if (strcmp(stu[k].name, name)==0)
            {
                printf ("\n\t 学号: %s\n", stu[k].rcord);
                printf ("\n\t 姓名: %s\n", stu[k].name);
                printf ("\n\t 电话: %s\n", stu[k].phone);
                printf ("\n\tQ  Q: %s\n", stu[k].qq);
            }
        }
        printf ("是否继续查找(1 是 0 否)");
        scanf ("%d", &n);
        if (n==1)
            student3 ();
        else
            student ();
    }
    void student3_2 ()              //按学号查找
    {
```

```c
        int k, n;
        char rcord[20];
        printf ("请输入学号: ");
        scanf ("%s", &rcord);
        for (k=0; k<num; k++)
        {
            if (strcmp(stu[k].rcord, rcord)==0)
            {
                printf ("\n\t 学号: %s\n", stu[k].rcord);
                printf ("\n\t 姓名: %s\n", stu[k].name);
                printf ("\n\t 电话: %s\n", stu[k].phone);
                printf ("\n\tQ   Q: %s\n", stu[k].qq);
            }
        }
        printf ("是否继续查找(1 是 0 否)");
        scanf ("%d", &n);
        if (n==1)
            student3 ();
        else
            student ();
}
void student3_3 ()              //按电话查找
{
        int k, n;
        char phone[20];
        printf ("请输入电话: ");
        scanf ("%s", &phone);
        for (k=0; k<num; k++)
        {
            if (strcmp(stu[k].phone, phone)==0)
            {
                printf ("\n\t 学号: %s\n", stu[k].rcord);
                printf ("\n\t 姓名: %s\n", stu[k].name);
                printf ("\n\t 电话: %s\n", stu[k].phone);
                printf ("\n\tQ   Q: %s\n", stu[k].qq);
            }
        }
        printf ("是否继续查找(1 是 0 否)");
        scanf ("%d", &n);
```

```c
    if (n==1)
        student3 ();
    else
        student ();
}
void student4 ()                //删除联系人
{
    int i;
    system ("cls");
    system ("color 60");
    printf("\n\n\n\n\n***********************************\n");
    printf ("\t\t1 按姓名删除\n");
    printf ("\t\t2 按学号删除\n");
    printf ("\t\t3 按电话删除\n");
    printf ("***********************************\n");
    printf ("请选择: (按其他数字键返回！)");
    scanf ("%d", &i);
    switch (i)
    {
        case 1:
        {
            student4_1 ();
            break;
        }
        case 2:
        {
            student4_2 ();
            break;
        }
        case 3:
        {
            student4_3 ();
            break;
        }
    }
}
void student4_1 ()              //按姓名删除
{
    int i, k, n, a;
```

```
        char name[20];
        printf ("请输入姓名: ");
        scanf ("%s", &name);
        for (k=0; k<num; k++)
        {
            if (strcmp(stu[k].name, name)==0)
            {
                printf ("\n\t 学号: %s\n", stu[k].rcord);
                printf ("\n\t 姓名: %s\n", stu[k].name);
                printf ("\n\t 电话: %s\n", stu[k].phone);
                printf ("\n\tQ    Q: %s\n", stu[k].qq);
                printf ("确定要删除联系人! (1 是 0 否)");
                scanf ("%d", &i);
                if (i==1)
                {
                    for (a=k; a<num-1; a++)
                        stu[a]=stu[a+1];
                    num--;
                }
                break;
            }
        }
        printf ("是否继续删除(1 是 0 否)");
        scanf ("%d", &n);
        if (n==1)
            student4 ();
        else
            student ();
}
void student4_2 ()              //按学号删除
{
        int i, k, n, a;
        char rcord[20];
        printf ("请输入学号: ");
        scanf ("%s", &rcord);
        for (k=0; k<num; k++)
        {
            if (strcmp(stu[k].rcord, rcord)==0)
            {
```

```
            printf ("\n\t 学号: %s\n", stu[k].rcord);
            printf ("\n\t 姓名: %s\n", stu[k].name);
            printf ("\n\t 电话: %s\n", stu[k].phone);
            printf ("\n\tQ    Q: %s\n", stu[k].qq);
            printf ("确定要删除联系人! (1 是 0 否)");
            scanf ("%d", &i);
            if (i==1)
            {
                for (a=k; a<num-1; a++)
                    stu[a]=stu[a+1];
                num--;
            }
        }
    }
    printf ("是否继续删除(1 是 0 否)");
    scanf ("%d", &n);
    if (n==1)
        student4 ();
    else
        student ();
}
void student4_3 ()              //按电话删除
{
    int i, k, n, a;
    char phone[20];
    printf ("请输入电话: ");
    scanf ("%s", &phone);
    for (k=0; k<num; k++)
    {
        if (strcmp(stu[k].phone, phone)==0)
        {
            printf ("\n\t 学号: %s\n", stu[k].rcord);
            printf ("\n\t 姓名: %s\n", stu[k].name);
            printf ("\n\t 电话: %s\n", stu[k].phone);
            printf ("\n\tQ    Q: %s\n", stu[k].qq);
            printf ("确定要删除联系人! (1 是 0 否)");
            scanf ("%d", &i);
            if (i==1)
            {
```

```
        for (a=k; a<num-1; a++)
            stu[a]=stu[a+1];
        num--;
        }
      }
    }
    printf ("是否继续删除(1 是 0 否)");
    scanf ("%d", &n);
    if (n==1)
        student4 ();
    else
        student ();
}
```

1.2　C 语言简介

　　要进行程序设计,必须用到计算机语言。人们可根据任务的需求采用计算机语言编写出程序,然后运行程序得到结果。要学习并熟悉一门语言,必须先对该语言有一个基本的了解。本章将主要介绍 C 语言的发展过程、主要特点、程序结构、字符集、词汇以及编译工具(Visual C++ 6.0 和 C-Free 3.5)等。

1. C 语言的发展过程

　　C 语言是国际上广泛流行的计算机高级语言,是一种编译型程序设计语言,是 20 世纪 70 年代初问世的。最初的 C 语言只是描述和实现 UNIX 操作系统的一种工作语言,1973年 Ken Thompson 和 D. M. Ritchit 合作将 UNIX 90%以上的部分用 C 语言改写,即 UNIX第五版。随着 UNIX 的广泛使用,C 语言也迅速得到推广。1978 年以后,C 语言被移植到大型计算机、工作站等机型的操作系统上,逐渐成为编制各种操作系统和复杂系统软件的通用语言。

　　1978 年,美国电话电报公司(AT&T)贝尔实验室发表了 C 语言,B. W. Kernighan 和 D.M. Ritchit 合著了著名的《THE C PROGRAMMING LANGUAGE》一书,全面介绍了 C 语言。这本书中对 C 语言的描述也被人们称为 C 语言的"K&R"标准。但是,在这本书中实际上并没有定义一个完整的 C 语言标准。1983 年,美国国家标准化协会(ANSI)根据 C语言问世以来的各种版本,对 C 语言的发展和扩充制定了 ANSI C 标准(1989 年再次作了修订)。1999 年,ANSI 对 C 语言标准进行修改,在基本保留原来的 C 语言特征的基础上,针对应用的需求增加了一些功能,尤其是 C++ 中的一些功能,这一版本被称为 C99。此标准又于 2001 年和 2004 年先后两次被修正,成为现行的 C 语言标准。

2. C 语言的主要特点

　　C 语言是一种用途广泛、功能强大、使用灵活的过程性编程语言,既可用于编写应用软件,又可用于编写系统软件。C 语言具有以下主要特点:

(1) 语言简洁、紧凑，使用方便、灵活。

C 语言有 37 个关键字(如表 1-1 所示)，9 种控制语句，程序的书写形式也很自由，主要以小写字母书写语句，并有大小写之分。

表 1-1　C 语言的 37 个关键字

数据类型关键字(12 个)	int，char，float，double，long，short，signed，unsigned，void，struct，union，enum
控制语句关键字(12 个)	if，else，for，while，do，break，continue，goto，case，switch，default，return
存储类型关键字(4 个)	auto，static，extern，register
其他类型关键字(4 个)	sizeof，typedef，const，volatile
C99 新增关键字(5 个)	Inline，_bool，_Complex，_Imaginary，restrict

注：在 C 语言中，字母是区分大小写的。

(2) 数据类型丰富。

C 语言具有丰富的数据类型，除了基本数据类型，如整型(int)、字符型(char)、实型(float 和 double)外，还有各种构造类型，如数组、指针、结构体等。利用这些数据类型可以实现复杂的数据结构。C99 扩充了复数浮点类型、超长整型和布尔类型。

(3) 运算符极其丰富。

C 语言共有 34 种运算符，括号、赋值、条件、强制类型转换等都以运算符的形式出现，使得 C 语言的表现能力和处理能力极强，很多算法更容易实现。

(4) C 语言是结构化的语言。

C 语言是以函数形式提供给用户的，这些函数可以方便地调用，并配有结构化的控制语句(if-else、switch、while、for)，方便程序实现模块化设计。

(5) C 语言的语法灵活，限制不是十分严格。

C 语言的语法灵活，对数组的下标越界不进行检查，只能由程序编写者来保证程序的正确性；对变量的类型使用比较灵活，整型数据和字符型数据以及逻辑数据可以通用。

(6) C 语言可以对硬件进行操作。

C 语言将高级语言的基本结构和语句与汇编语言的实用性结合起来，可直接访问内存物理地址和硬件寄存器，直接对二进制位(bit)进行运算。C 语言与计算机处理的是同一类型的对象，即字符、数和地址，它与其他高级语言相比，显得更像汇编语言。因此，C 语言又被称为中级语言。C 语言是与硬件无关的通用程序设计语言，它可以进行许多机器级函数控制而不用汇编语言。通过 C 语言库函数的调用，可实现 I/O 操作，因而程序简洁，编译程序体积小。

(7) C 语言程序的可移植性好。

用 C 语言编写的程序不必修改或作少量修改就可在各种型号的计算机或各种操作系统上运行。例如，在使用 Windows 操作系统的计算机上编写的 C 语言程序，不必修改或作少量修改就可成功移植到使用 Linux 操作系统的计算机上。C 语言的 ANSI 标准(有关编译器的一组规则)进一步加强了可移植性。

(8) C 语言生成的目标代码质量高，程序执行效率高。

1.3 C 语言源程序结构

1. C 语言程序的结构及其主要特点

C 语言是一种使用非常方便的语言，为了了解 C 语言源程序结构的特点，先给出以下两个程序例题。虽然有关内容还未介绍，但可从这些例题中了解到一个 C 语言源程序的基本组成部分和书写格式。

【**例 1.1**】 编写程序，将"欢迎进入编码世界！"显示在计算机的屏幕上。参考程序如下：

```
#include <stdio.h>
void main()
{   printf("欢迎进入编码世界！\n");
}
```

运行结果如图 1-1 所示。

图 1-1　运行结果

程序说明：

第 1 行"#include <stdio.h>"中，#include 是文件包含命令。其功能是：在此处将 stdio.h 文件与当前的源程序连成一个程序文件。stdio.h 是 C 语言编译系统提供的一个头文件(库文件)，含有标准输入/输出(standard input & output)函数的信息，供 C 语言编译系统使用。为了显示输出程序的运行结果，本程序 main()函数中使用了系统提供的标准输出函数printf()。开始学习 C 语言时，要记住：只要程序中用到系统的标准库函数，就应在程序开始处写出#include <stdio.h> (有关#include 命令的更详细的叙述可参看本书 9.2 节的内容)。

第 2 行"void　main()"中，main()是 C 语言程序中的主函数，标识符 void 说明该函数的类型为"空"(即执行该函数后不产生函数值)。如果不书写 void，默认为 int，则不会出现问题。每个 C 语言程序都必须有且只有一个 main()函数。C 语言程序从 main()函数的开始处(以"{"标记)执行，一直到 main()函数的终止处(以"}"标记)停止。main()函数相当于其他高级语言中的主程序，而其他函数相当于子程序，可被 main()函数调用；main()函数只可被系统调用，不可被其他函数调用。

第 3 行和第 4 行的"{"　"}"是 main()函数体的标识符。C 语言程序中的函数(无论是标准库函数还是用户自定义的函数)都由函数名和函数体两部分组成，函数体由若干条语句组成，用"{}"号括起来，完成一定的函数功能。

本例 main()函数的函数体只有一条语句，即第 3 行"printf ("欢迎进入编码世界！\n");"

这是 C 语言编译系统提供的标准函数库中的输出函数(参见本书 3.3 节)。main()函数通过调用库函数 printf()，实现运行结果的输出显示。在 printf()的圆括号内用双撇号括起来的字符串按原样输出，其中"\n"是换行符，"；"是语句结束符。程序运行之后，可在计算机屏幕上显示"欢迎进入编码世界!"，并将光标移至下一行的开始处。

【例 1.2】　由用户输入两个整数，程序执行后输出最大数。

参考程序如下：

```
#include <stdio.h>
/* 定义 max()函数，函数值为整型，形式参数 a、b 为整型 */
int max(int a, int b)
{
    if(a>b)return a;
    else return b;                  //如果 a>b，则返回大数 a，否则返回大数 b
}
main()                              /*主函数*/
{
    int max(int a, int b);          //对函数 max 的声明
    int x, y, z;                    //这是声明部分，定义变量 x、y、z 为整型
    printf("请输入 x，y 的值：\n");  //提示要输入两个整数
    scanf("%d%d", &x, &y);          //从键盘上接收变量 x、y 的值
    z=max(x, y);                    //调用 max()函数，并将得到的返回值赋给变量 z
    printf("maxmum=%d", z);         //在屏幕上输出最大数的数值(z 值)
}
```

运行结果为：

请输入 x，y 的值：4 5↙(输入 4 和 5，用空格隔开并按回车键。加下划线表示从键盘输入，"↙"代表按 Enter 键，以下同。)

输出结果为：

maxmum=5

程序说明：程序由两个函数组成，主函数和 max()函数(子函数)。函数之间是并列关系。运行时从主函数开始，即从主函数中调用其他函数。max()函数的功能是比较两个数，然后把较大的数返回给主函数。max()函数是一个用户自定义函数，因此在主函数中要给出声明(主程序第 3 行)。可见，在程序的声明部分中，不仅可以有变量声明，还可以有函数声明。关于函数的详细内容将在第 8 章介绍。在程序中用/* 和 */括起来的内容和//后面的内容均为注释部分，不参与程序的运行。

从例 1.1、例 1.2 中可以看出 C 语言程序的结构及其特点：

(1) 函数是 C 语言程序结构的基本单位。

一个 C 语言程序可以由一个或多个函数组成。函数内容是用{}括起来的部分，通常表示了程序的某一层次结构。C 语言中的所有函数都是相互独立的，它们之间仅有调用关系。函数可以是系统提供的标准库函数，如 printf()、scanf()，也可以是用户自行编制的函数，如 max()。

(2) C 语言程序有且只有一个主函数。

C 语言程序必须有且只有一个主函数 main()，无论 main()是在程序的开头、最后还是其他位置，主函数 main()都是程序的入口点，程序总是从 main()开始执行。当主函数执行完毕时，程序即执行完毕。习惯上，将主函数 main()放在程序的最前面。

(3) 函数由两个部分组成。

C 语言中的函数由函数首部和函数体组成。

函数首部：函数的第一行，包括函数类型、函数名、函数属性、函数参数(形参类型)类型和参数名称。

如例 1.2 中 max()函数的首部：

int	max	(int	a,	int	b)
函数类型	函数名	参数类型	参数名称	参数类型	参数名称

一个函数名后面必须跟一对圆括号，括号内写函数的参数名称及其类型，如果函数没有参数，可以在括号中写 void，也可以不写，直接为空，如 int main(void)或者 int main()。

函数体：函数首部下面的花括号内的部分。如果在一个函数中包括多层花括号，则最外面一层的那对花括号是函数体的定界符。

函数体一般包含两个部分：声明部分(定义部分)和执行部分。

声明部分包括定义本函数中所有使用的变量。如例 1.2 中，在 main()函数中定义变量"int x, y, z;"，对本函数中调用的所有变量进行声明，用"int max(int a, int b);"对 max()函数进行声明。

执行部分包括定义声明语句以外的语句，用以指定函数中所进行的操作。

在某些情况下，可以没有声明部分或者没有执行部分，甚至可以同时没有声明部分和执行部分。如：

```
void main()
{ }
```

这表示一个空函数，什么都没有执行，也是合法的。

(4) 书写风格比较自由。

C 语言的书写风格是比较自由的，一行可以写一条或多条语句，一条语句也可以分写在多行上。C 语言每条语句必须以";"结束。只有一个";"的语句称为空语句。每一个声明、每一条语句都必须以分号结尾。但预处理命令、函数头和花括号"}"之后不能加分号。在实际编写中，应该注意程序的书写格式，要易于阅读，方便理解。

(5) 标识符要区分大小写。

系统的关键词一般由小写字母组成。用户定义的变量名、函数名等标识符一般也由小写字母组成，但不能和系统的关键字相同。

(6) 标识符先声明后使用。

C 语言程序中所用到的各种各样的量(标识符)要先声明后使用，有时还要加上变量引用说明和函数引用说明。

(7) C 语言有编译预处理命令。

由"#"开头的行称为宏定义或文件包含，它是 C 语言中的编译预处理命令，末尾无";"号。每条编译命令需要单独占一行。

(8) 注释语句。

C 语言的注释语句有块注释(格式为：/* 注释内容 */)和行注释(格式为：//注释内容)。注释只增加程序的可读性，但不被计算机执行。

注释可放在函数的开头，对函数的功能作简要的说明，也可放在某一条语句之后，解释该语句的功能。

(9) C 语言本身没有输入/输出语句。

输入/输出操作是由标准库函数 scanf 和 printf 完成的。由于输入/输出操作涉及具体的硬件设备，因此将输入/输出操作放在函数中处理，可简化 C 语言程序本身，使程序具有可移植性。

2. C 语言的字符集

字符是组成语言的最基本的元素。C 语言字符集由字母、数字、空白符、标点和特殊字符组成。在字符常量、字符串常量和注释中还可以使用汉字或其他可表示的图形符号。C 语言的字符集包括：

(1) 字母：小写字母 a~z 共 26 个，大写字母 A~Z 共 26 个。

(2) 数字：0~9 共 10 个。

(3) 空白符：包括空格符、制表符、换行符等。空白符只在字符常量和字符串常量中起作用，在其他地方出现时只起间隔作用。编译程序时将忽略空白符，因此在程序中使用空白符与否对程序的编译不产生影响，但在程序中适当的地方使用空白符将增加程序的清晰性和可读性。

(4) 标点和特殊字符。

3. C 语言词汇

在 C 语言中使用的词汇分为六类：标识符、关键字、运算符、分隔符、常量、注释符等。

(1) 标识符。

在程序中使用的变量名、函数名、标号等统称为标识符。除了库函数的函数名由系统定义，其余都由用户自定义。C 语言规定，标识符只能是字母(A~Z，a~z)、数字(0~9)、下划线(_)组成的字符串，并且其第一个字符必须是字母或下划线。

合法的标识符，比如 a1、x21、_1a、x_1、float5、Int。

非法的标识符，比如 1a(以数字开头)、A+b(出现非法字符 +)、-3x(以减号开头)、int-1(出现非法字符 -)、float(与关键字相同)。

在使用标识符时还必须注意以下几点：

① 标准 C 语言不限制标识符的长度，但它受各种版本的 C 语言编译系统限制，同时也受到具体机器的限制。例如，在某版本 C 语言中规定标识符前八位有效，当两个标识符前八位相同时，则被认为是同一个标识符。

② 在标识符中，大小写是有区别的。例如，NUM 和 num 是两个不同的标识符。

③ 标识符虽然可由程序员随意定义，但标识符是用于标识某个量的符号。因此，命名应尽量有相应的意义，以便"顾名思义"。

(2) C 语言的关键字。

关键字是 C 语言规定的具有特定意义的字符串，通常也被称为保留字。用户定义的标识符不能与关键字相同。C 语言的关键字共有 37 个,根据关键字的作用不同,可将关键字分为数据类型关键字、控制语句关键字、存储类型关键字、其他类型关键字和 C99 新增关键字五类,如表 1-1 所示。

(3) 运算符。

C 语言中含有相当丰富的运算符。运算符与变量、函数一起组成表达式,表示各种运算功能。运算符由一个或多个字符组成。

(4) 分隔符。

C 语言中采用的分隔符有空格符和逗号两种。空格多用于语句各单词之间,作间隔符;逗号主要用在类型说明和函数参数表中,用以分隔各个变量。关键字、标识符之间必须要有一个以上的空格符作为间隔,否则将会出现语法错误。例如:将 int a; 写成 inta;,C 语言编译器会把 inta 当成一个标识符进行处理,其结果必然出错。

(5) 常量。

C 语言中使用的常量可分为数字常量、字符常量、字符串常量、符号常量、转义字符等多种。在第 2 章中将专门进行介绍。

(6) 注释符。

C 语言的块注释符是以“/*”开头并以“*/”结尾的串。在“/*”和“*/”之间的内容即为注释。行注释符“//”后面的就是注释内容。

编译程序时,不对注释作任何处理。注释可出现在程序中的任何位置,用于向用户提示或解释程序。在调试程序中对暂不使用的语句也可用注释符括起来,以便跳过不作处理,待调试结束后再去掉注释符。

1.4 C 语言编译工具

语言编程及程序设计是实践性很强的过程,都必须在计算机上运行所编程序,以检验程序的正确与否。因此在学习编程语言时,一定要重视上机实践环节,一方面通过上机可以加深理解 C 语言的有关概念,巩固理论知识,另一方面也可以培养程序调试的能力与技巧。

1. C 语言程序的编译和运行

按照 C 语言语法规则编写的 C 程序称为源程序。源程序由字母、数字及其他符号等构成,在计算机内部用相应的 ASCII 码表示,并保存在扩展名为“.c”的文件中。源程序是无法直接被计算机运行的,因为计算机的 CPU 只能执行二进制机器指令。这就需要把 ASCII 码的源程序先翻译成机器指令,然后才能运行。

源程序翻译过程由两个步骤实现:编译与连接。首先对源程序进行编译处理,即把每一条语句用若干条机器指令来实现,以生成由机器指令组成的目标程序。但目标程序还不能马上交给计算机直接运行,因为在源程序中,输入、输出以及常用函数运算并不是用户自己编写的,而是由调用系统函数库中的库函数实现的。所以必须把“库函数”的处理过程连接到经编译生成的目标程序中,生成可执行程序,并经机器指令的地址重定位,才可由计算机运行,得到结果。

C 语言程序的调试、运行步骤如图 1-2 所示。

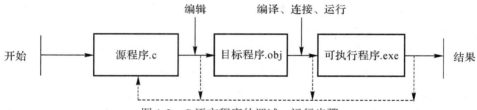

图 1-2　C 语言程序的调试、运行步骤

图 1-2 中，虚线表示在运行过程中某一步出现错误时的修改路线。程序运行时，无论是出现编译错误、连接错误还是运行结果不对(源程序中有语法错误或逻辑错误)，都需要修改源程序，并对它重新进行编译、连接和运行，直至将程序调试正确为止。

2. Visual C++ 6.0 编译工具简介

Visual C++ 6.0 是由 Microsoft 公司开发的基于 Windows 的 C/C++语言的开发工具。它是 Microsoft Visual Studio 套装软件的一部分。运行 Microsoft Visual Studio 套装软件中的安装程序(setup.exe)，即可安装 Visual C++ 6.0。安装完成后，可在桌面上创建 Visual C++ 6.0 快捷方式图标，双击该图标，即进入 Visual C++ 6.0 的集成开发主窗口，如图 1-3 所示。

由于 C++语言是从 C 语言发展而来的，C++语言和 C 语言在很多方面是兼容的，因此可以用 C++语言的编译系统对 C 语言程序进行编译。在学习 C 语言时，使用 Visual C++ 6.0 的集成开发环境编制程序，有利于以后 C++语言的学习。本书各章节的所有例题均是基于 Visual C++ 6.0 的平台调试和运行的。下面简单介绍 Visual C++ 6.0 集成开发环境的使用。

1) Visual C++ 6.0 集成开发主窗口

如图 1-3 所示，Visual C++ 6.0 主窗口自上而下分别是标题栏、菜单栏、工具栏、项目工作区窗口(左)、程序和资源编辑区窗口(右)、信息输出窗口和状态栏。

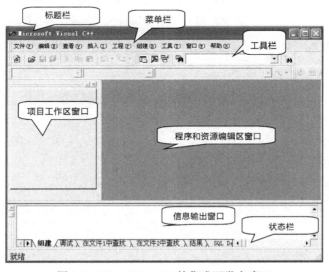

图 1-3　Visual C++ 6.0 的集成开发主窗口

菜单栏包含 9 个菜单项：文件(File)、编辑(Edit)、查看(View)、插入(Insert)、工程(Project)、组建(Build)、工具(Tools)、窗口(Window)、帮助(Help)。若单击每个菜单项，则弹出下拉

菜单。

2) 输入和编译源程序

(1) 编辑 C 语言源程序并存储。

单击"文件"→"新建"命令，弹出新建对话框；再单击"文件"选项卡，选择 C++ Source File 项，在文件名栏内输入 C 语言源程序文件名"Z1.c"，在位置栏内输入 C 语言源程序存放的路径及文件夹"F:\VC"，如图 1-4 所示。

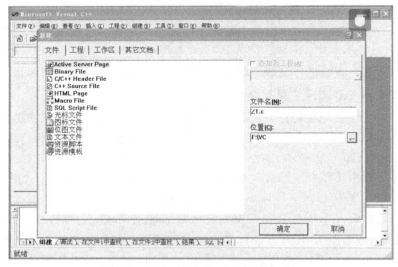

图 1-4　新建对话框的"文件"选项卡

这样，就把要输入和编辑的 C 语言源程序 Z1.c 存放在 F:\VC 文件夹内。点击"确定"按钮，返回到 Visual C++ 6.0 主窗口。

在主窗口内输入源程序，用编辑菜单上的命令项进行编辑，如图 1-5 所示。经检查无误后，单击"文件"→"保存"命令，写入保存的路径，即可保存编辑好的 C 语言源程序。

图 1-5　输入和编辑 C 语言源程序

(2) 编译、连接源程序。

单击"组建"→"编译"命令，对源程序进行编译。在点击"编译"命令后，弹出一个对话框，显示"This build command requires an active project workspace. Would you like to create a default project workspace?"(此编译命令要求有一个有效的项目工作区，你是否同意建立一个默认的项目工作区？)，如图 1-6 所示。单击"是"按钮，于是开始编译。

图 1-6　询问项目工作区的对话框

在编译过程中，如果有错，则停止编译，并在信息输出窗口中显示出错信息，用户可对错误进行修改，再重新编译，直到无错误信息为止。编译完成后，系统将生成目标文件 Z1.OBJ，如图 1-7 所示。

图 1-7　C 语言源程序的编译结果

生成的目标文件 Z1.OBJ 还需要与系统资源文件(如库函数、头文件等)进行连接操作。单击"组建"→"组建 Z1.exe"命令。如果在连接过程中发现有错误，则停止连接操作，并在信息输出窗口显示出错信息，用户可对错误进行修改，再重新进行连接操作，直到没有错误为止。系统将会自动生成一个可执行文件 Z1.exe，如图 1-8 所示。

图 1-8　连接窗口

（3）运行程序。

单击"组建"→"执行 Z1.exe"命令，运行 Z1.exe 程序。程序被执行后，弹出输出结果的窗口，如图 1-9 所示。

图 1-9　输出结果的窗口

输出结果的窗口中，第 1 行是程序的输出：

欢迎，学习愉快！

第 2 行是提示信息：Press any key to continue。按任意键后，可从输出结果的窗口返回到 Visual C++ 6.0 集成开发主窗口。

3. C-Free 3.5 编译工具简介

C-Free 3.5 是一款基于 Windows 的 C/C++ 集成化开发软件，它使用方便，功能强大。

使用者利用该软件可以轻松地编辑、编译、连接、运行、调试 C/C++ 程序。C-Free 3.5 软件可直接双击图标安装。

用 C-Free 3.5 创建一份新的代码文件的步骤如下：

点击"文件"下的白色图标，或单击"文件"→"新建"命令，或按快捷键"Ctrl+N"(C-Free 3.5 默认情况下新建的代码文件为 .cpp 格式，可在"工具"→"环境选项"→"新建文件类型"中进行更改)。C-Free 3.5 启动后的操作界面如图 1-10 所示。

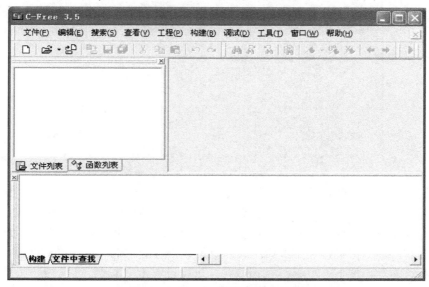

图 1-10　C-Free 3.5 集成操作界面

1) 文件的输入和保存

如图 1-11 所示，将源程序代码录入到输入界面，单击"文件"→"保存"命令，写入保存的路径即可(和 VC 的相同)。

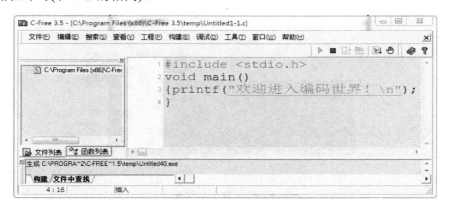

图 1-11　C-Free 3.5 程序输入界面

2) C-Free 3.5 的调试操作

图 1-12 是 C-Free 3.5 的"调试"工具栏操作界面，里面包含 C-Free 所提供的基本调试跟踪功能。该工具栏仅用于调试程序，进入了中断模式后才会出现。

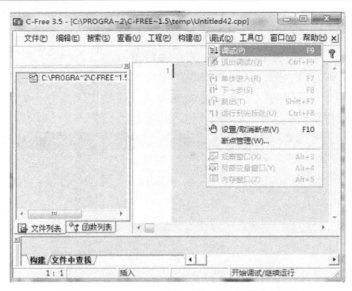

图 1-12　C-Free 3.5 "调试" 工具栏操作界面

先来了解一个叫作断点的概念。断点是一个信号，它通知调试器在某个特定点上暂时将程序执行挂起。当程序执行在某个断点处挂起时，我们称程序处于中断模式。进入中断模式并不会终止或结束程序的执行，执行可以在任何时候继续。调试跟踪首先要设置断点。设置断点的方法是：将鼠标移动到欲添加断点的代码行的左端，单击鼠标左键，或将光标移到欲加断点的行，按下 F10 键。在调试时，可以设置多个断点。

设置了断点后，点击菜单栏的 "调试" → "调试" 或者按 F9 键进行调试。程序会在碰到第一个断点的时候停下来，进入中断模式。这时，左下角的局部变量窗口会显示当前函数定义的变量名称和该变量的值。

3) C-Free 3.5 的运行

单击 "构建" → "构建" 命令，运行程序。程序被执行后，弹出输出结果的窗口，如图 1-13 所示。

图 1-13　C-Free 3.5 测试程序运行结果界面

第 2 章　数据类型、运算符与表达式

数据是计算机程序的重要组成部分，是程序处理的对象。通过第 1 章的学习，我们已经知道 C 语言程序中使用的各种变量都应预先加以声明，即先声明后使用。

声明即定义数据类型，在 C 语言中，数据类型可分为基本数据类型、构造数据类型、指针类型和空类型四大类。

本章将重点介绍基本数据类型、运算符和表达式、常量和变量、数据类型的转换、运算符的优先级和结合性。

2.1　基本数据类型

基本数据类型最主要的特点是，其值不可以再分解为其他类型。也就是说，基本数据类型是自我说明的。

基本数据类型包括整型、实型、字符型和枚举。本章只介绍前三种基本数据类型，枚举将在后面章节进行介绍。

按其取值是否可改变，基本数据类型量又分为常量和变量两种。在程序执行过程中，其取值不发生改变的量称为常量，取值可变的量称为变量。它们可与数据类型结合起来分类，又可分为整型常量、整型变量、字符型常量、字符型变量等。在程序中，常量是可以不经说明而直接引用的，而变量则必须先声明后使用。

1. 整型

整型主要包括整型常量和整型变量两种。

1) 整型常量

整型常量用于表示整数。整型数据可以以十进制、八进制和十六进制整数形式来表示，不同的进位制有不同的表示方式。

(1) 十进制整型常量。十进制整数由正、负号和阿拉伯数字 0～9 组成，但首位数字不能是 0。例如，−12、10、123 都是十进制整型常量。

(2) 八进制整型常量。八进制整数由正、负号和阿拉伯数字 0～7 组成，必须以 0 为首位数字。例如，012、−023、047 都是八进制整型常量。

(3) 十六进制整型常量。十六进制整数由正、负号、阿拉伯数字 0～9 和英文字符 A～F(a～f)组成，首位数字前必须加前缀 0X(0x)。例如，0x12、0X1E、−0x3F 都是十六进制整型常量。

三种进制形式表示的数据要注意区分，不能混淆。例如：−10 表示十进制负整数，010

表示八进制正整数，0x10F 表示十六进制正整数，这些都是正确的整型常量。078、0X2X、5B 就是不正确的整型常量。因为 078 作为八进制整数含有非法数字 8，作为十进制整数又不能以数字 0 开头；0X2X 作为十六进制整数含有非法字符 X；5B 作为十六进制整数却没有以 0X 开头。

整型常量可以采用以上三种进制形式来表示，但无论采用哪一种数制表示都不影响它的数值。例如，对于十进制数 10，可以采用十进制 10、八进制 012 和十六进制 0XA 来表示。

在 C 语言中，整数可以进一步划分为 short int(短整型)、int(基本整型)、long int(长整型)、long long int(双长整型)等类型。整型常量也采用类似的表示方法。当一个整型常量的取值在十进制范围 −32 768～32 767 之间时，则被视作一个 short int 型整数。若要表示长整型整数，则在数的末尾加后缀修饰符 "L" 或 "1"，由于字母 "1" 和数字 1 非常相像，因此在表示长整型数据时，建议用大写字母 "L" 来表示；若要表示无符号整型整数，则在数的最后加后缀 "U" 或 "u"。例如，12L 表示十进制长整型常量，12U 表示无符号整型常量。需要注意的是，虽然整型常量 12 和 12L 的数值一样，但在不同的编译环境下占用的空间不同，即在 Turbo C 2.0 环境下 12 占用 2 个字节，12L 占用 4 个字节，而在 Visual C++6.0 和 C-Free 3.5 环境下都占用 4 个字节的存储空间。

2) 整型变量

整型变量可分为以下几类：

(1) 基本整型。该类型说明符为 int，在内存中占 2 个字节或者 4 个字节(由具体的 C 语言编译系统自行决定)，其取值为基本整常数。

(2) 短整型。该类型说明符为 short int 或 short，在内存中占 2 个字节，取值范围为 −32 768～32 767，与占 2 个字节的基本整型取值一样。

(3) 长整型。该类型说明符为 long int 或 long，在内存中占 4 个字节，其取值为长整常数。

(4) 双长整型。该类型说明符为 long long int 或 long long，在内存中占 8 个字节，这是 C99 新增的类型，但许多 C 语言编译系统还没有实现。

(5) 无符号型。该类型说明符为 unsigned，又可与上述四种类型匹配构成以下几类：

① 无符号基本型：类型说明符为 unsigned int 或 unsigned。

② 无符号短整型：类型说明符为 unsigned short。

③ 无符号长整型：类型说明符为 unsigned long。

④ 无符号双长整型：类型说明符为 unsigned long long。

各种无符号类型量所占的内存空间字节数与相应的有符号类型量相同，但由于省去了符号位，故不能表示负数。

表 2-1 列出了 C 语言中各类整型变量所分配的内存字节数及数的表示范围。

整型变量声明的一般形式为：

　　　类型说明符 变量名标识符, 变量名标识符, …;

例如：int a，b，c(a、b、c 为整型变量)；long x，y(x、y 为长整型变量)；unsigned s，t(s、t 为无符号整型变量)。

表 2-1 各类整型变量信息表

类型说明符	数 的 范 围	分配字节数
int	$-32\ 768 \sim 32\ 767$，即 $-2^{15} \sim (2^{15}-1)$	2
	$-2\ 147\ 483\ 648 \sim 2\ 147\ 483\ 647$，即 $-2^{31} \sim (2^{31}-1)$	4
short [int]	$-32\ 768 \sim 32\ 767$，即 $-2^{15} \sim (2^{15}-1)$	2
long [int]	$-2\ 147\ 483\ 648 \sim 2\ 147\ 483\ 647$，即 $-2^{31} \sim (2^{31}-1)$	4
long long [int]	$-2^{63} \sim (2^{63}-1)$	8
unsigned[int]	$0 \sim 4\ 294\ 967\ 295$，即 $0 \sim (2^{32}-1)$	4
unsigned short [int]	$0 \sim 65\ 535$，即 $0 \sim (2^{16}-1)$	2
unsigned long [int]	$0 \sim 4\ 294\ 967\ 295$，即 $0 \sim (2^{32}-1)$	4
unsigned long long	$0 \sim (2^{64}-1)$	8

在书写变量声明时，应注意以下几点：

① 允许在一个类型说明符后，声明多个相同类型的变量，各变量名之间用逗号间隔。类型说明符与变量名之间至少用一个空格间隔。

② 最后一个变量名之后必须以"；"号结尾。

③ 变量声明必须放在变量使用之前，一般放在函数体的开头部分。

2. 实型

实型主要包括实型常量和实型变量。

1）**实型常量**

实型常量即常说的实数，它只采用十进制，有十进制浮点表示法和科学计数法两种表示形式。

(1) 浮点表示法。实数的浮点表示法又称实数的小数形式，由正负号、数字和小数点组成，且必须有小数点。例如，1.0、−13.14、0.1234 等都是正确的十进制浮点表示法。

(2) 科学计数法。科学计数法由正负号、数字和阶码标志"E"或"e"组成，在"e"之前要有数据，之后只能是整数，其一般形式为 aE±b(a 为十进制实数，b 为十进制整数)，当幂指数为整数时，正号可以省略。实数的科学计数法又称实数的指数形式。例如：1.23e+2、−3.2e−2、12e2 都是合法的指数形式，而 .e1、e2、1e2.3 都是不合法的指数形式。

若 aE±b 的 a 为纯小数，同时小数点后第一位为非 0 数字，则称为规格化数。例如：0.202E2 是规格化数，2.02E1、0.0202E3 则都不是。

注意：实型常量不分 float 型和 double 型，一个实型常量可以赋给一个 float 型或 double 型变量，系统根据变量类型截取常量中相应长度的有效位数字。

2）**实型变量**

实型变量分为单精度型(float)、双精度型(double)和长双精度型(long double)。

在 C 语言中，单精度型占 4 个字节(32 位)内存空间，其数值范围为 3.4E−38～3.4E+38，只能提供 7 位有效数字；双精度型占 8 个字节(64 位)内存空间，其数值范围为 1.7E−308～1.7E+308，可提供 15 位或 16 位有效数字；长双精度型占 16 个字节(64 位)内存空间，其数值范围为 1.2E-4932～1.2E+4932，可提供 19 位有效数字。

　　实型变量声明的格式和书写规则与整型变量相同。例如：float a, b(a、b 为单精度实型变量)；double x，y，z(x、y、z 为双精度实型变量)。

　　实型常量不分单、双精度，都按双精度 double 型处理。在程序编写过程中，如果单精度实数无法满足取值范围需求，可以使用双精度实数。需要注意的是，双精度实数会占用更多存储空间，程序的运行速度也会相应变慢。

　　单精度实数可以与双精度实数进行混合运算，也可以相互赋值，但由双精度向单精度赋值时，会使实数的精度下降。

3. 字符型

1) 字符型常量

　　字符型常量是用单引号(即撇号)括起来的一个字符。如'A''+''1'')'等都是字符型常量。使用字符型常量时需要注意以下几点：

　　(1) 字符型常量中的单撇号只是定界作用并不表示字符本身，当输出一个字符型常量时不输出此撇号，只能输出其中的字符。

　　(2) 单撇号中的字符不能是单撇号(')和反斜杠(\ )。

　　(3) 单撇号中必须有且只有一个字符，不能空缺；空格也是字符，表示为' '。

　　(4) 不能用双撇号代替撇号，如"A"不是字符型常量。

　　在 C 语言中，字符是按其所对应的 ASCII 码值来存储的，一个字符占一个字节。C 语言中的字符具有数值特征，可以像整数一样参加运算，相当于对字符的 ASCII 码进行运算。字符对应的 ASCII 码见附录 A。例如：字符'A'对应的 ASCII 码值是 65，'A'+1=66，对应字符'B'；表达式'1'-1 的值不是 0 而是 48，这是因为'1'和 1 是不一样的，'1'代表一个字符，对应的 ASCII 码值是 49，而 1 是一个数字，是一个整型常量，所以执行结果应该是 49-1=48，不是 1-1=0。

　　在 C 语言中还有一类特殊的字符型常量，称为转义字符。它们用于表示特殊符号或键盘上的控制代码，如回车符、退格符等。这些控制符号无法在屏幕上显示，也无法从键盘输入，只能用转义字符来表示。转义字符是用反斜杠(\)加一个字符或一个八进制/十六进制数来表示。常用的转义字符如表 2-2 所示。

表 2-2　常用的转义字符

转义字符	含　义	转义字符	含　义
\a	响铃	\\	反斜杠
\b	左退一格	\"	双引号
\f	走纸换页	\'	单引号
\n	回车换行符	\?	问号
\r	回车符	\0	空字符
\t	水平制表符	\ddd	1～3 位八进制数 ddd 所对应的字符
\v	垂直制表符	\xhh	1、2 位十六进制数 hh 所对应的字符

2) 字符型变量

字符型变量的取值是字符常量，即单个字符。字符型变量的类型说明符是 char。字符型变量类型声明的格式和书写规则都与整型变量相同。例如：

  char a, b;

每个字符型变量被分配一个字节的内存空间，因此只能存放一个字符。字符值是以 ASCII 码的形式存放在变量的内存单元之中的。如 x 的十进制 ASCII 码是 120，y 的十进制 ASCII 码是 121，给字符型变量 a、b 分别赋予'x'和'y'值，即 a='x'; b='y';，实际上就是在 a、b 两个单元内存放 120 和 121 的二进制代码：

  a   01111000
  b   01111001

所以也可以把它们看成是整型量。C 语言允许对整型变量赋予字符值，也允许对字符型变量赋予整型值。在输出时，允许把字符型变量按整型量输出，也允许把整型量按字符型量输出。整型量为二字节量，字符量为单字节量，当整型量按字符型量处理时，只有低八位字节参与处理。

4. 其他基本数据类型量

1) 字符串常量

字符串常量是用双撇号括起来的若干字符，例如"1 2 " "1234" "string" "a"等。

字符串中所含的字符个数称为字符串的长度。双撇号中一个字符都没有的称为空串，如" "，空串的长度为 0。字符串常量在内存中存储时，系统自动在字符串的末尾加一个"串结束标志"，即 ASCII 码值为 0 的字符 NULL，用转义字符 "\0" 表示。因此在程序中，长度为 n 个字符的字符串常量，在内存中占有 n+1 个字节的存储空间。例如，字符串 "study" 含有 5 个字符，作为字符串常量存储于内存中时，系统自动在其末尾加一个字符 "\0"，即共占用 6 个字节，但在输出时不输出 "\0"。它在内存中存储形式为：

s	t	u	d	y	\0

对于含有转义字符的字符串，应将转义字符计算为 1 个字符。例如，"12\n"的长度为 3 而不是 4，若反斜杠后的转义字符与表 2-2 中的不匹配，则被忽略，不参与长度计算。又如，字符串"12\C"的长度为 4。

注意：字符型常量与字符串常量的区别，不仅表示形式不同，其存储性质也不相同，字符型常量 '1' 只占 1 个字节，而字符串常量 "1" 占 2 个字节。

2) 符号常量

符号常量是指以符号表示的常量。若在程序中某个常量多次被使用，则可以使用符号常量来代替该常量。例如圆周率常数 π，因为键盘上无法输入，而且有可能要多次使用，所以可以使用一个符号常量 PI 来替代它。这样不仅书写程序比较方便，而且当修改该常量值时，只需修改一处即可，有效地改进了程序的可读性和可维护性。

在 C 语言中使用宏定义命令 #define 定义符号常量。其语法格式如下：

  #define 符号常量名标识符 常量

#define 是宏命令，一个 #define 命令只能定义一个符号常量，符号常量的左右至少要有一个空格将三部分分开。例如：

```
#define   PI    3.1415
#define   NULL    0
```

【例 2.1】　编写程序，求圆的周长和面积。

参考程序如下：

```
#include <stdio.h>
#define PI 3.1415                    /*定义 PI 为符号常量，值为 3.1415*/
void main()
{
    float r, l, s;
    printf("请输入半径 r:\n");
    scanf("%f", &r);                 /*输入半径 r */
    l=2*PI*r;                        /*计算圆周长*/
    s=PI*r*r;                        /*计算圆面积*/
    printf("l=%f, s=%f\n", l, s);
}
```

运行结果为：

　　请输入半径 r:

　　5 ✓

输出结果为：

　　l=31.415001, s=78.537498

程序说明：在本程序中定义了一个符号常量 PI 并赋值 3.1415，在程序中 PI 的值都由该值替代。需要注意的是，符号常量不是变量，一旦定义则在整个作用域内不能改变，也就是不能使用赋值语句为其重新赋值。

注意：符号常量通常用大写字母表示，定义符号常量不需在末尾加 "；"。

5. 变量的特性

在程序运行过程中，将其值可以改变的量称为变量。在 C 语言中，所有变量必须预先定义才能使用，定义变量时需确定变量的名字和数据类型。变量通过名字来引用，而数据类型则决定了变量的存储方式和在内存中占据存储单元的大小。

(1) 变量的命名。

一个变量必须有一个名字，即变量名，变量名必须是合法的 C 语言标识符。变量名中的英文字母习惯用小写字母，而常量名中的英文字母习惯用大写字母。

(2) 变量的定义。

在 C 语言中，所有变量在使用前必须定义。也就是说，首先需要声明一个变量的存在，然后才能够使用它。变量定义的基本语法格式为：

　　数据类型符　　变量列表

数据类型符必须是有效的 C 语言数据类型，基本数据类型包括整型、实型和字符型；变量列表可以有一个或多个变量名，当有多个变量名时由逗号作为分隔符。变量名实际上是一个符号地址，在对程序编译连接时，由系统给每一个变量分配一个内存地址，在该地址的存储单元中存放变量的值。例如：

```
int a, b, c;                    /*三个整型变量，用逗号分隔*/
float sum, score, average;      /*三个单精度实型变量*/
char ch;                        /*定义 ch 为字符型变量*/
```

可以看出，在变量定义中可以声明多个变量，多个变量定义可以写在同一行。变量存储单元的大小由变量的类型决定，不同数据类型的变量在计算机内存中所占字节数是不同的，存放形式也不同。例如，字符型变量用于存放字符，在内存中分配 1 个字节的存储单元，而整型变量则需要分配 4 个字节的存储单元。

（3）变量的初始化。

所谓变量的初始化，就是为变量赋初值。一个变量定义后，系统只是按定义的数据类型分配其相应的存储单元，并不对其单元初始化。如果在赋初值之前直接使用该变量，则是一个不定值，没有实际意义。通常来说，变量在使用前一定要为其赋初值。

变量赋初值的方法很简单，变量在定义后，只要在变量后加一个等号和初值即可。与常量不同，变量可以反复赋值，变量定义常常放在函数体的最前面。

在为变量初始化时，可以采用以下几种方式：

① 定义时直接赋值。例如：

```
int i=1, j=2;
float math=85.5, chinese=63.5;
char c = 'A';
```

变量在定义直接赋值时不允许连续赋值。例如，若要对三个变量 i、j、k 赋同一个初值，不能写成以下形式：

```
int i=j=k=1;
```

② 变量定义后，使用赋值语句初始化。例如：

```
int a, b, c
a=1; b=2; c=3;                  /*注意分隔符为分号*/
```

当变量定义后，可以使用赋值语句给多个变量赋同一个值。例如：

```
int a, b, c
a=b=c=1;
```

③ 调用输入函数为变量赋值。例如：

```
int a, b, c;
scanf("%d%d%d", &a, &b, &c);
```

总之，对于变量的初始化，无论采用哪一种形式，一定要遵循"先定义后使用"的原则。

6. 案例

【例 2.2】 对整数类型数据定义、赋值与输出。

参考程序如下：

```
#include <stdio.h>
void main()
{   int a=43210;                        /*基本整型*/
```

```
short int b=12345;                    /*短整型*/
long int c=123456789;                 /*长整型*/
unsigned int d=123;                   /*无符号整型*/
printf("%d\t%d\t%d\t%u\n", a, b, c, d);    /*整型数据输出，%u 为无符号类型*/
}
```

运行结果为：

　43210　　　　　　12345　　　　　123456789　　　　123

程序说明：本例的数据变量类型全部为整型，通过类型修饰符进行修饰，包括基本整型、短整型、长整型和无符号型。要注意这些数据变量类型的取值范围，赋值不当就可能出现越界错误。例如，将第 4 行语句修改为：

```
short int b=41234;
```

修改后，程序的运行结果不是 41234，这是因为短整型数据的最大取值为 32767，41234 超出了最大取值，虽然程序依旧能够运行，但程序的运行结果不是我们所期望的结果。

【例 2.3】 对实数类型数据定义、赋值与输出。

参考程序如下：

```
#include <stdio.h>
main()
{   float a, b, c;                        //定义单精度实型变量
    double d;                             //定义双精度实型变量
    a=123456.789e5;                       //给变量 a 赋值
    b=a+20;                               //给变量 b 赋值
    c=11111.11111;                        //给变量 c 赋值
    d=11111.1111111111111111;             //给变量 d 赋值
    printf("%f\n%f\n%f\n%f\n", a, b, c, d);   //实型数据输出
}
```

运行结果如图 2-1 所示。

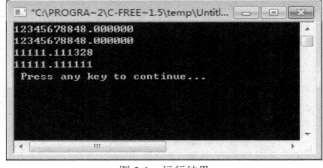

图 2-1　运行结果

从本例可以看出，由于 a、b 是单精度浮点型，故有效位数只有 7 位，因此只有前 7 个数字是准确的，之后均为无效数字。对于变量 c 来说，整数已占 5 位，故小数两位后均为无效数字。d 是双精度型，有效位为 15 位或 16 位。但 C 语言规定小数后最多保留 6 位，其余部分四舍五入。

【例 2.4】　对字符型数据定义、赋值与输出。

参考程序如下：

```
#include <stdio.h>
void main()
{   char c1='A', c2='a';              //字符型变量定义并赋值
    int   x=66, y=98;                 //整型变量定义并赋值
    printf("%c\t%c\n", c1, c2);       //以字符形式输出字符型变量值
    printf("%d\t%d\n", c1, c2);       //以整型形式输出字符型变量值
    printf("%d\t%d\n", x, y);         //以整型形式输出整型变量值
    printf("%c\t%c\n", x, y);         //以字符形式输出整型变量值
}
```

运行结果为：

```
A            a
65           97
66           98
B            b
```

程序说明：本例的数据类型包括字符型和整型，都是在变量定义同时进行赋值，程序第 6 行是以整型形式输出字符型变量的值，第 8 行是以字符形式输出整型变量的值。从输出结果看，数据输出值与理论值一致，说明字符型数据与整型数据是可以通用的。

总之，对于基本数据类型的选择，应根据处理数据的不同选择不同的数据类型，不同类型的整型数据在存储空间和数值表示范围有所不同。若在程序中处理的数据是一些整数，则可以选择整型，再根据数据的取值范围选择整型中的哪一种类型，如统计一个班级的人数可以使用短整型，表示一个城市的人口数可以使用整型或长整型数据。

对于整型数据和浮点型数据，一定要注意数据的取值范围，数据类型选择不当就可能产生溢出错误。例如，当某个计算值可能超过 32767 时，就不能选择短整型数据类型，可以考虑整型、长整型变量或实型变量来表示。

不同的编译系统数据长度可能不同，例如，在 Visual C++和 C-Free 编译系统中 int 型数据长度为 32 位，而在 Turbo C 2.0 编译系统中只有 16 位。

2.2　运算符和表达式

几乎每一个程序都需要进行运算，即对数据进行加工处理。用于表示各种运算的符号称为运算符，运算符用于处理数据。C 语言的运算符范围很宽，把控制语句和输入/输出以外的几乎所有的基本操作都作为运算符处理，不仅具有不同的优先级，还具有结合性。在表达式中，各运算量参与运算的先后顺序不仅要遵守运算符优先级别的规定，还要受到运算符结合性的制约，以便确定是自左至右进行运算，还是自右至左进行运算。

参加运算的对象的个数称为运算符的目，只带一个操作数的运算符是单目运算符，带两个操作数的运算符是双目运算符，带三个操作数的运算符是三目运算符。

1. 运算符的种类

C 语言提供了丰富的运算符，运算符可分为以下几类：

(1) 算术运算符：用于各类数值运算，包括加(+)、减(-)、乘(*)、除(/)、求余(或称模运算，%)、自增(++)和自减(--)共七种。

(2) 关系运算符：用于比较运算，包括大于(>)、小于(<)、等于(==)、大于等于(>=)、小于等于(<=)和不等于(!=)六种。

(3) 逻辑运算符：用于逻辑运算，包括与(&&)、或(||)和非(!)三种。

(4) 赋值运算符：用于赋值运算，可分为简单赋值(=)、复合算术赋值(+=，-=，*=，/=，%=)和复合位运算赋值(&=，|=，^=，>>=，<<=)三类共十一种。

(5) 位操作运算符：参与运算的量，按二进制位进行运算，包括位与(&)、位或(|)、位非(~)、位异或(^)、左移(<<)和右移(>>)六种。

(6) 条件运算符(?:)：一个三目运算符，用于条件求值。

(7) 逗号运算符(,)：用于把若干表达式组合成一个表达式。

(8) 指针运算符：用于取内容(*)和取地址(&)两种运算。

(9) 求字节数运算符(sizeof)：用于计算数据类型所占的字节数。

(10) 特殊运算符：有括号 ()、下标 []、成员(→ 和 .)等几种。

2. 算术运算符和算术表达式

1) 算术运算符

C 语言中的算术运算符与普通数学算术运算符的符号有些不同，但基本功能相似，都是对数据进行算术运算。C 语言中提供的基本算术运算符如表 2-3 所示。

表 2-3　基本算术运算符

运算符	名　称	功　能	说　明
+	正号	取原值	单目运算
-	负号	取负值	
++	自增 1	变量值加 1	
--	自减 1	变量值减 1	
+	加法	两个数相加	双目运算
-	减法	两个数相减	
*	乘法	两个数相乘	
/	除法	两个数相除	
%	求余(求模)	求整除后的余数	

(1) 正号运算符(+)和负号运算符(-)。正、负号运算符包括 + (正号)和 - (符号)，都属于单目运算符。单目运算符的优先级别比双目运算的优先级别高，例如 -a*b，等价于(-a)*b。

(2) 自增运算符(++)和自减运算符(--)。自增运算符 ++ 是对操作数执行加 1 的操作；自减运算符 -- 是对操作数执行减 1 操作。大部分编译器使用自增、自减运算符生成的代码比使用等效的加、减 1 后赋值的代码效率高，速度快，所以在可能的情况下应尽量使用自增、自减运算符。

　　自增、自减运算符有两种形式：一种形式是放在操作数的左边，称为前缀运算符，操作数在使用前自动加 1 或减 1；另一种形式是放在操作数的右边，称为后缀运算符，操作数在使用后自动加 1 或减 1。设变量 i 为基本类型数据变量，则有：

　　++i：先执行 i=i+1，然后再取 i 的值参与运算；

　　−−i：先执行 i=i−1，然后再取 i 的值参与运算；

　　i++：先取 i 的值参与运算，再执行 i=i+1；

　　i−−：先取 i 的值参与运算，再执行 i=i−1。

　　例如：i 和 a 为 int 型变量且 i 初值为 6，则执行语句 a=++i;后，a 的值为 7，i 的值为 7；而执行语句 a=i++; 后，a 的值为 6，i 的值为 7。

　　使用自增、自减运算符时需要注意以下几点：

　　① 自增、自减运算是对变量进行操作后再赋值，所以只能用于变量，不能用于常量或表达式，这是因为常量或表达式都不能进行赋值操作。例如：z=(x+y)++ 和 −−8 都是不合法的。

　　② ++ 和 −− 的结合性都是自右至左的。

　　③ ++ 和 −− 运算的变量只能是整型、字符型和指针型变量。

　　【例 2.5】　自增、自减运算符的基本运算。

　　参考程序如下：

```
#include <stdio.h>
void main()
{   int a=1, b=1, c, d;
    c=a++;
    d=++b;
    printf("%d\t%d\n", -c++, -(++d));
    printf("%d\t%d\t%d\t%d\n", a, b, c, d);
}
```

　　运行结果为：

```
-1        -3
2     2        2        3
```

　　程序说明：本例第 4 行语句 c=a++;中，a 的初值为 1，运算后 c 的值为 1，a 的值自增为 2；第 5 行语句 d=++b; 中，b 的值先自加 1 结果为 2，再将 b 的值赋给 d，d 的值为 2。第 6 行输出语句中，−c++ 先取出 c 的值 1 并输出 −c 的值 −1，然后再使 c 自增为 2；−(++d) 先计算 ++d 的值，d 的值自增为 3，然后输出 −3。第 7 行输出语句中，输出变量 a、b、c 和 d 的值，a 和 b 的值在运行第 4 行和第 5 行已经确定，c 和 d 的值在运行第 6 行语句时确定。

　　注意：虽然 ++ 和 −− 操作可以优化代码执行效率，并且简化了表达式，但读者在使用时一定要小心谨慎，尤其是连用时需要更加小心，使用不当可能会造成意想不到的结果。

　　【例 2.6】　自增、自减运算的使用。

　　参考程序如下：

```
#include <stdio.h>
```

```
void main()
{   int i=1, j=1, x, y;
    x=(i++)+(i++)+(i++);
    y=(++j)+(++j)+(++j);
    printf("%d\t%d\n", x, y);
    printf("%d\t%d\n", i, j);
}
```

在 Turbo C 2.0 环境下调试运行结果为：

```
3       12
4       4
```

在 Visual C++6.0 和 C-Free 3.5 环境下，调试运行结果为：

```
3       10
4       4
```

程序说明：在 Turbo C 2.0 环境下，第 4 行 x=(i++)+(i++)+(i++); 语句，是三个后缀++的和，i 先参与计算，然后再自增，得 x=1+1+1=3；第 5 行 y=(++j)+(++j)+(++j); 语句，是三个前缀 ++ 的和，j 的值先自增，然后再参与计算，得 y=4+4+4=12。

但是，在 Visual C++6.0 和 C-Free 3.5 环境下不遵循 Turbo C 2.0 的上述求值顺序，所以上面例题的答案有所不同。读者可以试着将第 5 行语句修改为 y=(++j)+(++j)+(++j)+(++j); 或者 y=(++j)+(++j);，会发现：y=(++j)+(++j); 运算结果为 y=3+3=6，而 y=(++j)+(++j)+(++j); 的结果是在前面两个表达式和计算结果 6 的基础上，++j 使得 j 为 4，y=6+4=10; 对于 y=(++j)+(++j)+(++j)+(++j); 的结果则是在前面的求和的结果 10 的基础上，++j 使得 j 为 5，所以 y=10+5=15。但考虑到程序的可读性，建议读者尽量不要这样使用。

(3) 加法运算符(+)。加法运算符用于实现两个数的相加，为二元运算符，例如 2+1。

(4) 减法运算符(−)。减法运算符用于实现两个数的相减，为二元运算符，例如 2−1。

(5) 乘法运算符(*)。乘法运算符用于实现两个数的相乘，为二元运算符，例如 2*1。

(6) 除法运算符(/)。除法运算符用于实现两个数的相除，为二元运算符。在使用时要注意参加运算的数据类型，若两个整数或字符相除，结果为整型；当不能整除时，只保留结果的整数部分，小数部分全部舍去，而不是四舍五入。例如，5/2 的结果为 2，1/2 的结果为 0。但当除数或被除数中有一个是浮点数，则进行浮点数除法，结果也为浮点数。例如，5.0/2=2.500000。

(7) 求余运算符(%)。求余运算符也称求模运算符，是取整数除法产生的余数。因为要求参与运算的数据必须为整数，所以 "%" 不能用于 float 和 double 类型数据的运算。例如，4%2 的结果为 0，4%3 为 1，4.0%3 的结果为错误表达式，4%−3 的结果是 1，−4%3 的结果是−1，−4%−3 的结果是−1，故余数的符号与被除数的符号相同。

【例 2.7】 常用算术运算符的使用。

参考程序如下：

```
#include <stdio.h>
void main()
{   char ch='A';
```

```
    int a=9, b=4, c=3, d=-2;
    printf("%d\t%d\t%d\t%d\t%d\n", a+b, a-b, b*c, a/b, a%c);
    printf("%d\t%d\n", d%b, a%d);
    printf("%d\t%d\n", ch/2, ch%2);
}
```

运行结果为：

```
13        5           12          1          0
-2        1
32        1
```

程序说明：本例字符变量 ch='A'，因为'A'的 ASCII 值就是 65，相当于 ch 的值为整型值 65。

2) 算术表达式

在 C 语言中，由算术运算符、常数、变量、函数和圆括号组成，符合 C 语法规则的表达式称为算术表达式。例如，a*b+c-d/e+f、-a/(a*b)-c+1.5 都是合法的算术表达式。

使用算术表达式应遵循以下原则：

(1) 要区分算术运算符与数学运算符在表达形式上的差异。例如数学表达式 $\frac{1}{2}x^2-3x+1$，在 C 语言中作为算术表达式就不能这样书写，$\frac{1}{2}$、x^2、$3x$ 在 C 语言中都是无法识别的，应写成 1/2*x*x-3*x+1。

(2) 要注意各种运算符的优先级别，如果不能确定，最好在表达式中适当的位置添加圆括号 "()"，括号必须匹配且成对出现，计算时由内层括号向外层括号逐层计算。例如：将数学表达式 $\sin(\frac{\pi}{2})+\frac{2\sqrt{x-2e^y}}{x+y}$ 写成 C 语言的算术表达式，正确的写法为 sin(3.14/2)+(2*sqrt(x-2*exp(y)))/(x+y)，其中 π 这个符号是无法在 C 语言中输入的，因此必须用值 3.14 完成(也可以用符号常量)，而 sin()、sqrt()、exp()为 C 语言提供的函数，存储在 C 语言的数学库中，需要时直接调用即可，前提是必须把提供这些函数的头文件包含进来。

(3) 双目运算符两侧运算对象的数据类型应保持一致，运算所得结果类型与运算对象的类型也一致；若参与运算的数据类型不一致，系统将自动按转换规律对操作对象进行数据类型转换，然后再进行相应的运算。

【例 2.8】 从键盘输入两个实数，计算算术表达式 $\sin(\frac{\pi}{2})+\frac{2\sqrt{x+2e^y}}{x+y}$ 的值。

参考程序如下：

```
#include <stdio.h>
#include <math.h>
#definePI    3.1415
void main()
{   float x, y, z;
    printf("请输入实型变量 x 和 y 的值：\n");
```

```
    scanf("%f %f", &x, &y);
    z=sin(PI/2)+(2*sqrt(x+2*exp(y)))/(x+y);
    printf("z=%f\n", z);
}
```

运行结果为：

请输入实型变量 x 和 y 的值，x 不等于 y：

<u>2 2</u>✓

3.048055

程序说明：对于圆周率 PI 值，可采用符号常量方式在 main()函数前以宏定义的方式进行定义。

3. 关系运算符和关系表达式

1) 关系运算符

关系运算符是表示运算量之间逻辑关系的运算符，关系运算实际上是逻辑比较运算，通过对两个操作数值的比较来判断比较的结果。关系运算的结果为逻辑值，如果符合条件，则结果为真；如果不符合条件，则结果为假。

在 C 语言中，由于没有专门的逻辑型数据，将非 0 数据视为真，将 0 视为假，因此在表示关系运算符表达式结果时，真用 1 表示，假用 0 表示。为了使关系运算符在表示方式上更接近于人的逻辑思维，通常采用宏定义的方式来定义逻辑值(符号常量)。例如：

```
#define   TRUE        1
#define   FALSE       0
```

也就是说，在 C 语言中表达关系运算的结果时，真用 TRUE 表示，假用 FALSE 表示。

关系运算符全部是双目运算符，在 C 语言中有 6 种关系运算符，如表 2-4 所示。

表 2-4　关系运算符

运算符	名　称	示　例	结　果
<	小于	1<2	1
<=	小于或等于	5<=3	0
>	大于	'A'>'a'	0
>=	大于或等于	'b'>='a'	1
==	等于	1==1	1
!=	不等于	1!=2	1

2) 关系表达式

用关系运算符将两个表达式连接起来的式子称为关系表达式。关系表达式的一般形式为：

表达式　　　关系运算符　　　表达式

关系运算符指明了对表达式所实施的运算，表达式为运算的对象。表达式可以是算术表达式、关系表达式、逻辑表达式、赋值表达式和字符表达式。关系表达式的值是一个逻辑值，即真或假(1 或 0)。例如：x<=y，a+b>c+d，a>(b>c)!=d 都是合法的关系表达式，可以看出关系表达式是可以嵌套使用的。进行关系运算时，先计算表达式的值，然后再进行关系比较运算。

【例 2.9】　关系运算的使用。

参考程序如下：

```
#include <stdio.h>
void main()
{   int a, b, c, d;
    a=1; b=2; c=3; d=4;
    printf("%d   ", a+b>c+d);        /*表达式为算术表达式*/
    printf("%d   ", (a=3)!= c );      /*表达式为赋值表达式*/
    printf("%d   ", (a==3)!=(c==5)); /*表达式为关系表达式*/
    printf("%d   ", (a<=c)==(b<=d)); /*表达式为关系表达式*/
}
```

运行结果为：

0　0　1　1

程序说明：本例中第一个输出语句的关系表达式为 a+b>c+d，先计算表达式的值，然后再进行关系比较运算，即 3>7，关系表达式值为假，输出 0；第二个输出语句的关系表达式为(a=3)!=c，即 3!=3；第三个输出语句的表达式为(a==3)!=(c==5))，先计算括号内的，a==3 为关系表达式，值为 1，同样 c==5 的值也为 0，即计算 1!=0；第四个关系表达式为(a<=c)==(b<=d))，与第三个表达式相类似，即计算 1==1，关系表达式值为真，输出 1。这里要注意，a 的值在第二个输出语句中已经改为了 3。

使用关系运算符和关系表达式应注意以下几点：

(1) 关系表达式的值是假或真，用整数 0 或 1 表示；而表达式的值非 0 表示为真，表达式的值为 0 表示为假。

(2) 字符型数据在比较时按其 ASCII 值进行。

(3) 当连续使用关系表达式时，要注意其正确表达含义。例如：数学表达式 x≤a≤y 在 C 语言中不能写成 x<=a<=y，这是因为数学表达式 x≤a≤y 为一个取值空间，而 x<=a<=y 是一个关系表达式，即先进行 x<=a 关系运算，得到的结果(真或假)的值再和 y 进行<=运算，结果是一个整数值；若要将该数学表达式表示为一存储空间，应写成 a<=x && x<=b，需用到下面所讲的逻辑运算符。

【例 2.10】　关系运算的基本操作。

参考程序如下：

```
#include <stdio.h>
void main()
{   int a, b;
    float c, d;
    printf("请输入整型变量 a、b 的值：\n");
    scanf("%d %d", &a, &b);
    printf("请输入实型变量 c、d 的值：\n");
```

```
        scanf("%f %f", &c, &d);
        printf("%d\t", a>b);
        printf("%d\t", 'a'>'A');
        printf("%d\t", a/b*b==a);
        printf("%d\t", c/d*d==c);
        printf("%d\n", a<c<b);                    /*结果为逻辑值而非取值空间*/
    }
```

运行结果为：

　　请输入整型变量 a、b 的值：

　　5 10✓

　　请输入实型变量 c、d 的值：

　　3.5 5✓

输出结果为：

　　　0　　　1　　　0　　　1　　　1

再次运行程序：

　　请输入整型变量 a、b 的值：

　　4 1✓

　　请输入实型变量 c、d 的值：

　　5 2✓

输出结果为：

　　1　　1　　1　　1　　0

4. 逻辑运算符和逻辑表达式

1) 逻辑运算符

逻辑运算符是指对逻辑量进行操作的运算符，逻辑运算的结果也是一个逻辑值，与关系运算一样，真用整数 1 表示，假用整数 0 表示。C 语言提供了 3 种逻辑运算符，如表 2-5 所示。

表 2-5　逻辑运算符

运算符	名称	示例	结果	说明
!	逻辑非	!5	0	单目运算
&&	逻辑与	0&&1	0	双目运算
||	逻辑或	0||1	1	

(1) 逻辑非是单目运算符，参加运算的操作数只有一个，功能为逻辑取反，操作数为真(非 0)，结果为假；操作数为假(0)，结果为真。

(2) 逻辑与是双目运算符，参加运算的操作数为两个，仅当参与运算的两个操作数均为真时，结果才为真；只要有一个操作数为假，结果为假。

(3) 逻辑或是双目运算符，参加运算的操作数为两个，仅当参与运算的两个操作数均为假时，结果才为假；只要有一个操作数为真，结果为真。

注意：参加运算的操作数非 0 时为真，操作数为 0 时为假。

3 种逻辑运算符的运算规则可以用一张逻辑运算真值表来表示，如表 2-6 所示。

表 2-6　逻辑运算真值表

A	b	!a	!b	a&&b	a‖b
非 0	非 0	0	0	1	1
非 0	0	0	1	0	1
0	非 0	1	0	0	1
0	0	1	1	0	0

2) 逻辑表达式

用逻辑运算符将两个表达式连接起来的式子称为逻辑表达式。逻辑表达式的一般形式为：

　　　　表达式　逻辑运算符　　表达式

其中，表达式可以是算术表达式、关系表达式、逻辑表达式、赋值表达式和字符表达式。逻辑表达式的值是一个逻辑值，即真或假(1 或 0)。

例如：a>=1 && a<=10，b>10‖b<0 都是合法的逻辑表达式。

编译器在对逻辑表达式求解过程中，并不是所有的逻辑运算都被执行，只有在需要计算下一个表达式的值才能求解的情况下，可进行下一步的逻辑运算。若当前表达式的值在确定情况下，其后的表达式将不被计算。例如逻辑表达式 a‖b，在 a 的值确定为真时，因为整个表达式的结果已经确定为真，将不再计算 b；同样，对于逻辑表达式 a&&b，只要 a 为假，就不再计算 b。

【例 2.11】 逻辑运算示例。

参考程序如下：

```
#include <stdio.h>
void main()
{
    int a, b, c;
    float x, y;
    a=0; b=3; c=5;
    x=6.0; y=1;
    printf("%d\t", a&&(b=c)&&(c=a));
    printf("%d\t", a||(b=c)||(c=a));
    printf("%d\t", b>a&&(c||'b'));
    printf("%d\t", !(x>3)&&y);
}
```

运行结果为：

　　0　　　　1　　　　1　　　　0

程序说明：本例中，定义了 3 个 int 变量和两个 float 型变量并赋初值。在第一条输出语句中，逻辑表达式为 a&&(b=c)&&(c=a)，先计算 a 的值，其值为 0，不必再计算后面的表达式(也就是说，后面的复制运算没有执行)。对于逻辑与操作来说，只要有一个表达式

的值为假，则逻辑表达式值就为假，输出 0。但是第二条输出语句中，逻辑表达式为 a||(b=c)||(c=a)，先计算 a，值为 0，然后计算 a||(b=c)(其中(b=c)表示 b 获得 c 的值为 5)，结果为真，其值为 1，就不必再计算 1||(c=a)。对于逻辑或操作来说，只要有一个表达式的值为真，则逻辑表达式值就为真，输出 1。第三条输出语句中，逻辑表达式为 b>a&&(c||'b')，b>a 的值为真，即 1，由于是逻辑与操作，因此仍需计算 c||'b'；因为上一步的(c=a)并未执行，c 的值 5 为真，所以(c||'b')为真，整个为计算逻辑表达式 1&&1 的值，输出 1。最后一条输出语句中，逻辑表达式为!(x>3)&&y，!(x>3)的值为假，即 0，所以不需要进行后面的运算，即整个逻辑表达式的值为假，输出 0。

使用逻辑运算符和逻辑表达式应注意以下几点：

(1) 逻辑运算符两侧的操作数，除了整数，也可以是其他任何类型的数据。只要是非 0 就是真，0 就是假。

(2) 在计算逻辑表达式的值时，只有在需要计算下一个表达式值才能求解的情况下，可对下一个表达式进行运算。

5. 赋值运算符和赋值表达式

1) 赋值运算符

赋值运算符实现将一个表达式的值赋给一个变量。赋值运算符是"="，是一个双目运算符。赋值运算在 C 语言中是最基本、最常用的运算，前面内容中都已经应用到了。

2) 赋值表达式

用赋值运算符将一个变量和一个表达式连接起来的式子称为赋值表达式，它的功能是将赋值号右边表达式的结果放到左边的变量中保存。赋值运算符的左边一定是变量，一般形式为：

变量=表达式

赋值运算符右边可以是常量，也可以是变量，还可以是任何表达式。赋值表达式的计算过程是：计算右边表达式的值，将计算结果赋值给左边的变量。赋值表达式的值就是赋值运算符左边变量的值。

使用赋值运算符和赋值表达式应注意以下几点：

(1) 赋值运算符左边必须是变量或者是对应某特定内存单元的表达式。例如：a=2，a=b+c，x=!y 都是合法的赋值表达式；a=b+c=d，(a+b)=10，a=b-1=2 都是非法的赋值表达式。

(2) 赋值运算符"="与比较运算符"=="不同。"=="是等于符号，用于判断左右两边的值是否相等，返回值为逻辑值。

(3) 赋值表达式可以连续赋值，例如 a=b=c=10，但在变量定义时不允许连续赋值，例如 int a=b=c=1; 是错误的。

3) 复合赋值运算符和复合赋值表达式

在赋值运算符"="之前加上其他运算符，可以构成复合赋值运算符，用于完成赋值组合运算操作。双目运算符都可以与赋值符一起组合成复合赋值运算符，C 语言中有 10 种复合赋值运算符，分别是 +=、-=、*=、/=、%=、<<=、>>=、&=、^= 和 |=。复合赋值表达式与等价的赋值表达式如表 2-7 所示，后面 5 种复合赋值运算符将在后续内容中讲述。

表 2-7　复合赋值表达式与等价的赋值表达式

复合赋值运算符	名称	表达式	等价的赋值表达式
+=	加赋值	a+= b	a = a + b
−=	减赋值	a− = b	a = a − b
*=	乘赋值	a* = b	a = a*b
/=	除赋值	a/ = b	a = a/b
%=	求余赋值	a%= b	a = a%b
&=	按位与赋值	a& = b	a = a&b
|=	按位或赋值	a|= b	a = a|b
^=	按位异或赋值	a^ = b	a = a^b
<<=	左移位赋值	a<< = b	a = a<<b
>>=	右移位赋值	a>> = b	a = a>>b

　　由复合赋值运算符将一个变量和一个表达式连接起来的式子称为复合赋值表达式。复合赋值表达式的一般形式为：

　　　　变量　复合赋值运算符　表达式

　　复合赋值表达式计算过程是：先将"变量"和"表达式"进行复合赋值运算，然后将运算结果赋值给复合赋值运算符左边的"变量"。实际上，复合赋值表达式的运算等价于：

　　　　变量 = 变量　运算符　表达式

　　例如：

　　　　a+=b　　　　　等价于　　　　a=a+b；

　　　　a−=b　　　　　等价于　　　　a=a−b；

　　　　a+=b*5　　　　等价于　　　　a=a+b*5；

　　　　a*=b-3　　　　等价于　　　　a=a*(b−3)。

　　【例 2.12】　复合赋值运算示例。

　　参考程序如下：

```
#include <stdio.h>
void main()
{
    int a, b, c, d, e;
    a=2; b=0;
    b+=a+=a*=2;
    printf("b=%d\ta=%d\n", b, a);
    c=a%=a/=a;
    printf("c=%d\ta=%d\n", c, a);
    d=a*=a-=a+2;
    printf("d=%d\ta=%d\n", d, a);
```

```
        e=a*=a-=a+=2;
        printf("e=%d\ta=%d\n", e, a);
    }
```

运行结果为：

```
    b=8         a=8
    c=0         a=0
    d=4         a=4
    e=0         a=0
```

程序说明：注意第 9 行和第 11 行语句的区别，考虑为什么会得到不同的结果。

在 C 语言中引入复合赋值运算符，不仅简化了程序的书写，使程序变得简练，也提高了编译效率。

使用复合赋值运算符和复合赋值表达式应注意以下几点：

(1) 复合赋值运算符左边必须是变量。

(2) 复合赋值运算符的两个运算符之间不能有空格。

6. 位运算符与位运算

1) 位运算符

C 语言提供了 6 种基本位运算符，如表 2-8 所示。

表 2-8　位　运　算　符

运　算　符	名　　称	说　　明
~	按位取反	单目运算符
&	按位与	双目运算符
|	按位或	
^	按位异或	
<<	按位左移	
>>	按位右移	

位运算符的操作对象只能是整型或字符型数据，不能为实型数据；位运算是对每个二进制位分别进行操作；操作数的移位运算不改变原操作数的值。

2) 位运算

位运算是指对二进制位进行的运算。与其他高级语言相比，位运算是 C 语言的特点之一。位运算不允许只操作其中的某一位，而是对整个数据按二进制位进行运算。

(1) 按位取反运算(~)。按位取反运算符是单目运算符。按位取反运算的运算规则是：将操作对象中所有二进制位按位取反，即将 0 变为 1，将 1 变为 0。按位取反运算一般形式为：

　　　　~操作数

例如：求 ~5。

首先把 5 转换成 8 位二进制数 0000 0101，然后按位取反，得到 1111 1010。从符号上判断该数是一个负数，而负数的原值为各位取反再加 1，即为二进制数 −0000 0110，结果为-6。

注意：按位取反运算不是取负运算，故 ~10 的值不是 -10。

(2) 按位与运算(&)。按位与运算是对两个操作数相应的位进行逻辑与运算。按位与运算的规则是：只有当两个操作数对应的位都为 1 时，该位的结果为 1；当两个操作数对应的位中有一个为 0 时，该位的结果为 0。按位与运算一般形式为：

操作数&操作数

例如：求 5&6。

首先把 5 和 6 分别转换成 8 位二进制数 0000 0101 和 0000 0110，再进行按位与运算，即

```
    0000 0101
&   0000 0110
─────────────
    0000 0100
```

(3) 按位或运算(|)。按位或运算是对两个操作数相应的位进行逻辑或运算。按位或运算的规则是：只有当两个操作数对应的位都为 0 时，该位的结果为 0；当两个操作数对应的位中有一个为 1 时，该位的结果为 1。按位或运算一般形式为：

操作数 | 操作数

例如：求 5|6。

首先把 5 和 6 分别转换成 8 位二进制数 0000 0101 和 0000 0110，再进行按位或运算，即

```
    0000 0101
|   0000 0110
─────────────
    0000 0111
```

(4) 按位异或运算(^)。按位异或运算是对两个操作数相应的位进行异或运算。按位异或运算的规则是：只有当两个操作数对应的位相同时，该位的结果为 0；当两个操作数对应的位不相同时，该位的结果为 1。按位异或运算一般形式为：

操作数 ^ 操作数

例如：求 5 ^ 6。

首先把 5 和 6 分别转换成 8 位二进制数 0000 0101 和 0000 0110，再进行按位异或运算，即

```
    0000 0101
^   0000 0110
─────────────
    0000 0011
```

(5) 按位左移运算(<<)。按位左移运算的规则是：将操作数向左移动指定的位数，并且将移去的高位舍弃，在低位补 0。按位左移运算一般形式为：

操作数 << 移位数

例如：已知 a=89，求 a<<2 的值。

先求出 89 的 8 位二进制数 0101 1001，然后向左移 2 位，高位舍弃，低位补 0，结果为(01)0110 0100，值为 356。

一个数左移 1 位相当于该数乘以 2，左移 2 位相当于该数乘以 2^2，左移 n 位相当于该数乘以 2^n。

(6) 按位右移运算(>>)。按位右移运算的规则是：将操作数向右移动指定的位数，并且将移去的低位舍弃，对于高位部分，若操作数为无符号数，则左边高位补 0；若操作数为有符号数，如为正数则补 0，如为负数则补 1。按位右移运算一般形式为：

　　　操作数 >> 移位数

例如：求整型变量 a=89=0101 1001，将 a 右移 2 位的值，即求 a>>2 的值。a 为正数，则在右移后，高位补 0，即 0101 1001>>2 的值为 00→01 0110 01，结果为 0001 0110。

一个数右移 1 位相当于该数除以 2，右移 2 位相当于该数除以 2^2，右移 n 位相当于该数除以 2^n。

【例 2.13】 位运算的基本操作。

参考程序如下：

```
#include <stdio.h>
void main()
{
    int a=5, b=6;
    printf("%d\t", a&b);
    printf("%d\t", a|b);
    printf("%d\t", a^b);
    printf("%d\t", ~a);
}
```

运行结果为：

　　4　　　7　　　　3　　　-6

【例 2.14】 移位运算示例。

```
#include <stdio.h>
void main()
{   int a=89;
    printf("%d ", a);
    printf("%d ", a<<2);
    printf("%d ", a>>2);
}
```

运行结果为：

　　89　356　22

程序说明：位运算符也可以和赋值运算符组成复合移位赋值运算符，包括<<=、>>=、&=、^=和|=。操作数的移位运算并不改变原操作数的值。例如，在前面的例题中经过移位运算 a>>2 和 a<<2 后，a 的值不变，但通过复合移位赋值运算 a>>=2 和 a<<=2 后，操作数的值发生了改变。

【例 2.15】 输入一个无符号整数后，输出该数从右端开始的第 4～7 位。

参考程序如下：

```
#include <stdio.h>
void main()
```

```
{   unsigned int a, b;
    printf("请输入一个无符号的整数：");
    scanf("%d", &a);                /*从键盘输入*/
    a>>=3;                          /*右移 3 位*/
    b=15;                           /*b 为一个低 4 位为 1，其余各位为 0 的整数*/
    a&=b;                           /*得到原来数的第 4～7 位并赋给 a*/
    printf("结果为%d\n", a);
}
```

运行结果为：

　　请输入一个无符号的整数：111 ✓

输出结果为：

　　13

使用位运算符进行运算应注意以下几点：

(1) 位运算操作对象的数据类型只能是整型或字符型。

(2) 位运算必须对操作数的所有二进制位进行运算，不允许对其中的某一位进行操作。

7. 条件运算符与条件表达式

(1) 条件运算符。条件运算符是 C 语言中唯一的三目运算符，它有 3 个参与运算的量。条件运算符的符号是 "?" 和 ":"，且必须成对出现。

(2) 条件表达式。由条件运算符组成的表达式称为条件表达式。条件表达式的一般形式为：

　　表达式 1 ? 表达式 2 ：表达式 3

条件表达式的运算规则是：先计算表达式 1 的值，如果它的值为非 0(真)，则计算表达式 2 的值，并以表达式 2 的值作为整个表达式的值；若表达式 1 的值为 0(假)，则计算表达式 3 的值，并以表达式 3 的值作为整个表达式的值。例如：c=(a>b)?a:b;，a=(3>1)?3:1;。

条件表达式可以嵌套使用。

例如：a>b?a:b>c?b:c 等价于表达式 a>b?a:(b>c?b:c)。

【例 2.16】　求两个整数的最大数。

参考程序如下：

```
/*从键盘输入两个整数，求其最大数*/
#include <stdio.h>
void main()
{   int a, b, max;
    printf("请输入两个整数：");
    scanf("%d%d", &a, &b);
    max=(a>b)?a:b;
    printf("两个数的最大数是%d\n", max);
}
```

运行结果为：

　　请输入两个整数：<u>-23 0</u>✓

输出结果为：

　　两个数的最大数是 0

使用条件运算符进行运算应注意以下几点：

① 条件运算符"?"和":"必须成对出现。

② 条件表达式中表达式 2 和表达式 3 的数据类型如果不同，则表达式的结果类型将是二者中较高的数据类型。例如：2>1?10:3.5 的值为 10.000000，且在输出时不能以整型输出，若输出语句为 printf("%d", 2>1?10:3.5);，则结果为 0；若输出语句为 printf("%f", 2>1?10:3.5);，则结果为 10.000000。

8. 逗号运算符与逗号表达式

(1) 逗号运算符。逗号运算符使用运算符","，其作用是将多个表达式连接起来。

(2) 逗号表达式。用逗号运算符将多个表达式连接在一起，就组成了逗号表达式。逗号表达式的一般形式为：

　　表达式 1，表达式 2，…，表达式 n

逗号表达式的求解过程是：先计算表达式 1 的值，然后计算表达式 2 的值，以此类推，最后计算表达式 n 的值，并将表达式 n 的值作为整个逗号表达式的值。例如：表达式 a=2，a*3，a+4 就是合法的逗号表达式，表达式的值为最后一个表达式的值 2+4=6。又如：逗号表达式 a=3，b=a+2，b++ 的值为 5，计算后变量 a 的值为 3，b 的值为 6。

【例 2.17】 逗号运算示例。

参考程序如下：

```
#include <stdio.h>
void main()
{   int a, b, c, d;
    b=(a=2, a*3, a+4);
    printf("%d\t%d\n", a, b);
    c=(a=3, b=a+2, b++);
    printf("%d\t%d\t%d\n", a, b, c);
    d=(a+6, a-1, a/=2, a*4);
    printf("%d\t%d\n", a, d);
}
```

运行结果为：

```
2       6
3       6       5
1       4
```

程序说明：本例中表达式 d=(a+6，a-1，a/=2，a*4);，a 的值是第 6 行逗号表达式中 a=3 所获得，在此表达式中 a+6，a-1 并没有改变 a 的值，此时 a 的值仍然是 3；而 a/=2 等价 a=a/2，因此 a 的值改为 1，a*4 为 4(最后一个表达式的值即为整个逗号表达式的值)，赋值给 d。

在 C 语言中，逗号除了作为运算符使用外，在变量定义时也可作为分隔符将多个变量分开；在定义函数和调用函数时，用逗号隔开函数中的多个参数。例如：

```
float x, y, z;                /*变量定义分隔*/
printf("%d\t%d", a, b);       /*函数调用参数分隔*/
int max(int a, int b);        /*函数声明参数分隔*/
```

使用逗号运算符进行运算时应注意以下几点：

① 所有运算符中逗号运算符优先级最低，并且结合性为自左至右。

② 程序中使用逗号表达式，可以是为了计算每个表达式的值，但并不一定为了求出整个逗号表达式的值；也可以是为了获得整个表达式的值，而不需要获得每个表达式的值，但是每个表达式都会依次自左至右完成计算。

9. 求字节数运算符

求字节数运算符又称长度运算符，是一个单目运算符，用于返回其操作数所对应数据类型的字节数，操作数可以是变量或数据类型。求字节数运算符的一般形式为：

```
sizeof(类型名/变量名)
```

注意： 返回的字节数与编译系统对数据类型长度的设定有关。例如：sizeof(char)为求字符型数据在内存中所占用的字节数，在 Turbo C 2.0、Visual C++6.0 和 C-Free 3.5 编译环境下输出结果均为 1；sizeof(int)为求整型数据在内存中所占用的字节数，在 Turbo C 2.0 编译环境下输出结果为 2，而在 Visual C++6.0 和 C-Free 3.5 编译环境下输出结果为 4。

【例 2.18】 在 C-Free 3.5 编译环境下，参看数据类型的字节数。

参考程序如下：

```
#include <stdio.h>
void main()
{   int a;
    printf("sizeof(char): %d\n", sizeof(char));
    printf("sizeof(short int): %d\n", sizeof(short int));
    printf("sizeof(int): %d, sizeof(a): %d \n", sizeof(int), sizeof(a));
    printf("sizeof(unsigned int): %d\n", sizeof(unsigned int));
    printf("sizeof(long int): %d\n", sizeof(long int));
    printf("sizeof(float): %d\n", sizeof(float));
    printf("sizeof(double): %d\n", sizeof(double));
    printf("sizeof(long double): %d\n", sizeof(long double));
}
```

运行结果为：

```
sizeof(char): 1
sizeof(short int): 2
sizeof(int):4，sizeof(a):   4
sizeof(unsigned int): 4
sizeof(long int): 4
```

sizeof(float): 4

sizeof(double): 8

sizeof(long double): 12

使用求字节数运算符进行运算应注意：

(1) sizeof 必须连写，中间不能有空格。

(2) 不同系统或者不同编译器得到的结果可能不同。

10. 指针运算符和特殊运算符

(1) *和&运算符。此类运算符为单目运算符。"*"是指针运算符，需要一个指针变量来作为运算量，用于访问该指针变量所指向的内容。例如，*p 表示指针变量 p 所指向的内容。"&"为取地址运算符，用于取指定变量的地址。例如，&p 表示取内存变量 p 的地址。有关内容详见本书第 10 章。

(2) ()和[]运算符。在 C 语言中，"()"运算符常用于表达式中，也可以用于函数的参数列表，主要用以改变表达式的运算次序；"[]"运算符用于数组的说明及数组元素的下标表示。有关内容详见本书第 7 章。

(3) . 和→运算符。"."和"→"运算符的主要作用是引用结构体和共用体数据类型的成员，例如 stu.name、stu.num 等。有关内容详见本书第 11 章。

2.3　数据类型的转换

在 C 语言中是允许整型、实型和字符型数据做混合运算的，但要求参加运算的不同类型的数据要先转换成同一类型，然后再做运算。因此，在计算过程中常常需要对变量或常量的数据类型进行转换。数据类型的转换包括自动类型转换和强制类型转换。自动类型转换时由低类型向高类型转换，由 C 语言编译系统自动完成；强制类型转换也可以将高类型转换为低类型，但可能会造成信息丢失，因此强制类型转换应通过特定的运算来完成。

1. 自动类型转换

1) 非赋值运算的类型转换

不同类型的数据参加运算时，编译程序按照一定规则自动将它们转换为同一类型，再进行运算。自动类型转换规则如图 2-2 所示。

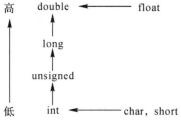

图 2-2　自动类型转换规则

在图 2-2 中，水平方向的转换为必须转换，即 char 和 short 型必须转换成 int 型，float 型必须转换成 double 型，才能进行运算。

垂直方向的转换表示当运算对象为不同类型时转换的方向。若 int 型与 float 型数据进行运算，先将 int 型和 float 型的数据转换成 double 型，然后进行数据计算，结果为 double 型。需要注意的是，垂直方向上的箭头只表示数据类型级别的高低，由低向高转换，转换是一步到位的，即 int 型与 double 型数据转换是直接将 int 型转换成 double 型，而不是先将 int 型转换为 unsigned 型，再转换成 long 型，最后才转换成 double 型。

【例 2.19】　数据类型转换。

参考程序如下：

```
#include <stdio.h>
void main()
{
    int a=1;
    float b=2.1;
    double c=6.0, d;
    char e=' A';
    d=a*b+c/a+(70-e);
    printf("%f\n", d);
}
```

运行结果为：

13.100000

程序说明：首先计算 a*b，即将 a 与 b 都转换成 double 型，运算结果为 double 型；再计算 c/a，将 a 转换成 double 型，运算结果为 double 型；然后计算 70-e，将 e 转换成 int 型数据进行运算，结果为 int 型；最后将一个 int 型数据和两个 double 型数据相加，结果为 double 型。

2) 赋值运算的类型转换

一般赋值运算符要求左右两边的数据类型要一致，如果赋值运算符左右两边的数据类型不同，系统将符号右边的表达式的值的类型自动转换为其左边变量的类型，这种将通过赋值运算符"="实现变量类型的转换称为赋值运算的类型转换，其具有强制性，数据类型可能被提升，也有可能被降低。

【例 2.20】　利用赋值运算符实现类型转换。

参考程序如下：

```
#include <stdio.h>
void main()
{   short int a;
    int b;
    char c;
    long d;
    float e;
    double f;
    a=65; b=1;
```

```
        c='A';
        e=12.34;
        f=b;                //将 int 型变量转换为 double 型
        b=e;                //将 float 型变量转换为 int 型
        d=a-c;              // a-c 为 int 型，将 int 型转换为 long 型
        e=c;                //将 char 型变量转换为 float 型
        c=a;
        printf("%d\t%d\t%c\t%ld\t%f\t%f\n", a, b, c, d, e, f);
    }
```

运行结果为：

　　65　　　12　　　A　　　0　　　65.000000　　　1.000000

程序说明：

(1) 将实型数据(包括单精度和双精度)赋值给整型变量时,直接舍弃实型数据的小数部分,不进行四舍五入。e 为 float 型变量并赋初值 12.34，b 为 int 型变量，赋值表达式 b=e; 将 e 转换成 int 型数据再赋值给变量 b，结果为 12，变量类型为 int 型。

(2) 将短整型数据赋值给字符型变量时，短整型数据先转换为整型数据进行计算，然后转换为字符型数据形式进行存储。a 为 short int 型变量并赋初值 65，c 为 char 型变量，赋值表达式 c=a; 将 a 转换成 int 型数据赋值给变量 c，结果为 A，变量类型为 char 型。

(3) 将整型数据赋值给长整型变量时，做 a-c，即 int 和 char 进行运算，先都转换成 int 型数据再计算，结果为 int 型，赋值表达式 d=a-c; 将 a-c 转换成 long 型数据再赋值给变量 d。

(4) 将字符型数据赋值给实型变量时，字符型数据先转换为整型数据进行计算，然后转换为实型数据形式进行存储。c 为 char 型变量并赋初值 A，e 为 float 型变量，赋值表达式 e=c; 将 c 转换成 int 型数据，再将 int 型转换成 float 型赋值给变量 e，结果为 65.000000，变量类型为 float 型。

(5) 将整型数据赋值给实型变量时，数值不变，但以实型数据形式进行存储。b 为 int 型变量并赋初值 1，f 为 double 型变量，赋值表达式 f=b; 将 b 转换成 double 数据再赋值给变量 f，结果为 1.000000，变量类型为 double 型。

2. 强制类型转换

强制类型转换是指通过强制类型转换运算符将一种类型的变量强制转换为另外一种类型，不是由系统自动完成的。其基本语法格式如下：

　　(类型标识符)　表达式

(1) 类型标识符的圆括号不能省略。例如：若 a 为 float 变量，则(int)a 将 a 的结果转换为整型，(int)2.8 的结果为 2。

(2) 表达式若是多个变量也需加括号。例如：(int)(a+b)将(a+b)的结果转换为整型，若写成(int)a+b 则表示将 a 转换成整型，然后再与 b 进行相加。

(3) 强制类型转换只是为了运算需要而对变量类型进行临时性转换，不会改变变量在定义时所声明的变量类型。例如：若 a 在定义时为整型变量，并赋值为 4，则(double)a 的

数据类型为实型，结果为 4.000000，但 a 本身的数据类型没有发生改变，仍为整型变量，其值仍为 4。

【例 2.21】　数据类型的强制转换。

参考程序如下：

```
#include <stdio.h>
void main()
{
    int a, b, c, d;
    float x=1.55, y=3.88, z=6.77;
    a=(int)x;
    b=(int)x+(int)y+(int)z;
    c=(int)(x+y+z);
    d=(int)x+y+z;
    printf("%d\t%d\t%d\t%d\n", a, b, c, d);
    printf("%f\t%f\t%f\n", x, y, z);
}
```

运行结果为：

```
1          10          12          11
1.550000            3.880000            6.770000
```

程序说明：本例中定义了四个整型变量和三个实型变量，并且给实型变量赋初值。整型变量 a 的值为将实型变量 x 强制转换为整型后的值；整型变量 b 的值为实型变量 x、y 和 z 分别转换为整型后的和；整型变量 c 的值为将实型变量 x、y 与 z 的和转换为整型后的值；整型变量 d 的值为将实型变量 x 转换为整型后，再与实型变量 y 和 z 相加的值，结果为 double 型，输出结果为 int 型。

2.4　运算符的优先级和结合性

1. 运算符的优先级

在 C 语言中，运算符的优先级是指当一个表达式中如果有多个运算符时，则计算是有先后次序的，将这种计算的先后次序称为相应运算符的优先级。运算符的优先级共分 15 级，1 级最高，15 级最低。在表达式中，优先级较高的运算符先于优先级较低的进行计算，若优先级相同，则按照运算符所规定的结合方向进行处理。

2. 运算符的结合性

C 语言的运算符不仅有优先级，而且还有结合性。各运算符的优先级与结合性如表 2-9 所示。

所谓运算符的结合性，是指当一个运算对象两侧的运算符的优先级别相同时，进行运算的结合方向。在 C 语言中，运算符的结合性分为两类，即左结合性和右结合性。左结合性是指运算符的结合方向是从左到右，右结合性是指运算符的结合方向是从右到左。

表 2-9　运算符的优先级和结合性

优先级	运算符	含　义	类　型	结合方向
1	() [] -> .	圆括号 下标运算符 成员运算符 结构体成员运算符	特殊运算符	自左到右
2	+ − ! ~ (类型) ++ −− * & sizeof	正号 负号 逻辑非 按位取反 强制类型转换 自增 自减 取内容 取地址 求字节数	单目运算符	自右到左
3	* / %	乘法 除法 取余数	算术运算符 (单目运算符)	自左到右
4	+ −	加法 减法		
5	<< >>	按位左移 按位右移	位运算符 (单目运算符)	自左到右
6	> >= < <=	大于 大于或等于 小于 小于或等于	关系运算符 (单目运算符)	自左到右
7	== !=	等于 不等于		
8	&	按位与	位运算符 (单目运算符)	自左到右
9	^	按位异或		
10	|	按位或		
11	&&	逻辑与	逻辑运算 (单目运算符)	自左到右
12	||	逻辑或		
13	?:	条件运算	三目运算符	自右到左
14	=　+=　−=　*= /=　%=　&=　^= |=　<<=　>>=	赋值运算	双目运算符	自右到左
15	,	逗号运算		自左到右

第 3 章　C 语言程序设计初步

3.1　算　　法

在程序设计过程中需要考虑两方面的内容：一方面是对数据的描述，是指对程序中要用到的数据进行类型的定义和存储形式的说明，即"数据结构"(data structure)；另一方面是对操作的描述，是指操作的具体步骤，即"算法"(algorithm)。数据是操作的对象，操作的目的是对数据进行加工处理，实现功能。

1. 算法的概念

瑞士著名计算机科学家沃思(Niklaus Wirth)提出了程序定义的著名公式：

程序 = 数据结构 + 算法

实际上，一个完整的程序还需要采用结构化的程序设计方法以及选择适当的语言工具和环境。

因此，算法是在有限步骤内求解某一问题所使用的一组定义明确的规则。在用计算机解决问题的过程中，形成解题思路是推理实施算法，编写程序是操作实施算法。

计算机算法分为两大类：数值运算算法和非数值运算算法。数值运算算法的目的是得到一个数值解。例如，科学计算中的数值积分、解线性方程等的计算方法，就属于数值运算算法。非数值运算算法的应用范围非常广，一般多应用于事务管理领域，文字处理，图像图形等的排序、分类、查找等。

算法并不给出问题的精确解，只是说明怎样才能得到解。每一个算法都是由一系列的操作指令组成的。这些操作指令包括加、减、乘、除、判断等，按顺序、选择、循环等结构组成。所以，研究算法的目的就是研究怎样把各种类型问题的求解过程分解成一些基本的操作。

算法写好后，要检查其正确性和完整性，再用某种高级语言编写出程序。所以，程序设计的关键就在于设计出一个好的算法，算法是程序设计的核心。

一个算法还具备以下几个重要特性：

(1) 有穷性：一个算法的操作步骤必须是有限的，必须保证执行有穷步之后结束，不能无休止地执行下去。

(2) 确定性：算法的每一个步骤应该是确定的，必须目的明确，不能执行任何有二义性的操作。

(3) 有效性：算法中的每一个步骤都应该是有效执行的，并能通过手工或机器在有限时间内完成，以得到确定的结果，这也称为可行性。不合实际的算法步骤是不允许的。

(4) 输入：一个算法中有零个或多个输入。这些数据应在算法操作前提供。

(5) 输出：一个算法中有一个或多个输出。算法的目的是解决一个给定的问题，因此，它应向人们提供产生的结果，否则就没有意义了。

2. 算法的常用描述方法

通过分析可知，算法是指解决问题的一系列有序指令，是对某一问题求解步骤的考虑，也是解决问题的一个框架流程。程序设计则是要根据这一求解的框架流程进行语言细化，实现这一问题求解的具体过程。设计一个算法或描述一个算法最终的目的是要通过程序设计语言来实现，因此，好的描述算法是非常重要的。

描述算法有多种不同的方法，采用不同的算法描述方法对算法的质量有很大的影响。常用的描述方法有自然语言描述法、流程图、N-S 图和伪代码等。

1) 自然语言描述法

自然语言就是人们日常使用的语言，如汉语、英语等。此方法就像写文章的提纲一样，通过有序、简洁的语言加数学符号来描述。用自然语言描述算法的优点是简捷易懂，便于用户之间进行交流；缺点是文字冗长，容易产生"歧义"。例如，"王晓对李红说她要去图书馆。"请问"她"是谁？没有特定的语言环境我们很难判断出来。另外，将自然语言描述的算法直接拿到计算机上进行处理，目前还存在一定的困难。因此，除了特别简单的问题，一般情况下不使用自然语言来描述算法。

【例 3.1】 用自然语言描述求 50 以内偶数之和的算法。

① 赋初值 i=2，s=0；
② 执行 s=s+i；
③ 执行 i=i+2；
④ 如果 i≤50，则返回第②步，否则进行第⑤步；
⑤ 输出 s，结束。

2) 流程图

流程图是一种常用的算法描述方法，它的特点是用一些图框来表示各种类型的操作，用流程线表示这些操作的执行顺序。这种方式直观形象，容易转化成相应的程序语言。目前所采用的是美国国家标准化协会 ANSI(American National Standard Institute)规定的一些常用的流程图符号，如图 3-1 所示。

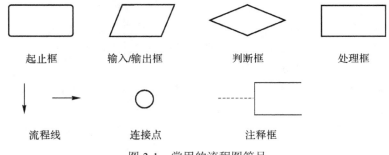

图 3-1　常用的流程图符号

流程图符号说明：

(1) 起止框：圆角矩形，表示算法的开始和结束。一个算法有且只有一个开始，但可以有多个结束。

(2) 输入/输出框：平行四边形，表示数据的输入或计算结果的输出。

(3) 判断框：菱形，表示判断，框中注明判断的条件；菱角为入口和出口；只能有一个入口，但可以有多个出口。

(4) 处理框：矩形，表示各种处理操作，框中注明要处理的内容；只能有一个入口、一个出口。

(5) 流程线：箭头，表示流程的执行方向。

(6) 连接点：用于连接因画不下而断开的流程线。

(7) 注释框：用于对流程图中某些框的操作作必要的补充说明，不是必要部分，只是帮助阅读流程图的程序员更好地理解流程图的含义。

【例 3.2】　用流程图描述求 50 以内偶数之和的算法。流程图如图 3-2 所示。

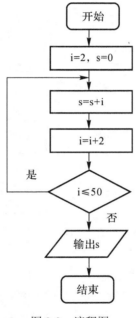

图 3-2　流程图

3) N-S 图

传统的流程图通过具有特定意义的图形、流程线以及简要的文字说明来表示程序的运行过程，但是对流程线的使用没有严格的限制，流程可以随意地转向，使得流程图变得毫无规律，给读图带来很大困难，也难以修改。为此，1973，年美国学者 I. Nassi 和 B. Shneiderman 提出了一种新的流程图形式。在这种流程图中，完全去掉了带箭头的流程线。整个算法写在一个矩形框内，在该框内还可以包含其他的从属于它的框，整个算法由上而下执行。这种流程图称为 N-S 结构化流程图，简称 N-S 图(也称为盒图)。此图更适合用于结构化程序设计，故很受欢迎。

N-S 图有以下流程图结构：

(1) 顺序结构：如图 3-3 所示，A、B、C 三个框组成一个顺序结构。

(2) 选择结构：如图 3-4 所示，当条件成立时执行 A 操作，不成立时执行 B 操作。请注意图 3-4 是一个整体，代表一个基本结构。

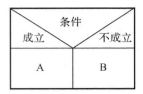

图 3-3　顺序结构　　　　　　　　图 3-4　选择结构

(3) 循环结构：图 3-5 所示为当型循环结构，表示当条件 P1 成立时反复执行 A 操作，直到条件不成立为止；图 3-6 所示为直到型循环结构，表示反复执行 A 操作，直到条件成立为止。

图 3-5　当型循环结构　　　　　　图 3-6　直到型循环结构

【例 3.3】　用 N-S 图描述求 100 以内偶数之和的算法。当型和直到型的 N-S 图如图 3-7 所示。

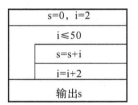
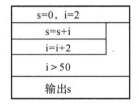

图 3-7　当型和直到型的 N-S 图

4) 伪代码

伪代码(pseudocode)也是一种算法描述语言，但它不是一种真正的编程语言。使用伪代码的目的是使被描述的算法更容易地以任何一种编程语言(C、Java 等)实现。它既综合使用了多种编程语言中的语法和保留字，又使用了自然语言。因此，伪代码是用介于自然语言和计算机语言之间的文字和符号来描述算法的。使用伪代码表示的算法结构清晰，代码简单，可读性好，经常运用在计算机教学中。

【例 3.4】　用伪代码描述求 50 以内偶数之和的算法。

```
i=2, s=0
do
s=s+i
i=i+2
loop while i ≤50
```

从例子中可以看到，伪代码的书写格式比较自由，可以按照人们的想法随手书写，但伪代码也像流程图一样只用在程序设计的初期，帮助写出程序流程。

简单的程序一般都不用写算法。但是对于结构复杂的程序，最好还是把流程写下来，总体上要考虑整个功能如何实现。写出好的算法不仅可以用于与他人进行交流，还可以作为将来测试、维护的基础。

　　算法的具体使用将在后面章节案例中展现。

3.2　C 语言的语句

　　从程序流程的角度来看，程序分为三种基本结构，即顺序结构、分支结构(选择结构)、循环结构。通过这三种基本结构可以组成各种复杂程序。C 语言提供了丰富的语句来实现这些程序结构。

　　语句用于向计算机系统发出操作指令。一条语句经编译后将产生若干条机器指令，C 程序对数据的处理就是通过"语句"的执行来实现的，所以 C 语言的语句是 C 源程序的重要组成部分，用于完成一定操作任务。

　　C 语言的语句可以分为以下五大类。

1. 表达式语句

　　由表达式组成的语句称为表达式语句。C 语言的任意一个表达式加上分号就构成了一个表达式语句。其语句格式为：

　　　表达式;

　　功能：计算表达式的值或改变变量的值。

　　表达式语句可分为赋值语句和运算符表达式语句。例如，"c=a+b;"为赋值语句，由赋值表达式后跟一个分号组成。运算符表达式语句由运算符表达式后跟一个分号组成，如"a+b;"，但本条语句只执行运算，计算结果不能保留，无实际意义。又如，"i++;"为自增语句，i 值增加 1。再如，"a=1，b=a+2，c=a+b;"为逗号语句，其中完成了三个赋值功能。

2. 控制语句

　　控制语句用于控制程序的流程，以实现程序的各种结构。它们由特定的语句定义符组成。C 语言有九种控制语句。

　　(1) if 语句：条件语句。

　　(2) switch 语句：多分支选择语句。

　　(3) for 语句：循环语句。

　　(4) while 语句：循环语句。

　　(5) do while 语句：循环语句。

　　(6) break 语句：终止执行 switch 或循环语句。

　　(7) continue 语句：结束本次循环语句。

　　(8) goto 语句：无条件转向语句。此语句尽量少用，因为不利于结构化程序设计，使程序流程无规律、可读性差。

　　(9) return 语句：从函数中返回语句。

3. 函数调用语句

　　函数调用语句由函数名、实际参数加一个分号构成。其一般形式为：

函数名(实际参数表);

功能：执行函数语句就是调用函数体并把实际参数赋予函数定义中的形式参数，然后执行被调函数体中的语句，求出函数值。

4. 复合语句

用"{}"把多个语句括起来组成的一个语句被称为复合语句。在程序中应把复合语句看成单条语句，而不是多条语句。例如：

```
{   int a=2;
    a=a+2;
    b=a+c;
    printf("%d, %d", a, b);
}
```

这是一个整体，我们把它看作是一条复合语句。

注意：

(1) 复合语句内的各条语句都必须以分号";"结尾；此外，在"}"外不能加分号。

(2) 在复合语句内定义的变量是局部变量，仅在复合语句中有效。

5. 空语句

空语句由一个分号表示。其一般形式为：

;

空语句是指什么也不执行的语句，它在语法上占据一个简单语句的位置。在程序中空语句常用于空循环体。

总体说明：分号是 C 语言语句结束的标志；C 语言对语句的书写格式无固定要求，允许一行书写多条语句，也允许一条语句分行书写。

3.3　C 语言的基本输入与输出

C 语言本身不提供输入/输出语句，其输入/输出功能是由 C 语言的库函数提供的，它们对应的头文件为 stdio.h。

1. 格式输入/输出函数

1) 格式输出函数 printf()

printf()函数是格式输出函数，它的作用是按规定格式向标准输出设备输出信息，它的函数原型在头文件"stdio.h"中。

其一般形式为：

```
printf("<格式控制>", <输出列表>)
```

功能：将输出列表的值按指定格式输出到标准输出终端上。

例如：printf("%d，%d\n", a, b); 。

括弧内包括两部分：

(1) "格式控制"是用双引号括起来的字符串，也叫"格式控制字符串"。它包括三种信息：

① 格式说明：由"%"和格式字符组成，用于确定输出内容格式，如 %d、%c 等，它总是由"%"字符开始。

② 普通字符：这些字符是按原样输出的，主要用于输出提示信息，如 printf()函数中双引号内的所有除特殊字符以外的符号。

③ 转义字符：指明特定的操作，如"\n"表示换行，"\r"表示回车。

(2) "输出列表"列出要输出的数据或表达式，它可以是零个或多个，每个输出项之间用逗号分隔，输出的数据可以是任何类型。但需注意，输出数据的个数必须与前面格式化字符串说明的输出个数一致，顺序也要一一对应，否则将会出现无法预料的错误。

【例 3.5】 格式输出。

参考程序如下：

```c
#include <stdio.h>
void main()
{
    int    a=65, b=66;
    printf ("%d %d\n ", a, b);
    printf ("%d, %d\n", a, b);
    printf ("a=%d, b=%d", a, b);
    printf ("%c, %c\n", a, b);
}
```

运行结果为：

65　66

65, 66

a=65, b=66

A, B

程序说明：在本例中输出了四次 a 和 b 的值，但由于格式控制串不同，输出的结果也不相同。

第一条输出语句格式控制串中，两个格式串%d 之间加了一个空格，它是非格式字符，所以输出的 a 和 b 值之间有一个空格。

第二条输出语句格式控制串中，两个格式串%d 之间加入的是普通字符逗号，输出的 a 和 b 值之间加了一个逗号。

第三条输出语句格式控制串中，为了提示输出结果，增加了非格式字符串"a="和"b="，所以输出的结果为 a=65 和 b=66。

最后一条输出语句格式控制要求按%c(字符)格式输出，因此输出的是数字对应的 ASCII 码字符 A 和 B。

2) printf()函数中的格式说明

printf()函数格式说明的一般形式为：

%[标志][输出宽度][.精度][长度][类型]

其中，方括号[]中的项为可选项。各项的意义介绍如下：

(1) 标志。标志为可选择的标志格式字符，常用的有-、+、#、空格四种，其意义如表3-1 所示。

表 3-1　标志格式字符及其含义

标志格式字符	标志格式含义
-	结果左对齐，右边填空格(默认为右对齐输出)
+	正数输出加号(+)，负数输出减号(-)
#	在八进制和十六进制数前显示前缀 0 和 0x，且只在八进制和十六进制格式输出有效
空格	正数输出空格代替加号(+)，负数输出减号(-)

(2) 输出宽度。用十进制正整数来表示输出值所占位置个数。若实际位数多于设定的宽度，则按实际位数输出；若实际位数少于设定的宽度，则补以空格。系统默认为右对齐。例如：

```
printf("%5d%d\n", 4, 5);
printf("%-5d%d\n", +4, 5);
printf("%-5d%d\n", -4, 5);
printf("%+5d%d\n", +4, 5);
printf("%+5d%d\n", 4, 5);
```

输出结果为：

```
_____45        //'_' 在显示屏幕上是空格，这里为了说明，以下皆同
4_____5
-4 _____5
_____+45
_____+45
```

(3) 精度。精度格式符以小数点"."开头，后跟十进制整数来表示。本项的意义是：如果输出"整数"，则表示至少要输出的数字个数，不足补数字 0，多则原样输出；如果输出的是"实数"，则表示小数点后至多输出的数字个数，不足补数字 0，多则作舍入处理；如果输出的是"字符串"，则表示输出的字符个数，不足补空格，多则截去超过的部分。

注意：如果精度所设置的数字大于输出宽度，则以精度设置的宽度为准。例如：

```
#include"stdio.h"
main()
{   printf("%.9d\n", 1234);
    printf("%9.2f\n", 1.23456);
    printf("%9.6f\n", 1.23456);
    printf("%5.6f\n", 1.23456);
    printf("%7.5s\n", "school");
    printf("%7.2s\n", "school");
}
```

输出结果为：

000001234

___1.23

_1.234560

1.234560

_school

___sc

(4) 长度。长度格式符有 h 和 l 两种：h 表示按短整型数据输出，l 表示按长整型或双精度型数据输出(实际上，数据类型在内存中占据的字节数由编译器的位数决定)。例如：

```
#include"stdio.h"
main()
{ long n=32768;
    printf("%d", n);
    printf("%ld", n);
    printf("%hd", n);
}
```

输出结果为：

32768

32768

-32768　　　//思考一下为什么输出此结果

(5) 类型。类型字符用于表示输出数据的类型。其格式字符及其含义如表 3-2 所示。

表 3-2　printf 格式字符及其含义

格式字符	格式字符含义
d(或 i)	以十进制形式输出带符号整数(正数不输出正号(+))
o	以八进制形式输出无符号整数(不输出前缀 0)
x(或 X)	以十六进制形式输出无符号整数(不输出前缀 0x)
u	以十进制形式输出无符号整数
f	以小数形式输出单、双精度实数，隐含输出 6 位小数
e(或 E)	以指数形式输出单、双精度实数，尾数部分的小数位数为 6 位
g(或 G)	以%f 或%e 中较短的输出宽度输出单、双精度实数
c	输出单个字符
s	输出字符串
%	输出百分号(%)

下面具体说明格式字符的使用。

① d 格式符。d 格式符的含义是按十进制整型数据格式输出整数，有%d、%md、%ld、%hd 等多种结合用法。其中，%d 是按整型数据的实际长度输出。%md 中的 m 为指定输出字段的宽度，若数据的位数小于 m，则左端补以空格；若数据的位数大于 m，则按实际位数输出。%ld 是输出长整型数据；%hd 是输出短整型数据。例如：

```
long a=654321;
printf("%d\n", 12345);
printf("%4d, %4d\n", 123, 12345);
printf("%8ld\n", a);
```

输出结果为：

```
12345
123, 12345
654321
```

② o 格式符。o 格式符的含义是以八进制数形式输出整数，即内存单元中的各二进制位的值以八进制形式输出。例如：

```
int n=10;
printf("%d, %o", n, n);
```

输出结果为：

```
10, 12
```

注意：以八进制形式输出的整数是不考虑符号的，即将符号位也作为八进制数的一部分一起输出，不会输出带负号的八进制整数。对长整型数可以用"%lo"格式输出，同样也可以指定其字段宽度。

③ x 格式符。x 格式符的含义是以十六进制数形式输出整数，即内存单元中的各二进制位的值以十六进制形式输出，有小写和大写两种形式。例如：

```
int n=100;
printf("%d, %x, %X", n, n, n);
```

输出结果为：

```
100, 64, 64
```

同样，十六进制形式输出的整数也是不考虑符号的。长整型数也可以用"%lx"格式输出，也可以指定其字段宽度。

④ u 格式符。u 格式符的含义是以十进制形式输出 unsigned 型数据。一个有符号整数可以用"%u"格式输出；反之，一个 unsigned 型数据也可以用"%d"格式输出。在输出时按它们之间相互赋值的规则进行处理。例如：

```
int n=-1;
printf("%d, %u", n, n);
```

在 C-Free 3.5 或是 Visual C++6.0 中的输出结果为：

```
-1, 4294967295
```

⑤ f 格式符。f 格式符的含义是以小数形式输出十进制实数(包括单、双精度)，有%f、%m.nf 和%-m.nf 三种形式。其中，%f 格式不指定字段宽度，而由系统自动指定，使实数的整数部分全部输出，并输出 6 位小数。应当注意，并非全部数字都是有效数字。单精度实数的有效位数一般为 7 位，双精度实数的有效位数一般为 16 位。例如：

```
float   x, y;
double a, b;
x=111111.111; y=222222.222;
```

```
a=1111111111111.111111111;
b=2222222222222.222222222;
printf("%f, %f", x+y, a+b);
```
输出结果为：
```
333333.328125, 3333333333333.333000
```
可以看到，对于 x+y，只有前 7 位数字是有效数字；对于 a+b，最后 3 位小数也是无意义的(超过 16 位)。

%m.nf 指定输出的数据共占 m 列，其中有 n 位小数。如果 m 的值大于数值长度，则左端补空格。

%-m.nf 和%m.nf 的含义基本相同，只是使输出的数值向左端靠齐，右端补空格。例如：
```
float n=123.4567;
printf("%7.2f, %-8.3f", n, n);
```
输出结果为：
```
_123.46, 123.457_
```
⑥　e 格式符。e 格式符的含义是以指数形式输出实数，有%e、%m.ne 和%-m.ne 三种形式。其中，%e 是以指数形式按标准宽度输出十进制实数。标准输出宽度共占 13 位，其中尾数的整数部分为非零数字占 1 位，小数点占 1 位，小数占 6 位，e 占 1 位，指数正(负)号占 1 位，指数占 3 位。例如：
```
#include"stdio.h"
main()
{   float n=-123.456789;
    printf("%e\n", n);
    printf("%-7.3e\n", n);
    printf("%.4e\n", n);
    printf("%11.2e, %11e, %-11.2e", n, n, n);
}
```
输出结果为：
```
-1.2345678e+002
-1.235e+002
-1.2346e+002
_1.23e+002, 1.234560e+002, 1.23e+002_
```
%m.ne 表示输出实数至少占 m 位，n 为尾数部分的小数位数，不足 m 位在左端补空格，否则按实际输出。

%-m.ne 和%m.ne 的含义基本相同，只是使输出的数值向左端靠齐，右端补空格。

⑦　g 格式符。g 格式符的含义是根据数值的大小，自动选 f 格式或 e 格式(选择输出时占宽度较小的一种)输出一个实数，且不输出无意义的零。例如：
```
#include"stdio.h"
main()
{   float n=12.3456;
```

```
    printf("%f, %e, %g", n, n, n);
    n=12.34567;
    printf("%f, %e, %g", n, n, n);
}
```

输出结果为：

  12.345600, 1.234560e+001, 12.3456

⑧ c 格式符。c 格式符的含义是输出一个字符。因为字符是以它的 ASCII 码形式存放在内存中的，所以，对于 0～255 之间任意一个整数，都可以用字符形式输出。同样，对于 c 格式符，也可以指定标志和输出宽度。例如：

```
    int a=65;
    char c='A';
    printf("%d, %c, %d, %c, %-2c, %2c", a, a, c, c, c, a);
```

输出结果为：

  65, A, 65, A, A_, _A

⑨ s 格式符。s 格式符的含义是输出一个字符串，有%s、%ms、%-ms、%m.ns 和%-m.ns。五种形式。

%s 控制输出一个字符串。%ms 表示当字符串长度大于指定的输出宽度 m 时，按字符串的实际长度输出；当字符串长度小于指定的输出宽度 m 时，则在左端补空格。同样，%-ms 和%ms 的含义基本相同，当字符串长度大于指定的输出宽度 m 时，按字符串的实际长度输出；当字符串长度小于指定的输出宽度 m 时，则在右端补空格。例如：

```
    printf("%3s, %-10s, %10s", "hello", "hello", "hello");
```

输出结果为：

  hello, hello_ _ _ _ _, _ _ _ _ _ hello

%m.ns 表示输出占 m 列，但只取字符串中左端 n 个字符。这 n 个字符输出在 m 列的右侧，左补空格。%-m.ns 和%m.ns 中的 m、n 的含义相同，只是 n 个字符输出在 m 列的左侧，右补空格。若 n>m，则 m 自动取 n 值，即保证 n 个字符正常输出。

⑩ %格式符。%格式符用于输出%。例如：

```
    #include"stdio.h"
    main()
    {
        int n=65;
        printf("%%c, %3c", n);
    }
```

输出结果为：

  %c, _ _ A

3) 格式输入函数 scanf()

scanf()函数是格式化输入函数，用于从标准输入设备(键盘)读取输入的信息。其一般形式为：

scanf("<格式控制>", <地址表列>)

功能：按规定格式从键盘输入若干任意类型的数据给地址所指的单元，可以是变量的地址，也可以是字符串的首地址。

地址表列表示为：&变量。

【例3.6】 格式输入。

参考程序如下：
```
#include <stdio.h>
void main()
{   int a, b;
    scanf("%d, %d", &a, &b);
    printf("%d, %d", a, b);
}
```

运行时若按以下形式输入：

5,6✓

输出结果为：

5,6

在此，&a和&b中的"&"是取地址运算符，&a表示a在内存中的地址。例3.6中的scanf()函数的作用是分别按照变量a和b在内存中的地址将a和b的值存进去。

注意：用scanf()函数输入数据时，各数据之间用分隔符分隔，默认分隔符可以是一个或多个空格，也可以用回车键或空格键来分隔。如果格式控制字符串中有其他分隔符，输入数据时就必须与格式控制字符串中的分隔符保持一致。

4) scanf()函数中的格式说明

表3-3列出了scanf()函数中的相关格式字符，表3-4列出了scanf()函数中的附加格式说明字符。

表3-3　scanf()函数中的相关格式字符

格式字符	格式字符含义
d(或 i)	以十进制形式输入带符号整数(正数不输出正号(+))
o	以八进制形式输入无符号整数
x(或 X)	以十六进制形式输入无符号整数
u	以十进制形式输入无符号整数
f	以小数形式输入实数，可以用小数形式或指数形式输入
e(或 E)	与 f 作用相同
g(或 G)	与 f 作用相同
c	输入单个字符
s	输入字符串，将字符串送到一个字符数组中，在输入时以非空格字符开始，并以第一个空格字符结束。字符串会自动加上串结束标志'\o'作为其最后一个字符

表 3-4　scanf()函数中的附加格式说明字符

字　　符	说　　　　明
l	用于输入长整型数据以及 double 型数据
h	用于输入短整型数据
m	指定输入数据所占域宽，域宽应为正整数
*	表示本输入项在读入后不赋给相应的变量

5) scanf()函数的使用要点

(1) 格式符的个数必须与输入项的个数相等，数据类型必须从左至右一一对应。例如：

scanf("%d, %c", &a, &c);

printf("%d, %c", a, c);

输入时用以下形式：

65, A↙

输出结果为：

65, A

(2) 用户可以指定输入数据的域宽(如表 3-4 第 3 行所示)，系统将自动按此域宽截取所读入的数据。例如：

scanf("%3d%3d", &a, &b);

运行时若按以下形式输入：

123456↙

系统自动将 123 赋值给 a，将 456 赋值给 b。

(3) 输入实型数据时，用户不能规定小数点后的位数。例如，scanf("%6.2f", &a); 是错误的，可以改为 scanf("%6f", &a);。

例如：

```
#include"stdio.h"
main()
{   float    n;
    scanf("%4f", &n);
    printf("%f", n);
}
```

输入以下数据：

12345.67↙

输出结果为：

1234.000000

(4) 输入实型数据时，可以不带小数点，即按整型数方式输入。例如：

scanf("%f", &a);

可以用以下输入方式：

123↙

(5) 从终端输入数值数据时，遇到下述情况时，系统将认为该项数据结束。

① 遇到空格、回车符或制表符(Tab)，可用它们作为数值数据间的分隔符。

② 遇到宽度结束，如："%4d"表示只取输入数据的前 4 位。

③ 遇到非法输入，如：假设a为整型变量，ch为字符型变量，若 scanf("%d%c", &a, &ch);
本来要输入 12304 和字符 'c'，但如果不小心把数值 123 后面的 0 输错为字符 o，即输入
123o4c✓，则系统将认为 a=123，ch=o。

(6) 在使用%c 格式符时，输入的数据之间不需要分隔符标志；空格、回车符都将作为
有效字符输入。例如：

　　scanf("%c%c%c%c%c", &a, &b, &c, &d, &e);

若有以下输入：

　　H E LLO✓

则系统将 H 赋值给 a，_赋值给 b，E 赋值给 c，_赋值给 d，L 赋值给 e。

(7) 如果格式控制字符串中除了格式说明，还包含其他字符，则输入数据时，这些普
通字符要原样输入。例如：

　　scanf("%d_%d", &a, &b);

　　123_45✓

　　scanf("%d, %d", &a, &b);

　　123, 45✓

　　scanf("a=%d, b=%d", &a, &b);

　　a=123, b=45✓

　　scanf("%d, %d\n", &a, &b);

　　123, 45\n✓　　　　　　　　　　　　　//这里的\n 不是换行的意思

(8) 格式说明"%*"表示跳过对应的输入数据项不予读入。例如：

　　scanf("%2d %*2d %2d", &a, &b);

若有以下输入：

　　12 345 67✓

则表示将 12 赋给 a，67 赋给 b，而 345 不赋给任何数据，尽管输入格式是%*2d，而输入
的是三位数 345，也不会报错，直接跳过对应项即可。

2. 字符输入/输出函数

1) 字符输入函数 getchar()

getchar()函数用于从键盘输入一个字符。其一般形式为：

　　getchar();

函数的值就是从输入设备得到的字符。

【例 3.7】 输入字符举例。

参考程序如下：

```
#include <stdio.h>
main()
{   char c;
    c=getchar();                    /*从键盘输入一个字符*/
```

```
        putchar(c);                        /*显示输入的字符*/
    }
```
运行结果为：

　　a✓

输出结果为：

　　a

2) 字符输出函数 putchar()

putchar()函数用于向标准输出设备输出一个字符。其一般形式为：

　　putchar(ch);

其中，ch 为一个字符变量、常量或者表达式。

【例 3.8】　输出单个字符。

参考程序如下：

```
    #include"stdio.h"
    void main()
    {   char a;
        a='A';
        putchar(a); putchar('B'); putchar(a+2);
        putchar('\n');
    }
```

其运行结果为：

　　ABC

程序说明：可以输出控制字符，如最后一行 putchar('\n')用于输出一个换行符，使显示器光标移到下一行的行首，即将输出的当前位置移到下一行的开头。

也可以输出其他转义字符。例如：

```
    putchar('\101')        /*输出字符 A */
    putchar('\\n')         /*输出字符 n*/
```

注意：

(1) getchar()函数只能接收单个字符，该字符可以赋给一个字符变量或整型变量，也可以不赋给任何变量，只是作为表达式的一个运算对象参加表达式的运算处理。

(2) 如果在一个函数中要调用 putchar()或 getchar()函数，则应该在函数的前面(或本文件开头)使用包含命令#include"stdio.h"或#include <stdio.h>。

第 4 章　顺序结构程序设计

程序基本结构包括顺序结构、选择结构和循环结构，任何一个结构化程序都是由这三种基本结构构成的。它们之间是顺序执行的关系。前面已经介绍过它们的 N-S 图(如图 3-3～图 3-6 所示)。

4.1　顺序结构程序设计思想

在顺序结构程序中，一般包括两部分内容：

(1) 编译预处理命令。在编写程序的过程中，如果要使用 C 语言标准库函数中的函数，则应该使用编译预处理命令，将相应的头文件包含进来。

(2) 函数。函数体包括顺序执行的各条语句，主要有函数中用到变量的说明部分(包括类型的说明)、数据的输入部分、数据运算部分以及数据的输出部分。

4.2　顺序结构程序设计举例

【例 4.1】　从键盘输入一个大写字母，要求改用小写字母输出。

该算法的 N-S 图如图 4-1 所示。

定义一个字符变量C
调用输入函数，输入一个大写字母
c=c+32;//改为小写
调用输出函数，输出小写字母

图 4-1　例 4.1 算法的 N-S 图

根据算法编写程序如下：

```
#include <stdio.h>
void main()
{   char c;
    c=getchar();
    c=c+32;
    putchar(c);
}
```

运行时若输入：

　　A✓

输出结果为：

　　a

【例 4.2】　输入三角形的三条边，求三角形的周长和面积。

该算法的 N-S 图如图 4-2 所示。

定义三个实型变量 a、b、c，三个实型变量 l、s、t
通过输入函数，输入 a、b、c 的值
l=a+b+c；t=1/2；$s=\sqrt{t(t-a)(t-b)(t-c)}$
输出周长和面积 l，s

图 4-2　例 4.2 算法的 N-S 图

根据算法编写程序如下：

```
#include"stdio.h"
#include"math.h"
void main()
{   float a, b, c, l, s, t;
    scanf("%f%f%f", &a, &b, &c);
    l=a+b+c;
    t=l/2.0;
    s=sqrt(t*(t-a)*(t-b)*(t-c));
    printf("周长是%f，面积是%f\n", l, s);
}
```

运行时若输入：

　　3 4 5✓

输出结果为：

　　周长是 12.000000，面积是 6.000000

注意：由于程序中用到数学函数"sqrt"，因此需用预处理命令中的#include"math.h"。

【例 4.3】　输入圆的半径，输出该圆的周长和面积。

该算法的 N-S 图如图 4-3 所示。

定义三个实型变量 r、l、s
通过输入函数，输入 r 的值
l=2πr；$s=\pi r^2$
输出周长和面积 l，s

图 4-3　例 4.3 算法的 N-S 图

根据算法编写程序如下：

```
#include <stdio.h>
```

```
#define PI 3.1415
void main()
{    float r, l, s;
     scanf("%f", &r);
     l=2*PI*r;
     s=PI*r*r;
     printf("周长是%f，面积是%f\n", l, s);
}
```

运行时若输入：

　　3✓

输出结果为：

　　周长是 18.849001，面积是 28.273500

4.3　大案例中本章节内容的应用和分析

根据第 1 章案例给出的学生通讯录管理系统，要求能实现对联系人基本信息进行添加、显示、查找(按学号、姓名、电话号码)、删除(按学号、姓名、电话号码)等基本管理操作。为了更好地完成人机对话，可以考虑实现一个系统的操作界面，上面需要显示出各种操作的选项，即菜单。通过本章的学习，我们可以设计出以下代码来完成界面菜单的显示及测试。

```
#include "stdio.h"
void main ()                          //主界面
{
     int a;                           //菜单选项
     printf ("\n\n\n\n\n\n");
     printf ("\t\t\t    【学生通讯录管理系统】\n");
     printf("\t\t=======================================\n");
     printf ("\t\t\t*************\n");
     printf ("\t\t\t*1.添加联系人*\n");
     printf ("\t\t\t*2.显示通讯录*\n");
     printf ("\t\t\t*3.查找联系人*\n");
     printf ("\t\t\t*4.删除联系人*\n");
     printf ("\t\t\t*0.退出该程序*\n");
     printf ("\t\t\t*************\n");
     printf("\t\t=======================================\n");
     scanf ("%d", &a);                //主界面菜单选项输入测试
     printf ("%d\n", a);              //主界面菜单选项输出测试
}
```

学生可以根据自己的分析和理解设计出自己的应用界面。

第 5 章　选择结构程序设计

　　选择结构是程序基本结构之一，在程序设计中经常遇到需要根据不同的情况采用不同的处理方法。例如：字符大小写的问题，如果是大写字符就转换成小写字符，如果是小写字符就转换成大写字符；求三角形周长和面积问题，考虑三条边是否符合组成三角形的。要解决这类问题，必须借助选择结构。在 C 语言中，通常使用 if 语句或 switch 语句来实现选择结构程序设计。本章主要介绍选择结构的特点、语法以及选择结构在程序设计中的应用。

5.1　if 语　句

　　C 语言提供了三种格式的 if 语句。它们分别是单分支 if 语句、双分支 if 语句和多分支 if 语句。

1. 单分支 if 语句

　　单分支 if 语句的基本格式为：

　　　　if(表达式)语句;

　　说明：

　　(1) "表达式"一般为关系表达式或逻辑表达式，但也可以是其他表达式(如赋值表达式等)，甚至也可以是一个变量。例如："if(a=8)语句;" "if(b)语句;"都是允许的，只要表达式的值为非 0，即为"真"。通常把关系表达式或逻辑表达式的值为真时，称为条件满足。

　　(2) 语句是"条件"满足时处理方法的描述，可以是若干条语句。

　　功能：首先判断表达式的值是否为真，若表达式的值为真(非 0)，则执行其后的语句；否则不执行该语句。单分支 if 语句执行流程如图 5-1 所示。

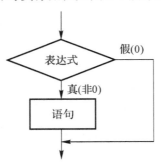

图 5-1　单分支 if 语句执行流程

　　【例 5.1】　输入两个整数 a 和 b，如果 a 大于 b，则把整数 a 打印出来。

参考程序如下：

```
#include <stdio.h>
void main()
{   int a, b;
    printf("请输入整数 a 和 b 的值：\n");
    scanf("%d, %d", &a, &b);
    if(a>b)printf("%d\n", a);
}
```

运行结果为：

请输入整数 a 和 b 的值：

<u>3, 2</u>✓

输出结果为：

3

【例 5.2】 输入一个字符，判别它的大小写状态，如果是大写，则将它转换成小写字母，然后输出转换后的字符。

参考程序如下：

```
#include <stdio.h>
void main()
{
    char ch;
    printf("请输入一个大写字母：");
    scanf("%c", &ch);
    if(ch>='A'&&ch<='Z')
    {   ch=ch+32;
        printf("转换后的小写字母为：%c。\n", ch);
    }
}
```

运行结果为：

请输入一个大写字母：<u>B</u>✓

输出结果为：

转换后的小写字母为：b。

小结：单分支 if 语句在程序的执行过程中，只对满足条件的情况进行处理，对于不满足条件的情况不作任何处理。

2. 双分支 if 语句

双分支 if 语句为 if-else 形式，基本格式为：

if (表达式)

语句块 1;

else

　　　　语句块 2;

　　说明:

　　(1) "表达式"一般为关系表达式或逻辑表达式。通常把关系表达式或逻辑表达式的值为真时,称为条件满足;把关系表达式或逻辑表达式值为假时,称为条件不满足。

　　(2) 语句块 1、语句块 2 分别是"条件"满足或不满足时处理方法的描述,可以是若干条语句。

　　功能:双分支 if 语句在程序的执行过程中,首先判断"条件",其值为真(非 0)时,执行语句块 1;其值为假(0)时,执行语句块 2。执行完语句块 1 或语句块 2 之后,执行 if 后面的语句。双分支 if 语句执行流程如图 5-2 所示。

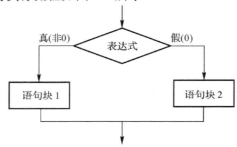

图 5-2　双分支 if 语句执行流程

　　【例 5.3】 将例 5.1 的要求稍作修改:输入两个整数 a 和 b,如果 a 大于 b,则把整数 a 打印出来;如果 a 小于等于 b,则把整数 b 打印出来。

　　参考程序如下:

```
#include <stdio.h>
void main()
{   int x, y;
    printf("请输入两个整数: ");
    scanf("%d, %d", &a, &b);
    if(a>b)
        printf("较大的数为%d\n", a);
    else
        printf("较大的数为%d\n", b);
}
```

　　运行结果为:

　　　　请输入两个整数: 5, 10✓

　　输出结果为:

　　　　较大的数为 10

　　【例 5.4】 从键盘输入一个整数,判断这个数的奇偶性。

　　参考程序如下:

```
#include <stdio.h>
void main()
{   int a;
```

```
    printf("请输入一个整数: ");
    scanf("%d", &a);
    if(a%2==0)
        printf("%d 是偶数\n", a);
    else
        printf("%d 是奇数\n", a);
}
```

运行结果为：

　　请输入一个整数：7↙

输出结果为：

　　7 是奇数

小结：双分支 if 语句在程序的执行过程中，对于满足或者不满足条件的情况进行处理，至少要执行一条语句(语句块 1 或者语句块 2)。

3. 多分支 if 语句

多分支 if 语句的基本格式为：

```
    if(表达式 1)  语句块 1;
    else if(表达式 2)  语句块 2;
       ⋮
    else if(表达式 m)  语句块 n;
    else  语句块 n+1;
```

说明：

(1) 多分支 if 语句依次判断表达式的值，当某个表达式的值为真(非 0)时，执行其下面的语句，然后跳到整个 if 语句之外继续执行程序。

(2) 如果所有的表达式的值均为假，则执行语句 n；如果所列出的条件都不满足，并且又没有 else 子句时，则跳到整个 if 语句之外继续执行程序，不执行任何多分支 if 语句内的语句。

多分支 if 语句执行流程如图 5-3 所示。

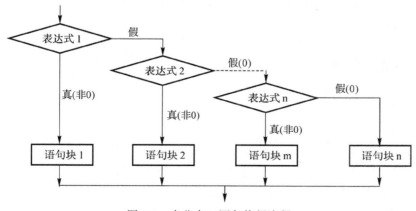

图 5-3　多分支 if 语句执行流程

【例 5.5】 将例 5.2 的要求稍作修改：输入一个字符，判别它的大小写状态，如果是大写，则将它转换成小写字母，然后输出转换后字符；如果是小写，则将它转换成大写字母，然后输出转换后的字符；否则输出其他字符。

参考程序如下：

```c
#include <stdio.h>
void main()
{
    char ch;
    printf("请输入一个字母: ");
    scanf("%c", &ch);
    if(ch>='A'&&ch<='Z')
    {
        ch=ch+32;
        printf("转换后的小写字母为: %c。\n", ch);
    }
    else if(ch>='a'&&ch<='z')
    {
        ch=ch-32;
        printf("转换后的大写字母为: %c。\n", ch);
    }
    else
        printf("其他字符  \n");
}
```

运行结果为：

请输入一个字母：a↙

输出结果为：

转换后的大写字母为：A

【例 5.6】 从键盘输入两个整数，比较两个数的大小关系，并把关系结果打印出来。

参考程序如下：

```c
#include <stdio.h>
void main()
{
    int a, b;
    printf("请输入整数 A, B: ");
    scanf("%d, %d", &a, &b);
    if(a>b)
        printf("A>B\n");
    else if(a<b)
        printf("A<B\n");
```

```
        else
            printf("A=B\n");
    }
```

运行结果为：

请输入整数 A，B：<u>5，8</u>✓

输出结果为：

A<B

【例 5.7】 学生成绩档次判断：输入一个学生的一门课分数 x(百分制)，当 x≥90 时，输出"优秀"；当 80≤x<90 时，输出"良好"；当 70≤x<80 时，输出"中"；当 60≤x<70 时，输出"及格"；当 x<60 时，输出"不及格"。

程序设计分析：本例是针对多种情况来分类处理的，适合使用多分支 If 语句来编写程序。

参考程序如下：

```
#include <stdio.h>
void main()
{
    float s;
    printf("请输入成绩：");
    scanf("%f", &s);
    if (s>=90)
        printf("\n 成绩档次为：优秀。\n");
    else if (s>=80)
        printf("\n 成绩档次为：良好。\n");
    else if (s>=70)
        printf("\n 成绩档次为：中。\n");
    else if (s>=60)
        printf("\n 成绩档次为：及格。\n");
    else
        printf("\n 成绩档次为：不及格。\n");
}
```

运行结果为：

请输入成绩：<u>88</u>✓

输出结果为：

成绩档次为：良好。

对于分段条件的程序设计，如果把程序设置为单条件判断的情况，则要注意条件的分类方法以及书写的先后顺序，否则会出现逻辑错误。

小结：多分支 if 语句在程序的执行过程中，只执行第一次满足条件的情况，要注意它与多行的单分支 if 语句的区别。

4. if 语句的嵌套

当 if 语句中的语句又是 if 语句时，这种情况就称为 if 语句的嵌套。

if 语句的嵌套的基本格式为：

```
if(表达式)
    if(表达式)  语句块 1;
    else   语句块 2;
else
    if(表达式) 语句块 3;
    else   语句块 4;
```

说明：如果嵌套的 if 语句是 if-else 形式，将会出现多个 if 和 else 的情况，要特别注意 if 和 else 的配对问题。例如：

```
if(表达式)
    if(表达式) 语句块 1;
else
    if(表达式) 语句块 2;
    else 语句块 3;
```

在这段程序中，有三个 if，两个 else，其中每个 else 和 if 的配对关系是什么？从程序的书写格式来看，是希望第一个出现的 else 能和第一个出现的 if 配对，但实际上这个 else 是与第二个 if 配对的。C 语言规定，else 总是与它前面最近的一个没有配对的 if 配对。因此，本例中的第一个 else 是与第二个 if 配对。如何才能实现第一个 else 和第一个 if 配对呢？可以利用加花括号{}的方法来改变原来的配对关系。例如：

```
if  (表达式)
    {if(表达式) 语句块 1; }
else
    if(表达式) 语句块 2;
    else   语句块 3;
```

这样，{}就限定了内嵌 if 语句的范围，实现了第一个出现的 else 和第一个出现的 if 配对。

【例 5.8】 用 if 语句的嵌套来实现例 5.6 的要求，即从键盘输入两个整数，比较两个数的大小关系，并把关系结果打印出来。

参考程序如下：

```c
#include <stdio.h>
void main()
{
    int a, b;
    printf("请输入整数 A, B:");
    scanf("%d, %d", &a, &b);
    if(a!=b)
```

```
            if(a>b)
                printf("A>B\n");
            else
                printf("A<B\n");
        else
            printf("A=B\n");
    }
```
运行结果为：

　　请输入整数 A, B: <u>7, 8</u>✓

输出结果为：

　　A<B

本例使用了 if 语句的嵌套结构，实际上有三种选择，即 A>B、A<B 或 A=B。这种问题用 if-else-if 语句也可以完成，而且程序更加清晰，所以在一般情况下较少使用 if 语句的嵌套结构。

小结：在 if 语句的嵌套中，else 总是与它上面最近的没有与 else 配对的 if 配对。

5. 条件运算符和条件表达式

1) 条件运算符

条件运算符是 C 语言中一个特殊的运算符，由 "?" 和 ":" 组合而成。条件运算符是三目运算符，要求有 3 个操作对象，并且这 3 个操作对象都是表达式。

在条件语句中，若只执行单个赋值语句，则常使用条件运算符来表示。这样既会使程序简洁，又可以提高运行效率。例如：

　　if(x>y)max=x;

　　else max=y;

用条件运算符可以表示为：

　　max=(x>y)?x:y;

执行时，先计算(x>y)的值为真还是假，若为真，则表达式取值为 x，否则取值为 y。

2) 条件表达式

条件表达式的一般形式为：

　　表达式 1? 表达式 2：表达式 3

条件运算的求值规则为：计算表达式 1 的值，若表达式 1 的值为真，则以表达式 2 的值作为整个条件表达式的值，否则以表达式 3 的值作为整个条件表达式的值。例如：

　　max=(x>y)?x:y;

(1) 优先级。条件运算符的运算优先级低于关系运算符和算术运算符，高于赋值符。因此，表达式 max=(x>y)?x:y 可以去掉括号，写为 max=x>y?x:y，执行时意义是相同的。

(2) 结合性。条件运算符的结合方向是自右至左。例如：x>y?m:z>m?z:d 等价于 x>y?x:(z>m?z:m)。

(3) 条件表达式中，表达式 1 通常为关系或逻辑表达式，表达式 2、3 的类型可以是数值表达式、赋值表达式、函数表达式或条件表达式。

5.2　switch 语句

当对一个表达式的不同取值情况作不同处理时，使用多分支 if 语句的程序结构显得较为杂乱，而使用 switch 语句可使程序的结构更清晰。C 语言提供了专门解决多分支选择问题的 switch 语句，用于实现多种情况选择的程序设计。

1. switch 语句

switch 语句的基本格式为：

```
switch(表达式)
{
    case 常量表达式 1: 语句块 1;
    case 常量表达式 2: 语句块 2;
    ⋮
    case 常量表达式 n: 语句块 n;
    default : 语句块 n+1;
}
```

说明：

(1) "表达式"一般为整型变量或者字符型变量，case 后面的只能是常量表达式。

(2) switch 语句的执行过程是：先求"表达式"的值，并逐个与其后的常量表达式值相比较。当表达式的值与某个常量表达式的值相等时，立即执行其后的语句，并且不再进行判断，继续执行所有 case 后的语句块，允许在 case 后有多个语句，可以不用{}括起来。如果表达式的值与所有 case 后的常量表达式均不相同时，则执行 default 后的语句。在 switch 语句中，"case 常量表达式"只起语句标号的作用，并不在这里进行条件判断，这与前面介绍的 if 语句完全不同，它一般与中断语句(break 语句)配合使用。

(3) 将 case 与其后面的常量表达式合称为 case 语句标号。case 的常量表达式的值必须互不相同，即在每个 case 后的各常量表达式的值不能相同，否则会导致出现错误(对表达式的同一个值就会有两种或者多种执行方案)。各个 case 和 default 的出现次序不影响执行结果。

(4) 在关键字 case 和常量表达式之间一定要有空格，switch 后面的括号不能省略。

(5) 多个 case 可以共用一组执行语句。例如：

```
case'A':
case'B':
case'C':printf(">60\n"); break;
```

功能：switch 语句的控制流程与多分支 if 语句的控制流程基本相同，此处不再赘述。

【例 5.9】　用 switch 语句实现例 5.7 中的学生成绩档次判断，即输入一个学生的一门课分数 x(百分制)，当 x≥90 时，输出"优秀"；当 80≤x<90 时，输出"良好"；当 70≤x<80 时，输出"中"；当 60≤x<70 时，输出"及格"，当 x<60 时，输出"不及格"。

参考程序如下：

```
#include <stdio.h>
void main()
{
    float s; int d;
    printf("请输入成绩: ");
    scanf("%f", &s);
    d=(int)s/10;
    switch(d)
    {
        case 9: printf("\n 成绩档次为: 优秀。\n"); break;
        case 8: printf("\n 成绩档次为: 良好。\n"); break;
        case 7: printf("\n 成绩档次为: 中。\n"); break;
        case 6: printf("\n 成绩档次为: 及格。\n"); break;
        default : printf("\n 成绩档次为: 不及格。\n");
    }
}
```

运行结果为:

　　请输入成绩: 95✓

输出结果为:

　　成绩档次为: 优秀。

【例 5.10】 生肖程序设计: 输入用户的出生年份, 然后根据输入的年份来确定用户的属相, 最后把结果打印出来。

参考程序如下:

```
#include <stdio.h>
void main()
{
    int n;
    printf("请输入您的出生年份: ");
    scanf("%d", &n);
    n=n%12;
    switch(n)
    {
        case 0: printf("您的属相为: 猴\n"); break;
        case 1: printf("您的属相为: 鸡\n"); break;
        case 2: printf("您的属相为: 狗\n"); break;
        case 3: printf("您的属相为: 猪\n"); break;
        case 4: printf("您的属相为: 鼠\n"); break;
        case 5: printf("您的属相为: 牛\n"); break;
        case 6: printf("您的属相为: 虎\n"); break;
```

```
        case 7: printf("您的属相为： 兔\n"); break;
        case 8: printf("您的属相为： 龙\n"); break;
        case 9: printf("您的属相为： 蛇\n"); break;
        case 10: printf("您的属相为： 马\n"); break;
        case 11: printf("您的属相为： 羊\n"); break;
        default: printf("您输入的年份有误！\n");
    }
}
```

运行结果为：

　　请输入您的出生年份：<u>2019</u>✓

输出结果为：

　　您的属相为：猪

程序说明：该程序是根据出生年份的值来选择的。要注意在设计时对表达式列表值的确定，即根据一个确定年份的值来确定属于哪个属相，其余的类推。

【例 5.11】 要求使用 switch 语句设计程序，实现季节判断。用户输入的 1、2、3 月是春季，4、5、6 月是夏季，7、8、9 月是秋季，10、11、12 月是冬季。

参考程序如下：

```
#include <stdio.h>
void main()
{
    int n;
    printf("请输入月份： ");
    scanf("%d", &n);
    switch((int)((n-1)/3))
    {
        case 0: printf("%d 月份是春季！\n", n); break;
        case 1: printf("%d 月份是夏季！\n", n); break;
        case 2: printf("%d 月份是秋季！\n", n); break;
        case 3: printf("%d 月份是冬季！\n", n); break;
        default: printf("您输入的月份有误！\n");
    }
}
```

运行结果为：

　　请输入月份：<u>10</u>✓

输出结果为：

　　10 月份是冬季！

【例 5.12】 输入平年的一个月份，并输出这个月的天数。(闰年以外就是平年，如 2019年为平年)

程序设计分析：根据输入的月份数判断，当月份为 1、3、5、7、8、10、12 时，天数为 31；当月份为 4、6、9、11 时，天数为 30；当月份为 2 时，天数为 28。

参考程序如下：

```
#include <stdio.h>
void main()
{
    int m, d;
    printf("请输入平年的月份:");
    scanf("%d", &m);
    switch(m)
    {
        case 1:
        case 3:
        case 5:
        case 7:
        case 8:
        case 10:
        case 12:d=31; break;
        case 4:
        case 6:
        case 9:
        case 11:d=30; break;
        case 2:d=28; break;
        default:d=-1;
    }
    if(d==-1)
        printf("输入月份错误!");
    else
        printf("平年%d 月份有%d 天!\n", m, d);
}
```

运行结果为：

请输入平年的月份：10✓

输出结果为：

平年 10 月份有 31 天！

2. switch 语句的嵌套

switch 语句也可以嵌套，但一般使用较少。在 switch 语句中，"case 常量表达式"只起语句标号的作用，并不进行条件判断。当执行 switch 语句后，程序会根据 case 后面表达式的值找到匹配的入口标号，并从此处开始执行，不再进行判断。为了避免这种情况，C 语言提供了 break 语句，专门用于跳出 switch 语句。break 语句只有关键字 break，没有参数，它不但可以用在 switch 语句中终止 switch 语句的执行，也可以用在循环中终止循环(要格外注意 break 在这里的作用)。

5.3　选择结构程序设计举例

【例 5.13】　输入三个整数 a，b，c，把它们按照从大到小的顺序排列出来。

参考程序如下：

```
#include <stdio.h>
void main()
{
    int a, b, c, t ;
    printf ("请输入三个整数: ");
    scanf ("%d, %d, %d", &a, &b, &c);
    if (a<b) { t=a; a=b; b=t; }
    if (a<c) { t=a; a=c; c=t; }
    if (b<c) { t=b; b=c; c=t; }
    printf ("三个整数从大到小为：%d, %d, %d\n", a, b, c);
}
```

运行结果为：

请输入三个整数：2, 9, 3✓

输出结果为：

三个整数从大到小为：9, 3, 2

【例 5.14】　输入三个整数 a，b，c，找出其中的最大值，并把最大值打印出来。

参考程序如下：

```
#include<stdio.h>
void main()
{
    int a, b, c, max;
    printf ("请输入三个整数: ");
    scanf ("%d, %d, %d", &a, &b, &c);
    max=a;
    if(b>max)max=b;
        if(c>max)max=c;
            printf("最大值为: %d。\n", max);
}
```

运行结果为：

请输入三个整数：12, 38, 56✓

输出结果为：

最大值为: 56。

【例 5.15】 设计程序，判断某一年份是否为闰年。判断闰年的方法为(符合以下条件之一的年份即为闰年):

(1) 能被 400 整除;

(2) 能被 4 整除而不能被 100 整除。

参考程序如下:

```
#include <stdio.h>
void main()
{
    int y;
    printf ("请输入一个年份:");
    scanf ("%d", &y);
    if (y%4==0 && y%100!=0 || y%400==0)
        printf ("%d 年是闰年。\n", y);
    else
        printf ("%d 年不是闰年。\n", y);
}
```

运行结果为:

　　请输入一个年份：<u>2019</u>↙

输出结果为:

　　2019 年不是闰年。

【例 5.16】 求一元二次方程 $ax^2+bx+c=0$ 的根。

参考程序如下:

```
#include <stdio.h>
#include <math.h>
void main()
{
    float a, b, c, pbs, x1, x2, p, q;
    printf("请依次输入二次方程的系数：\n");
    scanf("%f, %f, %f", &a, &b, &c);
    pbs=b*b-4*a*c;
    if(pbs>0)
    {
        x1=(-b+sqrt(pbs))/(2*a);
        x2=(-b-sqrt(pbs))/(2*a);
        printf("两个不相等的实根为:x1=%5.4f, x2=%5.4f\n", x1, x2);
    }
    else if(pbs==0)
    {
```

```
            x1=-b/(2*a);
            printf("两个相等的实根为:x1=x2=%5.4f\n", x1);
        }
        else
        {
            p=-b/(2*a);
            q=sqrt(-pbs)/(2*a);
            printf("两个不相等的虚根为:x1=%5.4f+%5.4fi，x2=%5.4f-%5.4fi\n", p, q, p, q);
        }
    }
```

运行结果为：

请依次输入二次方程的系数：2，-3，4✓

两个不相等的虚根为：x1=0.7500+1.1990i，x2=0.7500-1.1990i

【例 5.17】 已知出租车行驶不超过 5 公里时一律收费 10 元，超过 5 公里时分段处理，具体处理方式为：15 公里以内每公里加收 1.5 元，15 公里以上每公里加收 2 元。根据输入的里程数，计算最后的车费。

参考程序如下：

```
#include <stdio.h>
void main()
{   float n, s;
    s=10;
    printf("请输入里程数(公里)：");
    scanf("%f", &n);
    if(n>0 && n<=5)
        printf("车费为：%5.2f 元。\n", s);
    else if(n>5 && n<=15)
        printf("车费为：%5.2f 元。\n", s+(1.5*(n-5)));
    else
        printf("车费为：%5.2f 元。\n", s+15+(2*(n-15)));
}
```

运行结果为：

请输入里程数(公里)：15✓

输出结果为：

车费为：25.00 元。

5.4　大案例中本章节内容的应用和分析

通过前面的学习，我们可以实现一个系统的操作界面，并显示各种菜单。通过本章的

学习，可以补充设计代码以完成界面菜单显示之后所进行的菜单选择。这里可使用 switch
语句来模拟实现功能。

参考程序如下：

```
#include "stdio.h"
void main ()                          //主界面
{
    int a;                            //菜单选项
    printf ("\n\n\n\n\n\n");
    printf ("\t\t\t        【学生通讯录管理系统】\n");
    printf("\t\t==================================================\n");
    printf ("\t\t\t\t************\n");
    printf ("\t\t\t\t*1.添加联系人*\n");
    printf ("\t\t\t\t*2.显示通讯录*\n");
    printf ("\t\t\t\t*3.查找联系人*\n");
    printf ("\t\t\t\t*4.删除联系人*\n");
    printf ("\t\t\t\t*0.退出该程序*\n");
    printf ("\t\t\t\t************\n");
    printf("\t\t==================================================\n");
    scanf ("%d", &a); //主界面菜单选项输入测试
    switch (a)
    {
        case 0: printf ("\t.已退出该程序\n"); break;
        case 1:
        {
            printf ("\t 进入添加联系人程序\n");
            break;
        }
        case 2:
        {
            printf ("\t 进入显示通讯录程序\n");
            break;
        }
        case 3:
        {
            printf ("\t 进入查找联系人程序\n");
            break;
        }
        case 4:
        {
```

```
        printf ("\t 进入删除联系人程序\n");
        break;
    }
  }
}
```

因为还有其他知识点尚未学习，所以使用多重分支选择结构，只是做了模拟显示，并未真正完成其功能。学生可以根据自己的分析和理解自行完成设计。

第6章　循环结构程序设计

解决实际问题中，常常会遇到有规律地重复某些操作的情况。循环结构就是用来解决需要重复处理的问题的，它是程序中一种很重要的结构。循环结构的特点是：当给定条件成立时，反复执行某语句块，直到条件不成立为止。其中，将给定的条件称为循环继续条件，被反复执行的语句块称为循环体。

C 语言提供了多种循环语句，主要有 while 语句、do-while 语句和 for 语句，这些循环语句可以组成各种不同形式的循环结构。下面重点介绍这些循环语句的语法结构、功能特点，以及它们在循环程序设计中的具体应用。

6.1　while　语　句

1. while 语句的一般形式

while 语句用来实现"当到"型循环结构。其一般形式如下：

　　　while(表达式)
　　　　循环体语句

功能：先计算表达式的值，若表达式的值为真(非 0)时，则执行循环体语句，然后再返回判断表达式的值，重复执行以上语句；当表达式的值为假(0)时，循环结束，转而执行 while 语句之后的语句。while 语句的执行流程如图 6-1 所示。

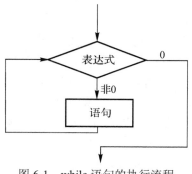

图 6-1　while 语句的执行流程

while 语句格式中的表达式通常是一个关系表达式或逻辑表达式，也可以是任意类型的一种表达式。该表达式被称为循环继续条件，又被称为循环条件，由它判断控制循环语句是否执行。循环执行的语句是任意的 C 语言语句，被称为循环体，如果循环体语句有两条或两条以上，则必须用一对花括号将语句括起来，形成一个复合语句。不加花括号就表示循环体只默认执行一条语句。例如：

　　　while(表达式)
　　　　语句 1;
　　　　语句 2;

当循环条件成立时，循环体语句只默认为语句 1，重复执行语句 1，而语句 2 不属于 while 语句范围，只有 while 循环语句结束后才被执行。

【例 6.1】 完成例 3.3 的程序功能：求 100 以内偶数之和。

算法的 N-S 图如图 3-7 所示。

参考程序如下：

```c
#include <stdio.h>
void main()
{
    int i=2, s=0;              /*定义并初始化变量*/
    while(i<= 100 )           /*循环体是复合语句，必须用花括号括起来 */
    {    s=s+i;              /* 累加到 s 变量中*/
        i=i+2;              /*i 自增 2 */
    }
    printf("s=%d\n", s);     /*输出结果*/
}
```

输出结果为：

```
s=2550
```

2. while 语句使用说明

while 语句可简单地记为：只要当循环条件表达式为真(即给定的条件成立)，就执行循环体语句。相应的使用说明如下：

(1) 在执行循环语句之前应先对有关变量进行初始化赋值操作。在例 6.1 中，累加变量 s 初始化为 0，变量 i 初始化为 2。

(2) while 语句是先判断条件，然后决定是否执行循环体。只有当表达式的值为真(非0)时，才能执行循环体语句；如果表达式的值一开始就为假(0)，则循环体不会被执行，而是直接执行循环语句的后续语句。while 循环又称入口条件循环。

(3) 为了使循环能正常结束，应保证每次执行循环体后，表达式的值会有一种向"假"变化的趋势。例如：在例 6.1 中，i 的值不断变化，逐渐向 100 靠近，直到等于 100，使得表达式 i<=100 的值为"假"；如果 i 的值不变化，表达式的值就永远为"真"，循环体就不断被执行不能停止，进入死循环。例如：

```c
i=1;
while(i<= 100)
{    j++; }
```

由于循环语句是 j++; ，执行后 i 的值并没有改变，因此循环体不断地被执行，无法正常终止，成为一个死循环。

【例 6.2】 编写一个程序，要求用户从键盘输入 6 个整数，计算输入的数据之和。

程序设计分析：使用循环结构，每次输入一个整数 x，将它累加到变量 count 中，重复执行 6 次这样的操作，便得到最后的结果。

参考程序如下：

```c
#include <stdio.h>
void main()
{
```

```
    int i=1;                        /*定义并初始化循环控制变量*/
    int x, count=0;                 /*定义并初始化变量*/
    printf ("请输入 6 个整数:\n");
    while(i<=6)                      /*循环体是复合语句，必须用花括号括起来 */
    {
        scanf("%d", &x);            /* 输入一个数 */
        count=count+x;
        i++;                        /*i 自增 1*/
    }
    printf("总和为：%d\n", count);    /*输出结果*/
}
```

程序说明：在循环体中用 scanf 函数接收用户输入的数 x 并累加到 count 变量中，然后将循环控制变量 i 值增加 1。变量 i 同时也是一个计数变量，用户每次从键盘输入一个数并累加到 count 变量中之后，i 的值就增加 1。这样，当累加数的个数达到 6 之后，i 的值就变成 7，循环条件不再满足，循环终止，count 中就保存了 6 个数的累加和。

6.2　do-while 语句

1. do-while 语句的一般形式

do-while 语句的特点是无论初始值是多少，都要先执行循环体一次，再判断循环条件是否成立，以决定循环是否需要继续执行，相当于执行循环直到循环继续条件不再成立时终止循环。

do-while 语句实现"直到"型循环结构。其一般形式如下：

```
    do
    循环体语句
    while(表达式);
```

功能：先执行循环体语句，然后计算表达式的值。若表达式值为真(非 0)，则继续执行循环；若表达式的值为假(0)，则结束循环，执行 do-while 语句的后续语句。do-while 语句的执行流程如图 6-2 所示。

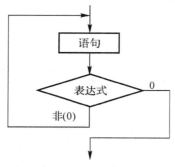

图 6-2　do-while 语句的执行流程

【例 6.3】　使用 do-while 语句完成例 6.1 的要求，即求 100 以内偶数之和。

参考程序如下：

```
#include <stdio.h>
void main()
{   int i=2, s=0;              /*定义并初始化变量*/
    do
    {   s=s+i;                 /*累加到 s 变量中 */
        i=i+2;                 /* i 自增 2 */
    } while(i<= 100 );
    printf("s=%d\n", s);       /*输出结果*/
}
```

输出结果为：

```
s=2550
```

思考：在例 6.1 和例 6.3 的程序中分别加入一个统计循环次数的变量，然后分析两种循环语句的次数是否一致。

【例 6.4】　使用 do-while 语句完成例 6.2 的要求，即用户从键盘输入 6 个整数，计算输入的数据之和。

参考程序如下：

```
#include <stdio.h>
void main()
{   int i=1;                   /*定义并初始化循环控制变量*/
    int x, count=0;            /*定义并初始化变量*/
    printf ("请输入 6 个整数:\n");
    /*循环体是复合语句，必须用花括号括起来 */
    do
    {   scanf("%d", &x);       /* 输入一个数 */
        count= count+x;
        i++;                   /* i 自增 1 */
    } while(i<=6);
    printf("总和为：%d\n" , count);   /*输出结果*/
}
```

2. do-while 语句使用说明

do-while 语句可简单地记为：先无条件地执行循环体语句，然后判断循环条件，若表达式的值为真(即给定的条件成立)，则再次执行循环体语句；若表示式的值为假，则结束循环。相应的使用说明如下：

(1) do-while 语句与 while 语句的使用方法相同，都由循环继续条件来决定循环体语句是否继续被重复执行。但 while 循环语句的执行顺序是先判断循环条件是否成立，然后根据判断结果决定循环体是否被执行；而 do-while 循环语句则首先执行一次循环体，然后再判断循环条件并根据判断结果决定循环体是否被执行(do-while 循环又称出口条件循环)。也就是说，do-while 语句不论循环条件是否成立，循环体语句总会被执行一次。

例 6.1 和例 6.3 的程序中，如果变量 i 的初始值是 101，那么两个程序的运行输出的结果是不同的。因为无论循环继续条件是否成立，do-while 的循环体至少会被执行一次。

(2) 与 while 循环一样，为使循环能正常结束，必须保证每次执行循环体后，表达式的值会有一种向"假"变化的趋势，防止出现无限循环的情况。

6.3 for 语 句

从上面的两种循环结构的例题可以看出，循环是否继续执行与循环控制变量的值密切相关。循环结构应有三个执行要素：
(1) 执行循环前对循环控制变量进行初始化；
(2) 在循环继续条件中判断循环控制变量是否接近终止值；
(3) 在循环体中改变循环控制变量的值。
C 语言提供的另一种循环结构语句是 for 语句，通过 for 语句能更清楚地看到这三个要素的执行情况。

1. for 语句的一般形式

for 语句是 C 语言程序使用最灵活的循环结构。其一般形式如下：
　　for(表达式 1; 表达式 2; 表达式 3)
　　　　循环体语句;

功能：先执行表达式 1 语句，然后判断表达式 2 的值是否为真(非 0)，如果为真，则执行循环体语句，接着执行表达式 3，之后再判断表达式 2 的值。如此重复操作，直到表达式 2 的值为 0 终止循环，然后跳转到循环体之后的语句继续执行。for 语句的执行流程如图 6-3 所示。

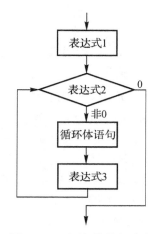

图 6-3　for 语句的执行流程

对应 for 语句()中的三条表达式语句，表达式 1 通常是对循环控制变量进行初始化的语句(也可以是其他合法的 C 语言语句)，表达式 2 是循环继续条件语句，表达式 3 通常是改变循环控制变量值的语句(同样也可以是其他合法的 C 语言语句)。因此，for 语句最简单的应用形式也是最容易理解的形式如下：

　　　　for(循环变量初始化; 循环判断条件; 循环变量值更改)
　　　　　　循环体语句;

【例 6.5】　使用 for 语句完成例 6.1 的要求，即求 100 以内偶数之和。
参考程序如下：

```
#include <stdio.h>
void main()
{   int i, s=0;
```

```
        for( i=2; i<=100; i+=2 )
                s += x;                    /*累加到 s 变量中  */
            printf ("s=%d\n", s);
    }
```

程序说明：在本程序中，变量 i 的初始化语句、循环继续判断条件和变量 i 的更改语句都放在 for 语句的()中，循环体中只能反复计算累加的语句，整个程序的功能和结构比较清晰。

【例 6.6】 使用 for 语句实现例 6.2 的要求，即用户从键盘输入 6 个整数，计算输入的数据之和。

参考程序如下：

```
    #include <stdio.h>
    void main()
    {   int i, x, count=0;                 /*定义并初始化变量*/
        printf ("请输入 6 个整数:\n");
        for ( i=1; i<=6; i++ )
        {
            scanf("%d", &x);               /* 输入一个数  */
            count=count+x;
        }
        printf("总和为：%d\n", count);     /*输出结果*/
    }
```

思考：自行比较此程序与例 6.2、例 6.4 的程序有何不同，进一步理解 for 循环结构语句和 while 循环结构语句以及 do-while 循环结构语句的各自特点和区别。

2. for 语句使用说明

for 语句使用十分灵活，并且变化多端。相应的使用说明如下：

(1) for 语句对于确定循环次数的循环，能让程序结构更加直观和容易理解，可以与 while 语句或 do-while 语句相互转换。

(2) for 语句()中的三条表达式语句，每个分号前的内容可以增加多个表达式(使用逗号表达式)，也可以部分或者全部省略，即可以将它们写在程序其他地方用其他语句替换，但是它们之间的分号";"不可省略。

例 6.6 的程序也可以写成以下形式：

```
    #include <stdio.h>
    void main()
    {   int i, x, count;                   /*定义并初始化变量*/
        printf ("请输入 6 个整数:\n");
        for ( i=1, count=0; i<=6; count=count+x, i++ )
            scanf("%d", &x);               /*输入一个数  */
        printf("总和为：%d\n", count);     /*输出结果*/
```

　　}

程序说明：此程序与例 6.6 的程序功能是一样的。

① 在此程序中把变量 i 和 count 的初始化语句写成一个逗号表达式放在 for 语句的表达式 1 位置上。对照 for 语句的执行流程可以看到，表达式 1 是在循环结构语句的第一步执行的，在整个循环中只执行一次，是放置循环的初始化语句的地方，可以把多个变量的初始化步骤作为一个逗号表达式放在这个位置上。

② 此程序中还把 count 累加语句和变量 i 的更改写成一个逗号表达式放在 for 语句的表达式 3 位置上。在整个循环流程中，表达式 3 是在循环体语句后被执行的，而且每次循环体被执行后它都被执行一次。本程序与例 6.6 的程序相比，把变量 count 的累加语句从循环体中移到了表达式 3 位置上，其功能也是一样的。

③ 表达式 2 也用 if 语句替换，程序的功能没有改变。需要注意的是，虽然表达式 1、表达式 2、表达式 3 被放置在其他位置上，但 for 语句()中的"；"是不可省略的。

注意：由于没有循环继续条件来判断循环在什么时候结束，因此需要在循环体内有使循环终止的语句(break 语句)，否则会形成了一个无限循环。

(3) C 语言中的 for 语句是非常灵活的，可以把与循环控制无关的语句写在表达式 1 和表达式 3 中。这样可以使程序更短小简洁，但也会使得 for 语句显得杂乱，可读性差，所以建议初学者最好不要采用后面两种形式，而是把与循环控制无关的语句写到 for 语句的()中。

3. 循环嵌套的形式

在一个循环体内有包含另一个完整的循环结构，这样的循环结构被称为循环的嵌套，也就是多层循环。其中，包含其他循环、处于外部的循环叫作外层循环(也称为外循环)，被包含在内部的循环叫作内层循环(也称为内循环)。

下面是几种二重循环嵌套的结构形式：

形式 1：

```
while (…)
{   …
    while (…)
    { … }
}
```

形式 2：

```
for (…; …; … )
{   …
    while (…)
    { … }
}
```

形式 3：

```
for (…; …; … )
{
```

```
        ...
        for (…; …; … )
        { … }
    }
形式 4：
    while (…)
    {
        ...
        for (…; …; … )
        { … }
    }
形式 5：
    for (…; …; … )
    {
        ...
        do
        { …
        }while(…);
    }
形式 6：
    do
    { …
        for ( …; …; … )
        { … }
    }while( … );
```

在 C 语言中的三种循环结构语句(while 语句、do-while 语句、for 语句)可以相互嵌套，甚至还可以多层嵌套。

【例 6.7】 编写计算 $s = 1! + 2! + 3! + \cdots + n!$ 的程序，其中 n 是由用户输入的整数，计算完成后显示结果。

程序设计分析：利用二重循环嵌套来实现，外层循环实现每个数据项累加操作，内层循环实现计算每个数据项(整数的阶乘)，即 s 是 n 个数据项的累加和，t 是整数的阶乘。

参考程序如下：

```c
#include <stdio.h>
void main()
{
    int i, j, t, n, s=0;           /*定义并初始化变量*/
    printf("请输入 n 的值:");
    scanf("%d", &n);               /* 输入 n 的值 */
```

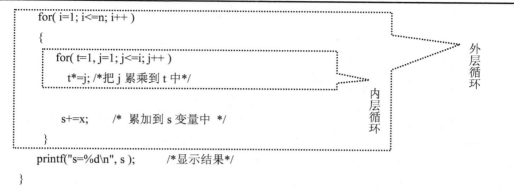

程序说明：本程序由两个嵌套的循环实现，外、内层循环都是 for 语句。外层循环使用循环控制变量 i，循环的次数是 n，第一次循环 i 的值等于 1，计算 1 的阶乘并累加到变量 s 中；第二次循环时 i 的值等于 2，计算 2 的阶乘并累加到 s 中；依此类推，直至最后一次循环时计算 n 的阶乘并累加到 s 中，最后 i 的值大于 n，循环条件不成立退出循环。

内层循环用于计算每个数的阶乘，使用循环控制变量 j，循环的次数由 i 的值来确定，也就是计算 i 的阶乘，结果放在变量 t 中。例 6.7 的第 i 次循环执行过程如图 6-4 所示。

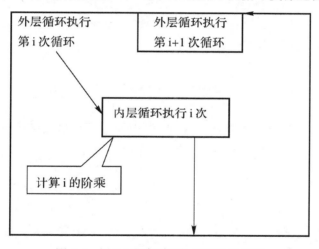

图 6-4　例 6.7 程序循环执行顺序示意图

在第 i 次外层循环的执行过程中，内层循环的循环体要执行 i 次来完成计算 i 阶乘的任务，内层循环所有循环次数都结束后再返回外层循环，外层循环执行剩余的语句后再执行下一次的循环(第 i+1 次循环)。

4. 嵌套循环的说明

(1) 当完成嵌套结构的循环程序时，要注意嵌套循环的执行顺序。由于外层循环的循环体包含了内层循环，因此外层循环体每次被执行时，先执行完内层循环前面的语句后再进入内层循环，内层循环在执行完所有的循环次数后再返回到外层循环执行内层循环后的剩余语句，并继续往下执行。

(2) 关于被嵌套的内层循环执行次数，即外层循环每执行一次，内层循环就要执行完整的循环周期。二重循环结构如下：

```
for ( i=1; i<=5; i++)
{                              /*外层循环体开始*/
    for ( j=1; j<=6; j++)
    {  … ; }                   /*内层循环的循环体*/
}                              /*外层循环体结束*/
```

外层循环次数为 5，内层循环次数为 6，执行时内层循环的循环体要执行 5×6=30 次。

注意：在例 6.7 的程序中，内层循环的循环次数是不固定的，当外层循环执行第 i 次循环时，内层循环的循环体要执行 i 次，所以在整个嵌套循环的执行过程中，内层循环的循环体一共要执行 1+2+3+…+n=(1+n)n/2 次。

6.4 跳 转 语 句

对于循环结构的程序而言，循环体是否继续重复执行是由循环条件决定的。想要在某些特定的情况下希望中断循环或改变原来循环结构的执行流程，比如在满足某种条件下，提前从循环中跳出或者不再执行循环中剩下的语句，终止本次循环并重新开始一轮循环，就可以使用流程转向语句(跳转语句)。C 语言提供了三条流程转向语句：goto 语句、break 语句和 continue 语句。本节将逐个进行介绍。

1. goto 语句

goto 语句是无条件转向语句。其语句形式为：

    goto 语句标号;

goto 语句包含两个部分：关键字 goto 和一个语句标号，语句标号也称语句标签，是写在一条合法 C 语言语句前的一个标识符号，这个标识符加上一个 "：" 一起出现在函数内某条语句的前面。

例如：

    label: printf ("goto the label! ");

上面的 printf 语句前就有一个语句标号 label。执行 goto 语句后，程序将跳转到该语句标号处并执行其后的语句。

注意：语句标号必须与 goto 语句同处于一个函数中，但可以不在一个循环层中。通常 goto 语句与 if 条件语句连用，当满足某一条件时，程序跳到标号处运行，并可以使用 goto 语句来构成一个循环结构。

【例 6.8】 使用 goto 语句完成例 6.1 的要求，即求 100 以内偶数之和。

参考程序如下：

```
#include <stdio.h>
void main ()
{
    int i=2, s=0;              /*定义并初始化变量*/
    begin:if ( i<=100 )        /*判断循环条件，注意本语句前有语句标号*/
    {  s+=i;                   /*累加到 s 变量中  */
```

```
        i+=2;                    /*循环控制变量增加 2 */
        goto begin;              /*跳转到语句标号指示的循环开始处*/
    }
    printf ( "s=%d\n", s );
}
```

程序说明：这是使用 goto 语句构成循环结构的典型例子。

goto 语句还经常用在一些需要无条件跳转的情况下。例如：当某种意外条件满足时，可以使用 goto 语句跳出多重循环执行过程。又如：(假设程序中变量 x 的值等于 0 时会导致严重错误)

```
    while( i<100 )
    {
        for ( j=0; j<N; j++ )
        {
            for ( k=0; k<N; k++ )
            { …                      /*此处其他语句省略*/
                if ( flag==0 )        /*判断是否会出现严重错误*/
                    goto error;       /*跳转到出错处理的地方*/
            }
        }
    }
    …                                 /*此处其他语句省略*/
    error: printf ("error ! ");       /*提示出现错误*/
    …                                 /* 此处其他语句省略*/
```

严谨而有效地使用 goto 语句可以使得整个 C 语言程序更加灵活，但是过多使用或不恰当地使用 goto 语句会使得程序的流程结构错综复杂，难以理解，也容易出错，所以建议初学者尽量不要使用 goto 语句，而用其他语句来代替 goto 语句行使语句跳转的功能。

2. break 语句

break 语句通常用在 switch-case 多层分支语句和循环语句中。当 break 用于 switch-case 语句中时，可使程序跳出 switch-case 语句而执行 switch-case 语句后面的语句；break 在 switch 中的用法已在前面的例题中介绍过，这里不再赘述。

break 语句的格式为：

```
    break;
```

break 语句形式非常简单，只由关键字和一个分号 ";" 组成。在 do-while、for、while 循环语句中如果有 break 语句(如图 6-5 所示)，则当 break 语句被执行时，会终止它所在的循环而去执行所在循环后面的语句。通常 break 语句与 if 语句一起使用，即当某种条件成立时便跳出它所在的那层循环。

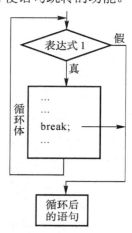

图 6-5　break 语句执行情况

例如：
```
#include <stdio.h>
void main ()
{
    int i=2, s=0;
    while ( i<=100 )
    {   s+=i;
        if( s>1000 )
            break;              /*终止 while 循环*/
    }
    printf ("s=%d", s );
}
```

在 while 循环体内有一个 break 语句，当 s>1000 条件成立时，执行 break 语句，于是 while 循环被立即终止，跳转到 while 语句之外。

注意：break 语句只能跳出一层循环，如果它位于多层嵌套循环的内层，那么只能终止 break 语句所在的那层循环，也就是说，break 语句只能跳出它所在的那一层循环。例如：

```
int I, j;
for( i=0; i<20; i++ )
{
    for( j=0; j<20; j++ )
    {
        if( j>10 )
            break;  /*跳出内层循环*/
    }
    if ( i>10 )
        break;      /*跳出外层循环*/
}
```

在上面的程序中有两个 break 语句，第一个 break 语句位于内层循环体中，当它被执行时会跳出内层循环，回到外层循环；第二个 break 语句位于外层循环中，当它被执行时会跳出外层循环。

3. continue 语句

continue 语句只用在由 for 语句、while 语句、do-while 语句构成的循环结构中，continue 语句的作用是跳过所在循环的循环体剩余的语句，而直接开始执行下一轮循环，如图 6-6 所示。continue 语句的格式为：

continue;

continue 语句由关键字 continue 和一个分号 ";" 组成，它常与 if 条件语句一起使用，以加速循环。

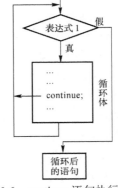

图 6-6　continue 语句执行情况

【例 6.9】　计算 300 以内所有不能被 3 整除的正整数之和并显示结果。

程序设计分析：使用循环从 1 到 300 执行累加操作，在循环体内判断 i 是否能被 3 整除，若能被 3 整除则不累加到 s 中并开始下一轮循环，否则累加到 s 中。

参考程序如下：

```
#include <stdio.h>
void main ()
{
    int i, s=0;
    for (i=1; i<300; i++)
    {
        if ( i%3==0 )
            continue; /*结束本轮循环*/
        s=s+i;
    }
    printf ("s=%d", s );
}
```

程序说明：执行 continue 语句时，直接跳过后面的累加语句，转去执行 i++，再进行判断 i<300 并开始下一轮循环。

注意：continue 语句和 break 语句不同，break 语句是终止本层循环而去执行循环之后的语句，continue 语句不是终止本层循环而是结束本轮循环。

6.5　循环结构程序设计举例

使用循环结构来解决一个实际任务时，会遇到各种不同的问题，比如：有的循环体执行的次数是确定的，有的循环次数是不确定，对于任务而言最适合使用哪种循环语句？执行过程中循环体需要提前结束循环？本节用一些循环结构程序设计实例来说明解决这些问题的方法。

【例 6.10】　有一张厚度是 0.1 mm 且足够大的纸，请问将它对折多少次后，厚度可以达到珠穆朗玛峰的高度(8844.43 m)？

程序设计分析：这一类问题在编写循环程序时是不知道循环次数的，纸张对折就是厚度乘以 2，对折多少次就是循环多少次，直到一个给定的厚度；同时要注意单位的转换统一。

参考程序如下：

```
#include <stdio.h>
void main()
{   float h=0.0001;              /*设置初始厚度*/
    int count=0;                 /*设置初始的对折次数*/
    while(h<8844.43)
```

```
    {
        h=h*2;
        count++;
    }
    printf("已达到的高度为%f\n", h );
    printf("折叠的次数为%d\n", count);
}
```

运行结果为：

　　已达到的高度为 13421.772461

　　折叠的次数为 27

【例 6.11】　在屏幕上显示九九乘法表，要求结果如下：

1×1=1
1×2=2　　2×2=4
1×3=3　　2×3=6　　　3×3=9
1×4=4　　2×4=8　　　3×4=12　　4×4=16
1×5=5　　2×5=10　　3×5=15　　4×5=20　　5×5=25
1×6=6　　2×6=12　　3×6=18　　4×6=24　　5×6=30　　6×6=36
1×7=7　　2×7=14　　3×7=21　　4×7=28　　5×7=35　　6×7=42　　7×7=49
1×8=8　　2×8=16　　3×8=24　　4×8=32　　5×8=40　　6×8=48　　7×8=56　　8×8=64
1×9=9　　2×9=18　　3×9=27　　4×9=36　　5×9=45　　6×9=54　　7×9=63　　8×9=72　　9×9=81

程序设计分析：九九乘法表是一个 9 行的三角形，每一行规律是从 1 乘以此行行号开始，然后依次增加 1，一直到此行行号乘以此行行号为止，从上向下，每一行的列数是不同的，规律就是第 i 行就有 i 列。可以使用二重循环嵌套来实现，外层循环每执行一次，显示一行的内容；内层循环每执行一次，显示两个数的乘法。

参考程序如下：

```
#include <stdio.h>
void main()
{
    int i, j;
    for (i=1; i<=9; i++)            /*外层循环*/
    {
        for (j=1; j<=i; j++)            /*内层循环*/
        {
            printf("%d×%d=%-2d ", j, i, i*j );
        }
        /*显示两个数的乘法等式*/
        printf("\n"); /*插入换行*/
    }
}
```

运行结果为：

```
1×1=1
1×2=2    2×2=4
1×3=3    2×3=6    3×3=9
1×4=4    2×4=8    3×4=12   4×4=16
1×5=5    2×5=10   3×5=15   4×5=20   5×5=25
1×6=6    2×6=12   3×6=18   4×6=24   5×6=30   6×6=36
1×7=7    2×7=14   3×7=21   4×7=28   5×7=35   6×7=42   7×7=49
1×8=8    2×8=16   3×8=24   4×8=32   5×8=40   6×8=48   7×8=56   8×8=64
1×9=9    2×9=18   3×9=27   4×9=36   5×9=45   6×9=54   7×9=63   8×9=72   9×9=81
Press any key to continue
```

程序说明：九九乘法表共 9 行，所以外层循环次数为 9，循环控制变量 i 从 1 到 9；内层循环使用控制变量 j，变化范围从 1 到 i。在外层循环体中最后的 printf 语句用于完成每一行显示之后换行。

【例 6.12】　编写程序完成要求：接收用户从键盘输入的字符，当用户输入"#"时结束，统计用户输入了多少个字符(不含#)。

程序设计分析：虽然无法预知循环的执行次数，但可以根据题目的要求来确定循环继续条件。使用循环来接收用户的输入，每次接收一个字符就判断是否是 # 字符，如不是则把计数变量的值增加 1。

参考程序如下：

```c
#include <stdio.h>
void main ()
{   char c;
    int count=0;              /*计数变量初始化*/
    printf ("请输入字符串(以#结束)：\n");
    c=getchar();              /*接收字符*/
    while (c!='#')            /*判断是否是结尾*/
    {   count++;              /*计数增加 1*/
        c=getchar();          /*继续接收字符*/
    }
    printf("字符串中共%d 个字符！", count );
}
```

程序说明：getchar()函数从键盘接收一个字符(实际上是从键盘的缓冲区取一个字符，用户在键盘输入一行字符后按回车键确认，于是此字符串会存在键盘的缓冲区中等待接收)，由于用户输入的字符数量可能事先无法确定，因此要根据题目的要求以接收的字符是否是 # 字符为循环继续条件。其中，getchar()语句也可以直接写在循环语句判断中。

参考程序如下：

```c
#include <stdio.h>
void main ()
```

```
    {  char c;
        int count=0;                          /*计数变量初始化*/
        printf ("请输入字符串(以#结束)：\n");
        while ((c=getchar())!='#')            /*循环接收字符，判断是否是结尾*/
        {   count++;                          /*计数增加 1*/
        }
        printf("字符串中共%d 个字符！", count );
    }
```

【例 6.13】 编写程序完成要求：输入一个大于或等于 0 的整数，计算它是一个几位数(0 算一位整数)。

程序设计分析：先接收用户输入的数，然后将其整除 10，位数计数器增加 1，除得的商相当于截去个位的数。若商大于 0，则继续整除 10 运算，直到商等于 0 为止。

参考程序如下：

```
    #include <stdio.h>
    void main ()
    {   int n, count;
        printf ("请输入一个整数：");
        scanf ("%d", &n);
        count=0;                /*位数初始化为 0*/
        do
        {   count++;            /*位数增加 1*/
            n=n/10;             /*截去 n 的个位*/
        }while ( n>0 );
        printf ("位数是：%d\n", n, count);
    }
```

程序说明：利用整除截去某个数的个位是经常采用的方法。该例题采用 do-while 语句比较合适，它能保证特例情况(如输入 n 值为 0 时)下输出也是正确的。

思考：本例题的程序能否直接改用 while 语句或者 for 语句来完成？

【例 6.14】 编程实现如图 6-7 所示的金字塔图形，其是由 4 层"*"字符构成的金字塔图形符，可扩展为输出 n 层金字塔图形，n 是由用户输入的正整数。

```
         *
        ***
       *****
      *******
```

图 6-7　金字塔图形符

程序设计分析：对于这种由一些符号构成的有规律的图形，先分析其规律，本例中 n 等于 4，第 1 行有 3 个空格再加上 1 个"*"，第 2 行开始有 2 个空格再加上 3 个"*"，依次类推。因此可以确定：第 i 行应该先输出 $n-i$ 个空格符，再输出 $2 \times i - 1$ 个"*"字符。

因为明确知道循环的次数，所以可以使用 for 语句来实现。

参考程序如下：

```
for ( i=1; i<=n; i++ )
{   输出 n-i 个空格符；
    输出 2×i-1 个 "*"；
    换行；
}
```

循环体内的输出空格符和 "*" 也分别用 for 语句实现，所以整个程序使用循环嵌套来实现。

参考程序如下：

```
#include <stdio.h>
void main ()
{   int i, j, n;
    printf ("请输入行数：");
    scanf ("%d", &n );
    for ( i=1; i<=n; i++)
    {     for ( j=1; j<=n-i; j++)      /*本循环输出前面的空格*/
            { printf (" "); }
          for (j=1; j<=2*i-1; j++)     /*本循环输出符号 "*" */
            { printf ("*"); }
          printf ("\n");
    }
}
```

程序说明：对于类似的已知循环次数的问题，通常使用 for 语句使得程序可读性更好。读者可以尝试使用 while 语句来实现本例题，并与参考程序进行比较。

【例 6.15】 求出 Fibonacci 数列前 16 项，并按每行 2 项输出。

程序设计分析：Fibonacci 数列为 1　1　2　3　5　8 13…。可以看出，第一项和第二项是 1，后一项为前面两项之和。

参考程序如下：

```
#include <stdio.h>
void main()
{
    int i, f1, f2;
    f1=f2=1;                           /* f1、f2 分别为第一、第二项 */
    printf("%5d\t%5d\n", f1, f2);      /*输出第一、第二项 */
    for(i=1; i<8; i++)
    {   f1=f1+f2; f2=f2+f1;            /*后一项等于前两项之和 */
        printf("%5d\t%5d\n", f1, f2);  /*循环输出 */
    }
}
```

【例 6.16】 用户输入一个大于 1 的整数，判断它是不是素数。

程序设计分析：素数是除了 1 和本身，不能被比它小的正整数整除的正整数。判断一个数是否是素数，最直观的方法是依次去除以比它小的整数。比如要判断 x 是否是素数，可以使用循环结构，i 从 2 开始到 x 结束，依次用 x 去整除 i 求余进行判断，若能整除(求得的余数为 0 表示能整除，反之则不能整除)，那么 x 不是素数，可直接跳出循环，否则继续循环整除，直到 x 是素数结束。在循环结构程序的执行过程中出现了特殊情况或者已经达到计算目的，需要提前结束循环计算过程时，可以在循环体中加入一个分支结构，用于判断是否需要提前结束本次循环或终止循环。通常将 if 语句和 break 语句或 continue 语句组合在一起使用。

参考程序如下：

```
#include <stdio.h>
void main ()
{
    int i, x;                         /*定义变量，初始化标志变量 flag 为 1*/
    printf ("请输入一个数：");        /*提示用户输入*/
    scanf ("%d", &x );               /*接收输入*/
    for (i=2; i<x; i++)              /*循环判断*/
    {
        if( x%i==0 )                 /*判断能否整除*/
            break;                   /*能整除则不是素数，终止循环*/
    }
    if ( i>=x )                      /*根据 i 的值判断是否提前结束循环显示结果*/
        printf ("%d 是素数！", x );
    else
        printf ("%d 不是素数！", x );
}
```

程序说明：程序中根据循环变量 i 与 x 的值是否相等来判断是否提前跳出循环，当未提前跳出循环说明从 2 到 x−1 之间的数都不能被 x 整除，即 x 是素数，否则 x 不是素数。前面介绍了 break 语句是用于提前结束循环的，如果要提前结束一轮循环，重新开始下一轮循环，应该使用 continue 语句。读者可以参考 6.4 节的内容和例 6.9。

【例 6.17】 编程解决百钱买百鸡的问题。这是《算经》中的一题：鸡翁一值钱五，鸡母一值钱三，鸡雏三值钱一。百钱买百鸡，问鸡翁、母、雏各几何？

程序设计分析：设鸡翁数、鸡母数和鸡雏数分别为 cocks、hens 和 chicks。根据题意可得两个方程式：

方程式 1：cocks+hens+chicks=100；

方程式 2：5×cocks+3×hens+chicks/3=100。

首先可以根据方程 2 确定 cocks、hens 和 chicks 的取值范围：$0 \leqslant cocks \leqslant 20$，$0 \leqslant hens \leqslant 33$，$0 \leqslant chicks \leqslant 100$(chicks 是 3 的整数倍)。然后选择一个数(比如 cocks)，依次取该范围中的一个值；再在剩下两个数中选择一个数(比如 hens)，依次取其范围中的一个值。

根据这两个数的值组合代入方程式 1 中，求得第三个数的值，再将它代入方程式 2 中，看是否符合题意，符合者为解。

参考程序如下：

```
#include <stdio.h>
void main ()
{
    int cocks, hens, chicks;
    for (cocks=0; cocks<=20; cocks++)
    {
        for (hens=0; hens<=33; hens++)
        {
            chicks=100-hens-cocks;
            if ( 5*cocks+3*hens+chicks/3.0==100 )
            printf ("cocks=%d，hens=%d，chicks=%d\n", cocks, hens, chicks);
        }
    }
}
```

运行结果为：

cocks=0，hens=25，chicks=75

cocks=4，hens=18，chicks=78

cocks=8，hens=11，chicks=81

cocks=12，hens=4，chicks=84

程序说明：编程中经常使用上述这种方法来解决类似多元方程组的问题。

【例 6.18】　猜数游戏。先由计算机随机产生一个在 1～100 的随机数(正整数)，然后由游戏者猜数。猜数过程中，如果猜错，计算机提示猜高了或猜低了；如果猜对，游戏者获胜；游戏者共可以猜 10 次，若 10 次均未猜对，则计算机获胜。

程序设计分析：使用循环结构，每次根据用户的输入来判断显示谁获胜。

参考程序如下：

```
#include <stdio.h>
#include <stdlib.h>
#include <time.h>
void main ()
{
    int x, i=0, guess;
    srand (time(NULL));          /*初始化随机数种子*/
    x=rand () %100+1;            /*产生 1～100 的随机数*/
    printf ("请你猜数：");
    do
    {
```

```
        scanf("%d", &guess );              /*输入*/
        if (x<guess)
        { printf ("你猜高了！\n"); }
        else
        {
            if ( x>guess )
            { printf ("你猜低了！\n"); }
            else                           /*以上皆不是表示相等*/
            {
                printf ("你赢了！\n");
                break;                     /*猜对就终止猜数循环，跳出整个循环*/
            }
        }
        i++;                               /*猜数次数增加 1*/
        if ( i>=10 )                       /*判断猜了几次*/
        {
            printf("随机数是：%d\n", x );
            printf ("你已经猜错 10 次了，我赢了，哈哈！");
            break;                         /*猜错 10 次，终止循环*/
        }
        printf ("请你再猜:");
    }while (1); /*反复猜数*/
}
```

　　程序说明：程序中的"while(1);"表面上看像是无限循环，即循环永远不会结束，但实际上在循环体内有导致循环终止的 break 语句，当用户猜对了或者猜的次数达到 10 次时，就会执行 break 语句终止循环，因此循环不会无穷运行下去。

　　"while(1);"经常在重复等待用户输入(指令或数据)的情况下使用，但在循环体内有使得循环终止的语句，因此不会形成死循环。

6.6　大案例中本章节内容的应用和分析

　　在第 5 章实现了一个系统的操作界面，显示出各种操作的选项并进行菜单选择，进入不同的操作。通过本章的学习，我们可实现添加、查收和删除等操作。以下代码为模拟的添加操作：

```
#include "stdio.h"
void main ()                              //添加联系人
{
    int i, k, num=0;
```

```
int cord, phone, qq;
char name;
for (i=0; i<=50; i++)
{
    printf ("\n\n\t 输入学号\n\t");
    scanf ("%d", &cord );
    printf ("\n\n\t 输入姓名\n\t");
    scanf ("%c", &name);
    printf ("\n\n\t 输入电话\n\t");
    scanf ("%d", &phone);
    printf ("\n\n\t 输入 Q Q\n\t");
    scanf ("%d", &qq);
    num++;
    printf ("是否继续添加(1 是 0 否)");
    scanf("%d"，&k);
    if (k==1)
        printf("==================================\n");      else
    break;
}
printf ("\n\n\t 输出学号%d\n\t", cord);
printf ("\n\n\t 输出姓名%c\n\t", name);
printf ("\n\n\t 输出电话%d\n\t", phone);
printf ("\n\n\t 输出 QQ%d\n\t", qq);
}
```

　　学生在运行以上代码后，会发现录入出现了问题，即录入姓名时无法正确输入字符，尝试分析原因所在。解决的方法将在本书的配套教材中给出。

　　学生可以根据自己掌握的情况完成其余的操作。思考：如果姓名要用到多个字符，应该怎么处理？

第 7 章　数　　组

程序员经常需要处理大量相关数据，例如，要录入一个班上同学的 C 语言程序设计课程的考试成绩，并求平均分。如果为每个同学定义一个独立的整型变量记录成绩，虽然也能解决问题，但这样变量过多，且各数据之间并无联系，没有整体概念，不便管理，更新也不方便。数组能高效便捷地处理这种情况。

本章将介绍 C 语言中如何定义和使用一维数组、多维数组以及字符数组。

7.1　一　维　数　组

数组是指一系列具有相同类型的有序数据元素的集合，这些数据元素在内存中按顺序连续存放。数组是一个整体，一次性定义一组相同类型的变量，每个变量没有单独的名字，而是使用数组名加变量在数组中的位置来进行访问。一维数组是最简单的数组，C 语言支持一维数组和多维数组。

1. 一维数组的定义

一维数组的定义如下：

  类型名 数组名 [常量表达式];

数组定义中的类型名可以是基本数据类型或构造数据类型。数组名是用户自定义的标识符，要符合标识符的定义规范。方括号中常量表达式的值必须大于等于 1，表示数组的长度，即数组中包含的元素个数。例如：

  int array[10];

声明了一个整型数组，数组名为 array，含有 10 个元素。

array 的第 1 个数据元素是 array[0]，第 2 个数据元素是 array[1]，以此类推，第 10 个数据元素就是 array[9]。数组元素在内存中按顺序连续存放。array 在内存中的存储情形如图 7-1 所示。

a[0]	a[1]	a[2]	a[3]	a[4]	a[5]	a[6]	a[7]	a[8]	a[9]

图 7-1　array 在内存中的存储情形

方括号中的数字被称为下标或索引，用于识别相应的数组元素。下标表明了数组元素在数组中的位置。数组的下标必须是整型常量或整型表达式，且从 0 开始。

注意： 下标用于引用数据元素，与数组定义时的常量表达式含义不同，后者用于声明数组长度。以下是一些数组声明的示例：

  int a[5];   //整型数组 a，含 5 个元素

```
float b[20];                 //实型数组 b，含 20 个元素
char ch[5+3];                //字符数组 ch，含 8 个元素
```

注意：数组的长度是固定的，数组长度在数组定义时确定，后续不允许再添加新元素。如果想要在数组中添加新元素，必须重新分配一个新的内存空间用于存放更大的数组，再将原数组中的所有元素复制到新分配的内存空间中。

在 C99 标准(C 语言的官方标准第二版，1999 年发布)之前，使用变量来定义数组长度是非法的。例如：

```
int n;
scanf("%d", &n);
int a[n];                    //C99 之前不允许
```

以前支持 C90 标准(最初的 C 语言国际标准)的编译器不允许以上声明；C99 标准新增了变长数组(Variable Length Array，VLA)，允许使用变量表示数组的维度；C11 标准(2011年正式发布)将变长数组作为一个可选特性。

注意：并非所有编译器都支持这一特性。变长数组的"变"是指创建数组时可以使用变量指定数组维度，数组一旦创建，其大小不可以修改。

2. 一维数组元素的引用

数组元素只能逐个访问，不能一次性整体引用。数组元素可以通过数组名加下标进行访问，下标值放在方括号内，跟在数组名的后面，指出数组元素在数组中的位置。数组元素形式如下：

```
数组名[下标]
```

下标只能为整型常量或整型表达式，数值应当在 0～Length-1 的范围内，Length 为数组长度。数组元素与其同类型的变量的使用方法类似。以下代码是一些对数组元素访问的示例：

```
int a[10], value=20;         //整型数组 a，含 10 个元素
a[0]=1;                      //将 a 的第 1 个元素赋值为 1
a[1]=value;                  //将 a 的第 2 个元素赋值为 20
a[2*3]=a[0]+a[1];            //将 a 的第 7 个元素赋值为 a 的前两个元素之和
scanf("%d", &a[4]);          //将一个值读入 a 的第 5 个元素
```

注意：下标值从 0 开始。在使用数组时，要确保下标值在正确的范围之内，下标值过大或过小都会越界，导致数组溢出，发生不可预测的情况。编译器不会检查数组下标值是否正确，下标越界的结果是未定义的，可能导致运行结果出错或程序异常终止。

C 语言不允许将一个数组整体赋值给另一个数组，只能对数组元素逐个赋值。以下是常见错误：

```
int a[5], b[5];
b=a;                         //错误，不允许数组整体赋值
```

对数组元素进行访问时常使用循环，便于逐个访问各个元素。

【**例 7.1**】　依次从键盘中读取数组元素值赋给 a，并将其按倒序输出。

参考程序如下：

```
#include<stdio.h>
```

```
#define SIZE 10
int main(void)
{    int i, a[SIZE];
     for(i=0; i<SIZE; i++)
         scanf("%d", &a[i]);            /*依次读取数组元素，下标从 0 开始*/
     for(i= SIZE-1; i>=0; i--)
         printf("%d", a[i]);            /*倒序输出，下标从 SIZE-1 开始*/
     return 0;

}
```

声明数组时使用符号常量是一种很好的编程习惯，这样在修改数组大小时，只需要修改符号常量的值而不必在程序中检查所有使用过数组大小的地方。

3. 一维数组的初始化

定义数组的同时，可以为数组元素赋予初值，这称为数组的初始化。初值列表用花括号{}括起来，并用逗号分隔各个值，形式如下：

类型名　数组名[常量表达式]={值, 值, ……, 值};

例如：

int a[10]={0, 1, 2, 3, 4, 5, 6, 7, 8, 9};

相当于 a[0]=0; a[1]=1; a[2]=2, …, a[9]=9; 。

初值列表中值的数目不能大于数组长度，即数组声明时在方括号[]中指定的数组长度。C 语言对数组的初始化还有以下几条规定：

(1) 数组初始化时，可以只对数组的部分元素赋初值。当初值列表中的元素个数小于数组长度时，只对数组前面的部分元素赋值，剩下未指定初值的元素自动赋值为 0。例如：

int a[10]={0, 1, 2, 3};

只给 a[0]、a[1]、a[2]、a[3]4 个元素赋值，后 6 个元素的值为 0。

(2) 只能逐个为数组元素赋初值，不能对数组整体赋值，也不能用一个数组初始化另一个数组。例如，要将一个数组的全部元素赋值为 1，可以使用以下代码：

int a[10]={1, 1, 1, 1, 1, 1, 1, 1, 1, 1};

不能写成：

int a[10]=1;

(3) 若对数组的全部元素赋初值，可以不指定数组长度，编译器会根据初值列表的元素个数来确定数组的长度。例如：

int a[5]={0, 1, 2, 3, 4};

可以写成：

int a[]={0, 1, 2, 3, 4};

若数组元素不进行初始化，即没有显式给出初值列表，则数组元素会像普通变量一样初始化：若数组定义在函数体外，则数组元素均初始化为 0；若数组定义在函数体内，数组元素无初始化，则使用这些元素之前必须为其赋值。

除初始化以外，不能使用花括号列表的形式为元素赋值。以下代码是错误的：

```
int b[5];
b[5]={1, 2, 3, 4, 5};                    //错误，初始列表必须在定义时使用
```

4. 一维数组应用举例

【例 7.2】 输入 10 个同学的 C 语言程序设计课程考试成绩，并求出最高分、最低分和平均分。

程序设计分析：定义一个数组 score 存储成绩，使用一个 for 语句逐个输入数据。定义三个变量 max、min、average 并分别记录最大值、最小值和平均值，且均初始化为 score[0]。使用第二个 for 语句，将 score[1]到 score[9]逐个与 max 和 min 比较，若比 max 值大，则把该下标变量赋给 max，记为最大值；若比 min 值小，则把该下标变量赋给 min，记为最小值。同时将下标变量累加到 average，循环结束后将 average 除以人数，可以得到平均分。

参考程序如下：

```
#include<stdio.h>
#define NUM 10
int main()
{
    int i, max, min;
    float average;
    int score[NUM];
    printf("input %d scores:\n", NUM);
    for(i=0; i<NUM; i++)
        scanf("%d", &score[i]);
    max=score[0]; min=score[0]; average=score[0];
    for(i=1; i<NUM; i++)
    {   average+=score[i];
        if(score[i]>max)
            max=score[i];
        if(score[i]<min)
            min=score[i];
    }
    average/=NUM;
    printf("Highest score: %d\n lowest score: %d\n average score: %f\n", max, min, average);
    return 0;
}
```

运行结果为：

input 10 scores:

60 80 90 95 77 82 52 72 68 86 ✓

输出结果为：

Highest score: 95

lowest score: 52

average score: 76.199997

【例 7.3】 从键盘输入 10 个整数，并将其按从小到大的顺序进行排序。

程序设计分析：排序是一种将一组无序序列调整为有序序列的操作。排序算法有很多，其中冒泡排序是一种很简单的经典算法。冒泡排序是一种基于交换的排序，其基本思想是将相邻元素进行两两比较，如果两者反序，则进行交换，直到没有反序为止。

例如：待排序的数组为 int a[]={52，49，80，36，14，58};。

第 1 趟排序：

第 1 次，比较 52 和 49，因为 52 大于 49，所以交换位置：

49，52，80，36，14，58

第 2 次，比较 52 和 80，因为 52 小于 80，所以不交换位置：

49，52，80，36，14，58

第 3 次，比较 80 和 36，因为 80 大于 36，所以交换位置：

49，52，36，80，14，58

第 4 次，比较 80 和 14，因为 80 大于 14，所以交换位置：

49，52，36，14，80，58

第 5 次，比较 80 和 58，因为 80 大于 58，所以交换位置：

49，52，36，14，58，80

第 1 趟排序总共比较了 5 次，小的数向上"浮起"，如同气泡逐渐冒出水面，故称为冒泡排序。最大的数 80 "沉底"，因此第 2 趟排序只需比较前 5 个数。

第 2 趟排序：

第 1 次，比较 49 和 52，因为 49 小于 52，所以不交换位置：

49，52，36，14，58，80

第 2 次，比较 52 和 36，因为 52 大于 36，所以交换位置：

49，36，52，14，58，80

第 3 次，比较 52 和 14，因为 52 大于 14，所以交换位置：

49，36，14，52，58，80

第 4 次，比较 52 和 58，因为 52 小于 58，所以不交换位置：

49，36，14，52，58，80

第 2 趟排序比较 4 次，次大的数 58 下沉到正确的位置。按此规律继续进行下去，第 3 趟比较 3 次，第 4 趟比较 2 次，第 5 趟比较 1 次，得到最终排序结果。由此可见，对 N 个数进行排序，需要进行 N-1 趟比较，第 i 趟的两两比较次数为 N-i 次。可以使用二重循环语句，外层循环 N-1 次，内层循环 N-i 次。

参考程序如下：

```c
#include <stdio.h>
#define NUM 10
int main(){
    int arr[NUM], i, j, temp;
    printf("input %d numbers:\n", NUM);
```

```
for(i=0; i<NUM; i++)
    scanf("%d", &arr[i]);
for(i=0; i<NUM-1; i++)
{   /*外层循环控制排序趟数*/
    for(j=0; j<NUM-1-i; j++)
    {   /*内层循环控制每一趟排序多少次*/
        if(arr[j]>arr[j+1])
        {   temp=arr[j];
            arr[j]=arr[j+1];
            arr[j+1]=temp;
        }
    }
}
printf("after sort:\n");
for(i=0; i<NUM; i++)
    printf("%d ", arr[i]);
return 0;
}
```

运行结果为：

input 10 numbers:

<u>52 49 80 36 14 58 61 97 50 75</u> ↙

输出结果为：

after sort:

14 36 49 50 52 58 61 75 80 97

7.2　二　维　数　组

对于本章初始提到的成绩问题，使用一维数组可以很好地解决。但如果每个同学都有10门课的成绩需要记录，那么使用一维数组需要创建10个数组来分别记录，这样做很麻烦。处理此种情况更好的解决方案是使用数组的数组，即二维数组。

一维数组只有一个下标，可以看作一行连续的数据。C语言允许构造多维数组。多维数组元素有多个下标，以确定它在数组中的位置。多维数组其实就是数组的数组。本节将介绍二维数组，二维数组是多维数组最简单的形式，多维数组可由二维数组类推得到。

1. 二维数组的定义

如果数组的元素又是数组，则称为二维数组。二维数组的定义如下：

类型名　数组名 [常量表达式] [常量表达式];

第一维，即第一个方括号内的值通常称为行(Row)；第二维，即第二个方括号内的值通常称为列(Colomn)。例如，定义一个3行5列的数组，形式如下：

int a[3][5];

数组 a 含有 3 个数组元素，每个数组元素内含有 5 个 int 型元素，那么数组 a 整体共有 15(3×5)个整型元素。这个例子可以分成两部分加以理解，首先 a 是一个数组，内含 3 个元素(图 7-2 中的加粗部分)，即 a[0]~a[2]，每个元素的类型是 int[5]，也就是每个元素本身都是一个含有 5 个 int 元素的数组；a[0]是一个数组，其第 1 个数据元素是 a[0][0]，第 2 个数据元素是 a[0][1]，以此类推，如图 7-2 所示。

	Column 0	Column 1	Column 2	Column 3	Column 4
Row 0: a[0]	a[0][0]	a[0][1]	a[0][2]	a[0][3]	a[0][4]
Row 1: a[1]	a[1][0]	a[1][1]	a[1][2]	a[1][3]	a[1][4]
Row 2: a[2]	a[2][0]	a[2][1]	a[2][2]	a[2][3]	a[2][4]

图 7-2　二维数组

图 7-2 有助于理解二维数组的两个下标。二维数组在概念上是二维的，但在计算机内部，二维数组是按顺序连续存储的，是线性结构。C 语言采用按行存储方式，即先按顺序存放第 1 行元素，再接着存放第 2 行元素。对于一个 m 行 n 列的二维数组 a[m][n]，假设 a 的第一个元素 a[0][0]的存储位置为 LOC(a[0][0])，每个数组元素占用的存储单元为 t 字节，那么数组元素 a[i][j]的地址可以按以下公式计算：

$$LOC(a[i][j]) = LOC(a[0][0]) + (i \times n + j) \times t$$

对于前述的 3 行 5 列的整型数组 a，假设整型元素占 4 个字节，若 a 的首元素 a[0][0]存储在内存的 1000 字节中，那么 a[0][1]至 a[2][4]依次存储在 1004 至 1056 字节中，如图 7-3 所示。

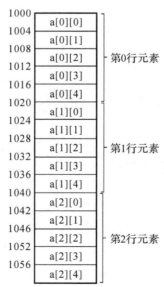

图 7-3　二维数组在内存中的存储形式

2. 二维数组元素的引用

二维数组元素的引用形式如下：

数组名[行下标][列下标]

对二维数组元素进行访问，必须指明行下标和列下标，行下标指出的是哪个内部数组，列下标则在内部数组中指定相应元素。下标值应为整型常量或整型表达式。例如：

```
int v=b[2][3];                //获取数组中第 3 行第 4 列的元素，并赋值给 v
```

二维数组元素与其同类型的变量的使用方法类似，可以被赋值或在表达式中使用。例如：

```
b[2][3]=1;                    //数组元素被赋值
b[2][3]=b[1][0]+b[i][j];      //数组元素参与运算
printf("%5d", b[2][3]);       //输出数组元素的值
```

与一维数组类似，要确保行下标值和列下标值不越界。假如有个二维数组 array[n][m]，则行下标的取值范围为 0～n-1，列下标的取值范围为 0～m-1，二维数组的最大下标元素是 array[n-1][m-1]。

同样，二维数组也不能整体赋值，需要依次访问各元素来赋值。常使用嵌套的二重循环来访问二维数组。例如，定义一个 3 行 2 列的数组，并输入元素值，可以使用如下代码：

```
int array[3][2];
for(i=0; i<3; i++)
    for(j=0; j<2; j++)
        scanf("%d", &array[i][j]);
```

3. 二维数组的初始化

可以使用初值列表对二维数组进行初始化，需要注意以下几点：

(1) 分行初始化。对二维数组的初始化建立在一维数组初始化的基础上，因为二维数组的每一行是一个一维数组，因此可以按行初始化，有几行就使用几个初始化列表。例如：

```
int a[3][4]={
        {0, 1, 2, 3},
        {4, 5, 6, 7},
        {8, 9, 10, 11}
};
```

以上初始化使用了 3 个初值列表分别给 3 行赋初值，每个初值列表都用花括号括起来。

(2) 将所有初值写在一个大括号内。可以按行连续赋初值，只保留最外面的一对花括号，即省略标志每一行的嵌套的花括号。例如：

```
int a[3][4]={0, 1, 2, 3, 4, 5, 6, 7, 8, 9, 10, 11};
```

虽然这种写法表达得不够清楚，但初始化的效果与分行初始化相同。

注意：赋初值顺序是按行进行的，与元素在内存中排列的顺序相同。

(3) 只对部分元素赋值。与一维数组的初始化类似，二维数组的初始化可以只为部分元素赋初值，剩下的元素值为 0。例如：

```
int a[3][4]={{1}, {2}, {3}};
```

只对每行第一列的元素赋值，赋值后各个元素的值为：

```
a[0][0]=1        a[0][1]=0        a[0][2]=0        a[0][3]=0
```

| a[1][0]=2 | a[1][1]=0 | a[1][2]=0 | a[1][3]=0 |
| a[2][0]=3 | a[2][1]=0 | a[2][2]=0 | a[2][3]=0 |

如果省略了内部的花括号，且给出的初值个数不足，那么将按顺序逐行进行初始化，剩下没有初值的元素初始化为 0。例如：

  int a[3][4]={1, 2, 3, 4, 5};

赋值后各个元素的值为：

a[0][0]=1	a[0][1]=2	a[0][2]=3	a[0][3]=4
a[1][0]=5	a[1][1]=0	a[1][2]=0	a[1][3]=0
a[2][0]=0	a[2][1]=0	a[2][2]=0	a[2][3]=0

(4) 省略数组行数。如果给出了全部元素的初值，那么第一维的长度可以省略，但第二维的长度不能省略。例如：

  int a[][4]={0, 1, 2, 3, 4, 5, 6, 7, 8, 9, 10, 11};

编译器会根据元素总个数和列数计算出行数。上述代码的效果与以下代码等价：

  int a[3][4]={0, 1, 2, 3, 4, 5, 6, 7, 8, 9, 10, 11};

如果在省略行数的情况下只对部分元素赋初值，那么应分行赋初值，不能省略嵌套的括号。例如：

  int a[][4]={{1}, {2}, {3}};

效果与下面的代码等价：

  int a[3][4]={{1}, {2}, {3}};

4. 二维数组应用举例

【例 7.4】 一个学习小组有 4 名学生，每名学生有 3 门课程的考试成绩，求该小组学生各门课程的平均分和总平均分。

程序设计分析：可以先定义一个 4×3 的二维数组 score[4][3]存放成绩，然后定义一个一维数组 v[3]存放各门课程平均分，再定义一个变量 average 存放总平均分。4 名学生 3 门课程及平均分的存储情况如表 7-1 所示。

表 7-1　4 名学生 3 门课程及平均分的存储情况

	课程 1	课程 2	课程 3
学生 1	score[0][0]	score[0][1]	score[0][2]
学生 2	score[1][0]	score[1][1]	score[1][2]
学生 3	score[2][0]	score[2][1]	score[2][2]
学生 4	score[3][0]	score[3][1]	score[3][2]
平均分	v[0]	v[1]	v[2]

参考程序如下：

```c
#include <stdio.h>
#define SUB_NUM 3 /*课程数量*/
#define STU_NUM 4                    /*学生数量*/
int main()
```

```
{   int i, j;                        /*二维数组下标*/
    float sum=0;                     /*当前课程的总成绩*/
    float average=0;                 /*总平均分*/
    float v[SUB_NUM];                /*各门课程平均分*/
    int a[STU_NUM][SUB_NUM];         /*用于保存每名学生的每门课程成绩*/
    printf("Input score:\n");
    for(i=0; i<SUB_NUM; i++)
    {   /*课程*/
        printf("subject %d: ", i+1);
        for(j=0; j<STU_NUM; j++)
        {   /*学生*/
            scanf("%d", &a[j][i]);
            sum+=a[j][i];            /*计算当前课程的总成绩*/
        }
        v[i]=sum/STU_NUM;            /*当前课程的平均分*/
        average+=v[i];
        sum=0;
    }
    average/=SUB_NUM;
    for(i=0; i<SUB_NUM; i++)
        printf("Average of subject %d: %f\n", i+1, v[i]);
    printf("Total average:%f\n", average);
    return 0;
}
```

运行结果为：

```
Input score:
subject 1:80 62 85 77√
subject 2:74 70 87 90√
subject 3:92 82 83 76√
```

输出结果为：

```
Average of subject 1:76.000000
Average of subject 2:80.250000
Average of subject 3:83.250000
Total average:79.833333
```

【例 7.5】 将一个二维数组行和列元素互换，并存到另一个二维数组中。

程序设计分析：若原数组为 a[M][N]，互换行、列后的数组为 b[N][M]，将 a[i][j]赋给 b[j][i]即可。

参考程序如下：

```
#include<stdio.h>
```

```c
#define M 3
#define N 2
int main()
{
    int i, j, a[M][N], b[N][M];
    printf("original array:\n");
    for (i=0; i<M; i++)
    {
        for (j=0; j<N; j++)
        {
            a[i][j]=i*N+j;
            printf("%5d", a[i][j]);
            b[j][i]=a[i][j];
        }
        printf("\n");
    }
    printf("after swap:\n");
    for (i=0; i<N; i++)
    {
        for (j=0; j<M; j++)
            printf("%5d", b[i][j]);
        printf("\n");
    }
    return 0;
}
```

运行结果为：

```
original array:
    0        1
    2        3
    4        5
after swap:
    0        2        4
    1        3        5
```

5. 其他多维数组

三维数组或更多维的数组可以由二维数组类推得到。n 维数组的数组元素是 n−1 维数组。多维数组声明时，每个维度用一对方括号来表示。例如，声明一个三维数组：

```c
int array[3][5][4];
```

数组 array 包含 3 个元素，从 array[0]到 array[2]，每个元素又是一个二维数组，有 5

个元素，这 5 个元素中的每个元素又是包含 4 个元素的数组。array 数组整体共有 3×5×4＝60 个整型元素。

声明多维数组时，只有第一维可以省略长度，其他维度都必须指定长度。通常处理 n 维数组需要使用 n 重嵌套循环。访问数组中的元素时，必须指定每一维的下标值。例如，对于上述声明的三维数组 array，使用以下语句将 20 赋给该数组的最后一个元素：

    array[2][4][3]=20;

7.3 字 符 数 组

字符数组就是用于存放字符型数据的数组。在 C 语言中，字符串是作为字符数组来处理的，没有专门的字符串变量。字符串十分常用，因此 C 语言提供了许多专门处理字符串的函数。本节将介绍字符数组和字符串数组的区别和使用方法，如何在程序中输入和输出字符串，以及常见字符串函数的使用。

1. 字符数组的定义

字符数组是用于存放字符变量的数组，每个数组元素存放一个字符。字符数组的定义和使用与数值型数组类似，定义形式如下：

    char 数组名[常量表达式];

与数值型的数组相同，需要使用下标来访问字符数组元素，下标值从 0 开始。例如：

    char b[10];

    b[0]='I'; b[1]=' '; b[2]='a'; b[3]='m'; b[4]=' '; b[5]='h'; b[6]='a'; b[7]='p'; b[8]='p'; b[9]='y';

定义字符数组 b，它包含了 10 个元素，赋值后的数组 b 的存储形式如表 7-2 所示。

表 7-2 字符数组在内存中的存储形式(1)

b[0]	b[1]	b[2]	b[3]	b[4]	b[5]	b[6]	b[7]	b[8]	b[9]
I		a	m		h	a	p	p	y

由于字符型和整型通用，也可以使用整型数组来存放字符型数据，但这样浪费空间。例如：

    int b[10];

    b[0]='a';

同样，也可以定义二维字符数组。例如：

    char b[5][10];

2. 字符数组的初始化

字符数组的初始化有以下两种方法：

(1) 对数组元素逐个赋初值。逐个赋初值的方式与数值型数组类似。例如：

    char c[10]={ 'c', ' ', 'p', 'r', 'o', 'g', 'r', 'a', 'm'};

定义了一个字符数组 c，长度为 10，使用初始化列表为前 9 个数组元素赋初值，最后一个数组元素没有赋初值，自动赋值为空字符(空字符即'\0'，其 ASCII 的值为 0，是一个非打印字符)。字符数组在内存中的存储形式如表 7-3 所示。

表 7-3　字符数组在内存中的存储形式(2)

c[0]	c[1]	c[2]	c[3]	c[4]	c[5]	c[6]	c[7]	c[8]	c[9]
c		p	r	o	g	r	a	m	\0

与数值型数组类似,字符数组初始化时,若对全体元素赋初值,也可以省略数组长度。例如:

    char ch[]={'h', 'e', 'l', 'l', 'o', 'w', 'o', 'r', 'l', 'd'};

那么数组 ch 的长度为 10。二维字符数组的初始化方式也与数值型数组类似。例如:

    char ch2[][5]={ {'h', 'e', 'l', 'l', 'o'},　{'w', 'o', 'r', 'l', 'd'}};

ch2 是一个二维数组,由于初始化时全部元素都赋了初值,因此省略了第一维的行数。

(2) 用字符串初始化。C 语言规定,可以将字符串直接赋值给字符数组用于初始化。这种形式的初始化比标准的数组初始化形式简单得多。例如:

    char c[12]={"hello world"};

或

    char c[12]="hello world";

实际开发中常省略大括号,这样更加简洁。存储在内存中时,编译器会自动在末尾加入空字符('\0')作为结束标志。字符数组在内存中的存储形式如表 7-4 所示。

表 7-4　字符数组在内存中的存储形式(3)

c[0]	c[1]	c[2]	c[3]	c[4]	c[5]	c[6]	c[7]	c[8]	c[9]	c[10]	c[11]
h	e	l	l	o		w	o	r	l	d	\0

不仅花括号可以省略,数组的长度也可以省略。上面初始化的例子可以写作:

    char c[]="hello world";

注意:存储长度为字符串中字符个数 + 1,因为字符串结束标志 '\0' 占一个长度。这里数组 c 的长度为 12。

字符数组只有在初始化时才能将整个字符串一次性地赋值给它,一旦定义完,就只能逐个字符赋值。例如:

    char str[7];

    str="abc123"; /*错误*/

    /*正确*/

    str[0]='a'; str[1]='b'; str[2]='c';

    str[3]='1'; str[4]='2'; str[5]='3';

3. 字符串与字符串结束标志

C 语言中,用双引号引起来的内容为字符串常量。没有专门用于存储字符串变量的类型,字符串被存储在以空字符('\0')结尾的 char 类型的数组中。空字符用来标记字符串结束的位置,因此 '\0' 也被称为字符串结束标志或者字符串结束符。'\0' 是 ASCII 码表中的第 0 个字符,英文称为 NUL,中文称为“空字符”。该字符既不能显示,也没有控制功能,输出该字符不会有任何效果。

有了空字符作为字符串的结束符,就不必再以字符数组的长度来判断字符串的长度了。例如：

　　　　char c[14]="I am happy";

　　数组 c 的长度为 14，字符串的长度为 10，c[0]～c[9]中存放字符串"I am happy"，系统自动在字符串常量后加上字符串结束标志 '\0' 并存放在 c[10]中，表示字符串结束；c[11]～c[13]未赋初值，自动取空'\0'。

　　需要注意的是，逐个字符地给数组赋值初始化并不会自动添加 '\0'。例如：

　　　　char c[]={'a', 'b', 'c', 'd', 'e'};

数组 c 的长度为 5，包含 5 个字符，因为最后没有 '\0'。

　　当用字符数组存储字符串时，要特别注意为 '\0' 预留位置，字符数组的长度至少要比字符串的长度大 1。例如：

　　　　char c[6]="abcde";

数组 c 的长度为 6，包含 5 个字符以及一个字符串结束标志 '\0'。

　　是否需要加入 '\0'，应当根据需要决定。由于系统对字符串常量自动加了结束的标志，为了使处理方便，必要时在初始化时人为加入一个 '\0'。例如：

　　　　char c[]={'c', 'h', 'i', 'n', 'a', '\0'};

4. 字符数组的引用与输入/输出

1) 字符数组的引用

　　字符数组的引用即字符数组元素的引用，如同字符型变量的使用，可以被赋值，参与表达式运算或进行输入/输出。例如：

```
char c[5];
c[0]='C';
c[4]=c[2]+5;
for(i=0; i<5; i++)
    c[i]= 'a'+i;
for(i=0; i<5; i++)
    printf("c[%d] =%c", i, c[i]);
```

可以通过 for 语句对数组元素逐个赋值和输出。下面介绍字符串的整体输入/输出。

2) 字符串输入

　　若想把一个字符串读入程序，可以使用 scanf()函数和 gets()函数。

　　(1) scanf()函数。使用 sacnf()函数和转换说明符%s 可以读取字符串，读取时以第一个非空白符作为字符串的开始，以下一个空白符作为字符串的结束。空白符包括空行、空格、制表符或换行符。例如：

```
char c[6];
scanf("%s", c);
```

其中，scanf()函数的输入项 c 是一个已经定义的字符数组名，输入的字符串应该短于定义的长度。例如：

　　　　China✓

　　系统自动加一个 '\0' 结束符。如果输入的内容过长，scanf()也会导致数据溢出，可以指定宽度来防止溢出，例如 %10s，那么 scanf()函数将读取 10 个字符或读到第一个空白符时停止。

　　如果利用 scanf()函数输入多个字符串，以空白符分开。例如：

　　　　char a1[4], a2[5], a3[5];

　　　　scanf("%s%s%s", a1, a2, a3);

　　执行上面的语句时输入"How are you?"，则 a1 中存放的是"How"，a2 中存放的是"are"，a3 中存放的是"you?"。

　　如果改为：

　　　　car a1[14];

　　　　scanf("%s", a1);

　　运行时输入"How are you?"，则 a1 中存放的是"How"，由于遇到空格，字符串因此就结束了。

　　注意：scanf()函数中的输入项如果是数组名，则不加取地址符号"&"。因为 C 语言中数组名代表数组的起始地址，所以 scanf("%s", &a1); 是错误的。

　　(2) gets()函数。scanf()函数和转换说明符%s 只能读取一个单词，遇到空格时读取就结束了。但有时需要读入一个句子，包含多个单词，此时可以使用 gets()函数。其一般形式为：

　　　　gets(字符数组)

　　函数原型为：

　　　　char* gets (char* caBuffer);

　　gets()函数读取输入的字符串，直到遇到换行符，然后丢弃换行符，存储其余字符到字符数组中，并在末尾添加结束符 '\0'。返回值为该数组的起始地址。例如：

　　　　char str[20];

　　　　gets(str);

　　从键盘输入：

　　　　Hello world!　✓

　　将字符串 "Hello world! " 送入字符数组 str 中，注意最后一个字符 '!' 后面的单元将存放字符串结束标志'\0'。

　　如果输入的字符串过长，会导致缓冲区溢出，即多余的字符超出了指定的存储空间，那么可能会导致严重的后果。若这些字符只是占用了尚未使用的内存，则不会立即出现问题；若它们擦掉了程序中的其他数据，则会导致程序错误或异常终止。

　　3) 字符串输出

　　可以使用 printf()函数和 puts()函数将字符串输出。

　　(1) printf()函数。使用 printf()函数和转换说明符%s 可以输出字符串，输出时遇到结束符 '\0' 即停止输出。例如：

　　　　char c[]="China";

　　　　printf("%s", c);

　　用 "%s" 格式输出字符串时，printf()中的输出项只能是数组名，不能是数组元素。数组名代表数组的首地址，输出时从首地址开始直到 '\0' 结束。如果一个字符串包含几个 '\0'，

仍是遇到第一个 '\0' 时即结束输出(注意输出的字符不包含 '\0')。

(2) puts()函数。其一般形式为：

puts(字符串或字符数组)

函数原型为：

int puts (const char* szOutput);

puts()函数用于将一个字符串或一个字符数组中存放的字符串(以'\0'结束的字符序列)输出到终端，并自动在末尾添加一个换行符。puts()函数常与 gets()函数配对使用。例如：

char str[20];

puts("Input a string: ");

gets(str);

puts("The string is: ");

puts(str);

运行结果为：

Input a string:

<u>welcome</u>✓

The string is:

welcome

注意：puts()函数在遇到空字符时会停止输出，因此要确保有空字符。不要使用以下程序：

char ch[]={'a', 'b', 'c'};

puts(ch);

ch 不是一个字符串，缺少表示结束的空字符，使用 puts()函数将会一直输出直到遇上空字符。

5. 字符串处理函数

C 语言函数库中提供了多个处理字符串的函数，最常用的函数包括 strlen()、strcpy()、strncpy()、strcat()、strcmp()、strlwr()和 strupr()。其函数原型在头文件 string.h 中。

(1) strlen()函数。其一般形式为：

strlen(字符串)

函数原型为：

unsigned int strlen(char*str);

strlen()函数用于统计字符串的长度，即字符串中包含的字符个数，但不包括字符串结束符 '\0'。字符串可以是字符数组，也可以是字符串常量。例如：

char str[20];

gets(str);

printf("Length of\"%s\"is%d. \n", str, strlen(str));

printf("Length of\"%s\"is%d. ", "abcdefgh", strlen("abcdefgh"));

运行结果为：

<u>Welcome to China!</u>✓

Length of "Welcome to China! "is 17.

Length of "abcdefgh" is 8.

注意：输出双引号时采用了转义字符的表达方式。

(2) strcpy()函数和 strncpy()函数。字符数组与数值型数组一样，不能进行整体赋值和复制，只能对数组元素逐个赋值或复制。例如：

```
char str1[10]="abcde", str2[10];
int i=0;
str2="abcde";            /*错误*/
str2=str1;               /*错误*/
/*正确*/
str2[0]='a'; str2[1]='b'; str2[2]='c';
str2[3]='d'; str2[4]='e';
for(i=0; i<10; i++)
    str2[i]=str1[i];
```

如果希望复制整个字符串，可以使用 strcpy()函数。strcpy()函数的一般形式为：

strcpy(字符数组 1，字符串 2)

函数原型为：

char*　strcpy (char* szCopyTo，const char* szSource);

strcpy()函数用于将字符串 2 或字符数组赋值到字符数组 1 中，包括赋值串后的字符串结束符 '\0'。例如：

```
char str1[10], str2[10]="China";
strcpy(strl, str2);
```

则 str1 中存放的也是"China"。

注意：目标字符串(即字符数组 1)的长度要大于等于源字符串(即字符串 2)的长度，才能容纳被赋值的字符串。

strcpy()函数不会检查目标空间是否足够容纳源字符串，而 strncpy()函数可以指定复制的最大字符数，更为安全。strncpy()函数的一般形式为：

strncpy(字符数组 1，字符串 2，最大长度)

函数原型为：

char*　strncpy (char* szCopyTo, const char* szSource, int n);

如果字符串 2 的字符数小于 n，那么复制整个字符串(包括空字符)；复制的最大长度不能超过 n，如果字符串 2 的字符数大于等于 n，那么只复制前 n 个字符，不会复制空字符。**注意**：空字符不一定要复制，需要时可以手动添加一个。

例如：

```
char strl[20], str2[20]="hello world";
strncpy(strl, str2, 5);
str1[5]='\0';
puts(strl);
```

输出结果为：

hello

(3) strcat()函数。其一般形式为：

　　strcat(字符数组 1, 字符串 2)

函数原型为：

　　char* strcat (char* szAddTo, const char* szAdd);

strcat()函数用于将字符串 2 连接到字符数组 1 的字符串后面，并返回字符数组 1 的起始地址。字符串 2 保持不变，它可以是字符数组或字符串常量。例如：

```
char str1[20], str2[10];
printf("str1:");
gets(str1);
printf("str2:");
gets(str2);
strcat(str1, str2);
printf("str1: %s", str1);
```

运行结果为：

　　str1: <u>Good</u>✓

　　str2: <u>morning!</u>✓

　　str1: Good morning!

注意：strcat()函数不会检查字符数组 1 的空间是否足够，程序员应当保证字符数组 1 的长度足以连接字符串 2，否则会发生越界错误。当连接时，将字符数组 1 中字符串结束符 '0' 去掉，将字符串 2 的各字符依次连接到字符数组 1 的末字符后，并在新字符串的末尾再加上字符串结束符 '\0'。

(4) strcmp()函数。其一般形式为：

　　strcmp(字符串 1, 字符串 2)

函数原型为：

　　int strcmp (const char* sz1, const char* sz2);

strcmp()函数用于比较字符串，若两个字符串相同，则返回 0；当字符串 1 大于字符串 2 时，则返回一个正整数；当字符串 1 小于字符串 2 时，则返回一个负整数。

字符串的比较从各自第一个字符开始，并进行逐个一一对应比较(按字符的 ASCII 码值大小进行)。若前面的对应字符相同，则继续往后比较，直到遇上第一对不同的字符，并以这对字符的大小作为字符串比较的结果。字符串 1 和字符串 2 可以是字符数组或字符串常量。例如：

```
printf("%d, ", strcmp("abc", "abd"));
printf("%d, ", strcmp("abcd", "abc"));
printf("%d", strcmp("abc", "abc"));
```

运行结果为：

　　-1, 1, 0

若 "abc"<"abd"，则 strcmp("abc", "abd")返回负整数；若 "abcd">"abc"，则 strcmp("abcd", "abc")返回正整数；若 "abc" 自己与自己相等，则 strcmp("abc", "abc")返回 0。大多数情况下，strcmp()函数用于比较两个字符串是否相等或按字母顺序排序，返回的值具体是多少并不重要，只需要知道比较结果是正、是负或为 0。

注意：要比较字符串的内容，不能使用关系运算符，因为数组名代表数组的首地址，所以使用关系运算符进行比较的是两个字符串的首地址。

(5) strlwr()函数。其一般形式为：

```
strlwr(字符串)
```

函数原型为：

```
char* strlwr (char* szToConvert);
```

strlwr()函数用于将指定字符串中的大写字母转换成小写字母并返回。例如：

```
char str[20];
gets(str);
printf("%s\n", strlwr(str));
```

运行结果为：

TEST↙

test

(6) strupr()函数。其一般形式为：

```
strupr(字符串)
```

函数原型为：

```
char*    strupr (char* szToConvert);
```

strupr()函数用于将指定字符串中的小写字母转换成大写字母并返回。例如：

```
char str[20];
gets(str);
printf("%s\n", strupr(str));
```

运行结果为：

string↙

STRING

6. 字符数组应用举例

【例 7.6】 输入一个字符串，统计其中小写字母的数量，并将每个字符及其数量分别列举出来。

程序设计分析：定义一个长度为 26 的整型数组 num，用于统计各小写字母的数量，num[0] 记录 a 的数量，num[1] 记录 b 的数量，以此类推。再定义一个字符数组 str，用于存储从键盘输入的字符串。使用一个循环，依次访问 str 中的每个字符元素，直到遇到 ' \0' 为止，统计数量。

参考程序如下：

```
#include <stdio.h>
int main()
{
    char str[50];
    int num[26]={0};
```

```
        int i=0;
        printf("请输入一串字符：\n");
        gets(str);
        while(str[i]!='\0')                      /*遇到结束符时停止*/
        {
            if(str[i]>='a'&&str[i]<='z')         /*小写字母*/
            {
                num[str[i]-'a']++;               /*该元素的值+1*/
            }
            i++;
        }
        for(i=0; i<26; i++)
        {
            if(num[i]!=0)                        /*仅显示值不为 0 的元素*/
            {
                printf("%c 的数量是：%d\n", i+'a', num[i]);
            }
        }
        return 0;
    }
```

运行结果为：

    请输入一串字符：
    This is a test✓
    a 的数量是：1
    e 的数量是：1
    h 的数量是：1
    i 的数量是：2
    s 的数量是：3
    t 的数量是：2

【例 7.7】 有 3 个字符串，要求找出其中最大者。

程序设计分析：将 3 个字符串存放在二维字符数组 str 中，每一行存放一个字符串，如表 7-5 所示。可以把 str[0]、str[1]、str[2]看作 3 个一维字符数组，由 gets 函数读入 3 个字符串，由 strcmp()函数进行两两比较，将较大的存放到 maxstring 字符数组中。

表 7-5 二维数组存放字符串

str[0]	C	h	i	n	a	0	0	0	0	0	0	0	0	0	0
str[1]	A	m	e	r	i	c	a	0	0	0	0	0	0	0	0
str[2]	J	a	p	a	n	0	0	0	0	0	0	0	0	0	0

参考程序如下：

```
#include <stdio.h>
#include <string.h>
void main()
{
    char str[3][15], maxstring[15];
    int i;
    for(i=0; i<3; i++)
        gets(str[i]);
    if (strcmp(str[0], str[1])>0)
        strcpy(maxstring, str[0]);
    else
        strcpy(maxstring, str[1]);
    if (strcmp(str[2], maxstring)>0)
        strcpy(maxstring, str[2]);
    printf("\n the max string is:%s\n", maxstring);
}
```

运行结果为：

China✓

America✓

Japan✓

the max string is:Japan

7.4　数组应用举例

【例 7.8】 有一个已经排好序的数组，现输入一个数，要求按原来的规律将它插入到数组中。

程序设计分析：输入要插入的数 number，从数组的最后一个元素开始比较，若该元素大于 number，则将该数组元素后移一个位置，这样将大于 number 的数组元素依次后移，直到比较到小于 number 的数组元素或第一个元素为止，即找到插入的位置。

参考程序如下：

```
#include <stdio.h>
void main()
{
    int a[11]={1, 4, 6, 9, 13, 16, 19, 28, 40, 100};
    int number, i;
    printf("插入前的顺序: \n");
    for(i=0; i<10; i++)
        printf("%5d", a[i]);
```

```
printf("\n 插入的数为:");
scanf("%d", &number);
for(i=9; i>=0; i--)
if(number>a[i])
{  a[i+1]=number; break; }
else
    a[i+1]=a[i];
if(number<a[0])
    a[0]=number;
printf("插入后的顺序：\n");
for(i=0; i<11; i++)
printf("%5d", a[i]);
    printf("\n");
}
```

运行结果为：

插入前的顺序:

1   4   6   9   13   16   19   28   40   100

插入的数为:<u>15</u>↙

插入后的顺序:

1   4   6   9   13   15   16   19   28   40   100

【例 7.9】 使用二维数组输出如下的杨辉三角形。

1

1 1

1 2 1

1 3 3 1

1 4 6 4 1

1 5 10 10 5 1

程序设计分析：

从杨辉三角形中可以看出以下规律：

(1) 任何一行的第 1 列和最后一列都是 1；

(2) 从第 3 行开始，每一个数据是它上一行的前一列和它上一行的本列之和，即 a[i][j]=a[i-1][j-1]+a[i-1][j]；

(3) 每行元素个数递增 1。

通过分析，可以定义一个 6×6 的二维整型数组，首先将每行首列以及对角线元素赋值为 1；然后对其余元素，即行号从 2，列号从 1 开始的元素，按 a[i][j]=a[i-1][j-1]+a[i-1][j] 进行赋值；最后输出该数组左下角的元素。

参考程序如下：

```
#include <stdio.h>
#define n 6
```

```
void main()
{
    int a[n][n];
    int i, j;
    for(i=0; i<n; i++)
    {
        a[i][0]=1;
        a[i][i]=1;
    }
    for(i=2; i<n; i++)
        for(j=1; j<i; j++)
            a[i][j]=a[i-1][j-1]+a[i-1][j];
        for (i=0; i<n; i++)
        {
            for(j=0; j<=i; j++)
                printf("%5d", a[i][j]);
            printf("\n");
        }
}
```

运行结果为:

```
1
1    1
1    2    1
1    3    3    1
1    4    6    4    1
1    5    10   10   5    1
```

【例 7.10】 从键盘上输入 5 个字符串,将字符串按从小到大的顺序排列。

程序设计分析:使用二维字符数组 str[5][20]存放 5 个字符串,每一行存放一个字符串。与例 7.3 类似,排序时可以使用冒泡排序,但本例中比较的是字符串,因而不能使用比较运算符,需要使用 strcpy()函数。

参考程序如下:

```
#include <stdio.h>
#include <string.h>
#define NUM 5
#define SIZE 20
void main()
{
    char str[NUM][SIZE]={0};
    char temp[SIZE]={0};
```

```
        int i=0, j=0;
        printf("请输入 5 个字符串：\n");
        for(i=0; i<NUM; i++)
            gets(str[i]);
        for(i=0; i<NUM-1; i++)
        {
            for(j=0; j<NUM-1-i; j++)
            {
                if(strcmp(str[j], str[j+1])>0)
                {
                    strcpy(temp, str[j]);
                    strcpy(str[j], str[j+1]);
                    strcpy(str[j+1], temp);
                }
            }
        }
        printf("排序后：\n");
        for(i=0; i<NUM; i++)
            puts(str[i]);
    }
```

运行结果为：

请输入 5 个字符串：

operating system✓

computer networks✓

data structure✓

database✓

c programming✓

排序后：

c programming

computer networks

data structure

database

operating system

7.5 大案例中本章节内容的应用和分析

在第 6 章可实现添加、查收和删除等操作，但是姓名无法录入多个字符串，在循环录入信息之后，保存的只有最后一次录入的信息。通过本章的学习，可以完善这些功能。

参考程序如下：

```c
#include "stdio.h"
void main ()//添加联系人
{
    int i, k, num=0;
    int cord[50], phone[50], qq[50];
    char name[50][20];
    for (i=0; i<=50; i++)
    {
        printf ("\n\t 输入学号\n\t");
        scanf ("%d", &cord[i] );
        printf ("\t 输入姓名\n\t");
        scanf ("%s", name[i]);
        printf ("\t 输入电话\n\t");
        scanf ("%d", &phone[i]);
        printf ("\t 输入 Q   Q\n\t");
        scanf ("%d", &qq[i]);
        num++;
        printf ("是否继续添加(1 是 0 否)");
        scanf ("%d", &k);
        if (k==1)
            printf("====================================\n");
        else
            break;
    }
    for (i=0; i<num; i++)
    {   printf ("\n\t 输出学号:%d\t", cord[i]);
        printf ("输出姓名:%s\t", name[i]);
        printf ("输出电话:%d\t", phone[i]);
        printf ("输出 QQ:%d\n", qq[i]);
    }
}
```

思考：num 变量有什么作用？

学生可以根据自己掌握的情况完成其余的操作。完成操作的同时思考，目前每个操作都是由一个独立的主函数来完成的，并没有真正实现案例中提到的在一个程序中完成多功能的选择，怎么解决这个问题？

第8章 函 数

C 语言中往往将程序需要实现的一些功能分别编写为若干个函数，然后把它们组合成一个完整的程序。函数是 C 语言程序的基本单位，一个 C 语言程序可由一个主函数和若干个其他函数组成。其中，每个函数是一个独立的程序段，可以赋予它完成特定的操作或计算任务。C 语言可通过函数来实现模块化程序设计的功能。

本章介绍函数的定义和调用、函数参数和返回值、函数的嵌套调用和递归调用、变量的作用域及存储类别等。

8.1 函数的定义

1. 函数概述

人们在求解某个复杂问题时，通常采用逐步分解、分而治之的方法，也就是将一个大问题分解成若干个比较容易求解的小问题，然后分别求解。程序员在设计一个复杂的应用程序时，往往也是把整个程序划分成若干个功能较为单一的程序模块，然后分别予以实现，最后再把所有的程序模块像搭积木一样装配起来。这种在程序设计中分而治之的策略，被称为模块化程序设计方法。

在 C 语言中，函数是程序的基本单位，因此可以很方便地用函数作为程序模块来实现 C 语言程序。利用函数不仅可以实现程序的模块化，使程序设计得简单和直观，并提高程序的易读性和可维护性，而且还可以把常用的一些计算或操作编成通用的函数，以供随时调用，这样可以大大减轻程序员编写代码的工作量。所以，我们学习 C 语言时，不仅要掌握函数的定义、调用和使用方法，而且还要掌握模块化程序设计的理念，为将来进行团队合作，协同完成大型应用软件奠定一定的基础。

如前所述，C 语言源程序是由函数组成的。所谓函数，就是一段可以重复调用的、功能相对独立完整的程序段。虽然在前面各章的程序中一般只有一个主函数 main，但实用程序往往由多个函数组成。函数是 C 语言源程序的基本模块，通过对函数的调用实现特定的功能。C 语言中的函数相当于其他高级语言的子程序。

C 语言不仅提供了极为丰富的标准库函数，还允许用户建立自己定义的函数。用户可把自己的算法用 C 语言编写成一个个相对独立的函数模块，然后用调用的方法来使用函数。可以说，C 语言程序的全部工作都是由各式各样的函数完成的，所以 C 语言也被称为函数式语言。由于采用了函数模块式的结构，C 语言易于实现结构化程序设计，使程序的层次结构清晰，便于程序的编写、调试。

1) 从函数定义的角度来分类

从函数定义的角度来看，函数可分为标准函数(即库函数)和用户自定义函数两种。

(1) 库函数。库函数由 C 语言系统提供，用户无需定义，可直接使用，是一些常用功能模块的集合。如 printf、scanf、getchar、putchar、gets、puts 等函数均属此类函数。值得注意的是，不同的 C 语言编译系统提供的库函数的功能和数量不尽相同。

(2) 用户自定义函数。用户自定义函数是由用户按需要编写的函数。因为 C 语言所提供的标准库函数不一定包含了用户所需要的所有功能，为了编制完成特定功能的程序，用户必须通过定义自己编写的函数来实现。本章将着重介绍这类函数的定义及其调用方法。

【例 8.1】　函数调用示例。

参考程序如下：

```
#include <stdio.h>
void main()
{
    void printstar();                /*对 printstar 函数进行声明*/
    void print_message();            /*对 print_message 函数进行声明*/
    printstar();                     /*调用 printstar 函数*/
    print_message();                 /*调用 print_message 函数*/
    printstar();                     /*调用 printstar 函数*/
}
void printstar()                     /*定义 printstar 函数*/
{
    printf("* * * * * * * * * * * * * \n");
}
void print_message()                 /*定义 print_message 函数*/
{
    printf("How do you do!\n");
}
```

运行结果为：

```
* * * * * * * * * * * * *
How do you do!
* * * * * * * * * * * * *
```

程序说明：printstar 和 print_message 都是用户定义的函数名，分别用于实现输出一排"*"和一行信息。在定义这两个函数时指定函数的类型为 void，意为函数为空类型(即无函数值)，也就是执行这两个函数后不会把任何值带回 main 函数。

【例 8.2】　通过输入半径值，计算圆的面积。

参考程序如下：

```
float area(float x)          /* 定义 area 函数 */
{
    float y;
```

```
        y=3.14*x*x;
        return(y);
    }
    main()
    {
        float r, s;
        printf("请输入半径值:");
        scanf("%f", &r);
        s=area(r);              /*  调用 area 函数*/
        printf("面积是%f\n", s);
    }
```

运行结果为：

请输入半径值：5 ↙

面积是 78.500000

程序说明：area 是由用户定义的、用于计算圆的面积的函数。在定义这个函数时指定函数的类型为 float。

2) 从函数的形式来分类

从函数的形式来看，函数可分为无参函数和有参函数两种。

(1) 无参函数。例 8.1 中的 printstar 和 print_message 就是无参函数。无参函数在函数定义、函数说明及函数调用中均不带参数。主调函数和被调函数之间不进行参数传送。此类函数通常用于完成一组指定的功能，可以返回或不返回函数值。

(2) 有参函数。有参函数也称为带参函数。例 8.2 中的 area 就是有参函数。有参函数在函数定义及函数说明时都有参数，称为形式参数(简称形参)。在函数调用时也必须给出参数，称为实际参数(简称实参)。进行函数调用时，主调函数将把实参的值传送给形参，供被调函数使用。

3) 从函数兼有其他语言中的函数和过程两种功能的角度来分类

C 语言的函数兼有其他语言中的函数和过程两种功能，从这个角度看，又可把函数分为有返回值函数和无返回值函数两种。

(1) 有返回值函数。有返回值函数被调用执行完后向主调函数返回一个执行结果，称为函数返回值。数学函数即属于此类函数。例 8.2 中的 area 也是这类函数。

(2) 无返回值函数。无返回值函数用于完成某项特定的任务，执行完成后不向主调函数返回函数值。由于函数无返回值，用户在定义此类函数时应当用 void 定义函数为 "空类型" 或 "无类型"，如例 8.1 中的 printstar 和 print_message 函数。

4) 函数总结

下面将函数总结如下：

(1) 一个 C 语言程序(称作源文件)是由一个函数或多个函数组成的。

(2) 一个 C 语言程序由一个或多个源程序文件组成。对较大的程序，一般不希望全放在一个文件中，而将函数和其他内容(如宏定义)分别放在若干个源文件中，再由若干源文件组成一个 C 语言程序。这样可以分别编写，分别编译，从而提高调试效率。一个源文件可以为多个 C 语言程序公用。C 语言程序的组成如图 8-1 所示。

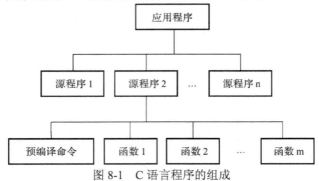

图 8-1　C 语言程序的组成

(3) 一个 C 语言源程序有且仅有一个主函数 main，而且无论主函数 main 位于程序中的什么位置，程序都必须从 main 函数开始执行，在主函数中完成对其他函数的调用；每一个函数也可以调用其他函数，或被其他函数调用(除主函数外，因为主函数不可以被任何函数调用)；当函数调用结束后，控制总是从被调用的函数返回到原来的调用处，最后在主函数中结束整个程序的运行。

2. 函数定义

函数定义就是对函数所要完成的操作进行描述，即编写一段程序，使该段程序完成所指定的操作。

【例 8.3】　计算 $S = 1! + 2! + 3! + \cdots + 8!$。

程序设计分析：多项式中的每一项是一个阶乘值，C 语言系统并没有提供求阶乘值的库函数，但用户可以自己设计一个函数，专门计算 k!，当 k 取不同的值时就可以得到不同的阶乘值。

参考程序如下：

```c
#include <stdio.h>
long jc(int k)      /*  自定义求 k 的阶乘值的函数  */
{
    long p;
    int i;
    p=1;
    for(i=1; i<=k; i++)
        p=p*i;
    return p;
}
void main()
{
    long jc_sum=0;
    int i;
```

```
        for(i=1; i<=8; i++)
            jc_sum+=jc(i); /* 调用 jc 函数计算 i 的阶乘 */
        printf("%ld\n", jc_sum);
    }
```

运行结果为：

    46233

程序说明：该程序由两个函数组成，一个是求阶乘的函数 jc，另一个就是主函数 main。主函数 main 的 for 循环中，先后 8 次调用 jc 函数，分别计算出 1!、2!、3!、…、8!，并累加到变量 jc_sum 中，最后在主函数中输出 jc_sum 的值。

从以上例题可以看出，函数定义的一般形式为：

    类型标识符 函数名(类型 形式参数， 类型 形式参数，…)
    {
        声明部分
        执行部分
    }

其中，类型标识符用于定义函数类型，即指定函数返回值的类型。函数类型应根据具体函数的功能确定。如例 8.3 中 jc 函数的功能是计算阶乘值，执行的结果是一个整数值，所以函数类型定义为 long。如果定义函数时默认类型标识符，则系统指定的函数返回值为 int 类型。大括号 {} 内是函数体，它包括声明部分和执行部分。声明部分包括对函数中用到的变量进行定义以及对要调用的函数进行声明等内容。

函数值通过 return 语句返回。执行函数时，一旦遇到 return 语句，就立即结束当前函数的执行，返回到主调函数的调用点。

return 语句在函数体中可以有一个或多个，但只有其中一个起作用，即一旦执行其中某个 return 语句时，就立即结束函数执行，返回到调用点。

如果函数执行后没有返回值，则函数类型标识符用 void。

函数名是由用户为函数所取的名字，如例 8.2 中定义的函数名为 area，例 8.3 中定义的函数名为 jc。程序中除了主函数 main 外，其余函数名都可以任意取名，但必须符合标识符的命名规则。在函数定义时，函数体中不能再出现与函数名同名的其他对象名(如变量名、数组名等)。

函数首部括号内的参数称为形式参数(简称形参，也称形参变量)，形参的值来自函数调用时所提供的参数(称为实参)值。形参个数及形参的类型由具体的函数功能决定。函数可以有形参，也可以没有形参。一般将需要从函数外部传入到函数内部的数据列为形参，而形参的类型由传入的数据类型决定。如例 8.3 中，调用 jc 函数计算 k 的阶乘值，k(形参)的值来自主函数的 i(实参)，i 是 int 型变量，所以对应的形参 k 也为 int 型。

下面再举一个例题来说明函数的定义。

【例 8.4】 求数的立方值。

参考程序如下：

```
#include <stdio.h>
long cub(int x)                  /* 函数定义*/
```

```
        {   long y;                    /* 函数体中的声明部分*/
            y=x*x*x;                   /* 函数体中的执行部分*/
            return y;
        }
        main ()
        {
            int num;
            long cub_num;
            printf("请输入一个整数:\n");
            scanf("%d", &num);
            cub_num=cub(num);                /*函数调用*/
            printf(" %d 的立方值是%1d", num, cub_num);
        }
```

运行结果为:

请输入一个整数: 2 ✓

2 的立方值是 8

程序说明:

(1) long cub(int x)开始函数定义,函数定义的首部给出函数的返回值类型、函数名和形参描述。在大括号中的函数体包括变量定义以及函数在被调用时要执行的语句。

(2) 语句 cub_num=cub(num);调用 cub 函数并将变量 num 作为参数传递给它。该函数的返回值赋予变量 cub_num。

(3) 函数以一个 return 语句结束,即 return 语句将变量 y 的值返回调用程序并结束函数的调用。

在程序设计时有时会用到空函数。

空函数的定义格式为:

```
    类型说明符  函数名(){}
```

例如:

```
    void dummy()
        {}
```

调用此函数时,什么工作也不做。编写程序时,需要针对每个模块编写一个函数,但在主调函数中先将所有的函数调用写出来后,若所有的函数都还没有定义,则不能执行程序。所以此时将所有的函数先定义成空函数,让程序能够执行,再一步一步地完善各个函数,即调试好一个函数再调试下一个,而不用先将所有的函数都写完整再调试程序。

8.2 函数参数和返回值

1. 形式参数和实际参数

大多数情况下调用函数时,主调函数和被调用函数之间有数据传递关系,这就是有参函数。我们已经知道，在定义函数时函数名后面括号中变量名称为形式参数(简称形参)，在主调函数中调用一个函数时，函数名后面括号中的参数称为实际参数(简称实参)。

当有参函数调用时，需要由实参向形参传递参数。当函数未被调用时，函数的形参并不占据实际的存储单元，也没有实际值；只有当函数被调用时，系统才为形参分配存储单元，并完成实参与形参的数据传递。

函数调用的整个执行过程可分成四个步骤：

(1) 创建形参变量，为每个形参变量建立相应的存储空间。

(2) 值传递，即将实参的值传递给对应的形参变量。

(3) 执行函数体，即执行函数体中的语句。

(4) 函数返回(带回函数值、返回调用点、撤销形参变量)。

其中第(2)步完成了将实参的值传给形参变量。

C 语言中函数的值传递有两种方式：一种是传递数值(即传递基本类型的数据、结构体数据等)，另一种是传递地址(即传递存储单元的地址)。

值传递，即将实参的值传递给形参变量。实参可以是常量、变量或表达式。当函数调用时，为形参分配存储单元，并将实参的值传递给形参变量；调用结束后，形参单元被释放，实参单元仍保留并维持原值。由于形参与实参各自占据不同的存储空间，因此在函数体执行中，对形参变量的任何改变都不会改变实参的值。

【例 8.5】　分析以下程序的运行结果。

```c
#include <stdio.h>
void swap(float x, float y)        /*  定义交换变量 x、y 值的函数  */
{
    float temp;
    temp=x; x=y; y=temp;
    printf("x=%.2f y=%.2f\n", x, y);
}
void main()
{
    float x=8.5, y=3.7;
    swap( x, y );                  /*调用 swap 函数*/
    printf("x=%.2f y=%.2f\n", x, y);
}
```

运行结果为：

　　x=3.70 y=8.50

　　x=8.50 y=3.70

程序说明：swap 函数交换的只是两个形参变量的值。当函数调用时，在实参的值传递给形参变量后，函数内部实现了两个形参变量 x、y 值的交换，但由于实参变量与形参变量在内存中占据不同的存储单元(尽管名字相同)，因此实参值并没有被交换。图 8-2 所示为 swap 函数调用整个执行过程的四个步骤。

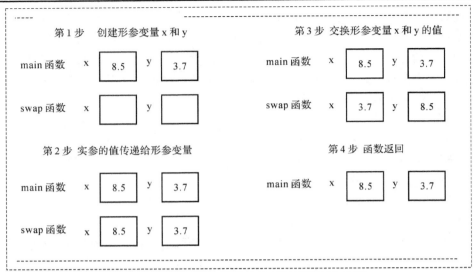

图 8-2　swap 函数调用整个执行过程的四个步骤

　　所谓地址传递方式，是指当函数调用时，将实参数据的存储地址作为参数传递给形参。其特点是：形参与实参占据同样的内存单元，函数中对形参值的改变也会改变实参的值。因此，函数参数的地址传递方式可实现调用函数与被调函数之间的双向数据传递。

　　注意：实参和形参必须是地址常量或变量。比较典型的地址传递方式就是用数组名作为函数的参数。当用数组名作为函数参数时，不是进行值的传送，即不是把实参数组的每一个元素的值都赋予形参数组的各个元素。因为实际上形参数组并不存在，所以编译系统不为形参数组分配内存。那么，数据的传送是如何实现呢？由于数组名就是数组的首地址，因此在数组名作为函数参数时所进行的传送只是地址的传送，也就是说，把实参数组的首地址赋予形参数组名。形参数组名取得该首地址之后，也就等于有了实在的数组。实际上是形参数组和实参数组为同一数组，共同拥有同一段内存空间。

　　【例 8.6】　一个一维数组 score 内放 10 个学生成绩，用一个函数求平均成绩。

　　参考程序如下：

```
#include <stdio.h>
float average(float array[10])
{   int i;
    float aver, sum=array[0];
    for(i=1; i<10; i++)
        sum=sum+array[i];
    aver=sum/10;
    return(aver);
}
void main()
{   float score[10], aver;
    int i;
    printf("请输入 10 个学生的成绩:\n");
```

```
        for(i=0; i<10; i++)
            scanf("%f", &score[i]);
        printf("\n");
        aver=average(score);
        printf("平均成绩是%5.2f\n", aver);
    }
```

运行结果为：

　　请输入 10 个学生的成绩：

　　98 76 65 100 75 89 54 81 85 92✓

　　平均成绩是 81.50

程序说明：

(1) 用数组名作为函数参数时，应在主调函数和被调用函数中分别定义数组，其中 score 是实参数组名，array 是形参数组名。

(2) 在被调用函数 average 中声明了形参数组的大小是 10，其实指定其大小不起作用，形参数组可以不用指定大小，在定义数组时只在数组名后加一个空的方括号即可。由于 C 语言编译系统对形参数组大小不作检查，只是将实参数组的首地址传给形参数组，因此形参数组名获得了实参数组的首元素的地址。

【例 8.7】 数组名作为函数参数实现地址传递方式，即实现将任意两个字符串连接成一个字符串。

参考程序如下：

```
    #include <stdio.h>
    void gestr (char s1[], char s2[], char s3[])
    {   int i, j;
        for(i=0; s1[i]!='\0'; i++)
            s3[i]=s1[i];
        for(j=0; s2[j]!='\0'; j++)
            s3[i+j]=s2[j];
        s3[i+j]='\0';
    }
    void main ()
    {   char str1[]={"Hello "};
        char str2[]={"china!"};
        char str3[40];
        gestr (str1, str2, str3);
        printf("%s\n", str3);
    }
```

运行结果为：

　　Hello china!

程序说明：在 main 函数中定义了三个字符数组 str1、str2 和 str3，通过调用 gestr 函数将 str1 字符串与 str2 字符串连接后形成一个新的字符串放入 str3 中，然后输出连接后的字符串。

　　gestr 函数有三个形参，分别是数组名 s1、s2 和 s3。main 函数在调用该函数时是将三个字符数组名 str1、str2 和 str3 赋值给三个形参 s1、s2 和 s3。这样，s1、s2 和 s3 所对应的数组其实就是 str1、str2 和 str3 了。在函数中具体实现连接的方法是：首先将 s1 字符串(其实就是 str1)逐个字符复制到 s3(其实就是 str3)中，然后再将 s2 字符串(其实就是 str2)逐个字符复制到 s3 的末尾，最后在 s3 的末尾添加字符串结束标志'\0'。

　　用数组名作为函数参数时要注意以下几点：

　　(1) 形参数组和实参数组的类型必须一致，否则将引起错误。

　　(2) 形参数组和实参数组的长度可以不同，因为在函数调用时，只传递数组的首地址而不检查形参数组的长度。

　　(3) 多维数组可以作为函数的参数，在函数定义时对形参数组指定每一维的长度，也可省去第一维的长度。

2. 函数的返回值

　　通常，希望通过函数调用使主调函数能得到一个确定的值，这就是函数的返回值。函数的返回值是通过函数中的 return 语句获得的。return 语句将被调用函数中的一个确定值带回主调函数中去。如果需要从被调用函数带回一个函数值供主调函数使用，那么被调用函数中必须包含 return 语句；如果不需要从被调用函数带回函数值，那么可以不要 return 语句。

　　return 语句的一般形式如下：

- return;
- return 表达式；或 return (表达式);

　　return 语句的作用是结束函数的执行，使控制返回到主调函数的调用点。如果是带表达式的 return 语句，那么同时将表达式的值带回到主调函数的调用点。

　　函数的返回值属于某一个确定的类型，应在定义函数时指定函数返回值的类型。例如：

```
int max(float a, float b)          /* 函数值为整型 */
char letter(char c1, char c2)      /* 函数值为字符型 */
double min(int y, int y)           /* 函数值为双精度型 */
```

上面是 3 个函数的首行，建议在定义时对所有函数都指定函数类型。

　　在定义函数时指定的函数类型一般应该和 return 语句中的表达式类型一致。如果函数值的类型和 return 语句中表达式的值不一致，则以函数类型为准。对数值型数据，可以自动进行类型转换，即函数类型决定返回值的类型。

　　【例 8.8】 调用函数返回两个数中的较大者。

　　参考程序如下：

```
#include <stdio.h>
int max(float x, float y)
{   float z;
    z=x>y?x:y;
```

```
        return(z);
    }
    void main()
    {   float a, b;
        int c;
        scanf("%f, %f", &a, &b);
        c=max(a, b);
        printf("较大的是%d\n", c);
    }
```

运行结果为：

5.6, 9.8↙

较大的是 9

程序说明：函数 max 定义为整型，而 return 语句中的 z 为实型，二者不一致。先将 z 的值 9.8 转换为整型，得到 9，这样函数 max 就带回一个整数 9 返回主调函数 main 中。

如果函数中没有 return 语句，不代表函数没有返回值，只能说明函数返回值是一个不确定的数。

对于不带回值的函数，应当用 void 定义函数为"无类型"(或称"空类型")。这样，系统就保证不使函数带回任何值，即禁止在调用函数中使用被调用函数的返回值。此时，在函数体中不得出现 return 语句。

8.3　函数的调用

程序中使用已定义好的函数，称为函数调用。如果函数 f1 调用函数 f2，则称函数 f1 为主调函数，函数 f2 为被调函数。除了主函数，其他函数都必须通过函数调用来执行。

1. 函数调用

调用有参函数的一般形式如下：

　　函数名(实参表列)

如果是调用无参函数，则没有实参表列，但括号不能省略。调用无参函数形式如下：

　　函数名()

如果实参表列包含多个实参，则实参之间以逗号相隔。调用时实参与形参的个数必须相等，类型应匹配。

函数调用可以有三种方式：

(1) 表达式方式。函数调用出现在一个表达式中。这类函数必须要有一个明确的返回值以参加表达式运算。例如：

　　c=2*max(a, b);

其中函数 max 是表达式的一部分，将其值乘以 2 赋给 c。

(2) 参数方式。函数调用作为另一个函数调用的实参。同样，这类函数也必须有返回值。例如：

d=max(a, max(b, c))

其中函数调用 max(b，c)的值又作为 max 函数调用的一个实参。d 的值是 a、b、c 中的最大者。

(3) 语句方式。函数调用作为一个独立的语句，一般用在仅仅要求函数完成一定的操作，不要求函数带回返回值的情况下，如 scanf 函数、printf 函数等库函数的调用，以及例8.1 中 printstar 函数的调用。

2. 函数声明

在函数中，若需调用其他函数，调用前要对被调用的函数进行函数声明。函数声明的目的是通知编译系统有关被调用函数的一些特性，便于在函数调用时，检查调用是否正确。

函数声明的一般形式如下：

　　　　类型标识符　函数名(类型　参数名，类型　参数名，…);

或

　　　　类型标识符　函数名(类型，类型，…);

通过函数声明语句，向编译系统提供的被调函数信息包括函数返回值类型、函数名、参数个数及各参数类型等，这些称为函数原型。编译系统根据函数的原型对函数调用的合法性进行检查，与函数原型不匹配的函数调用会导致编译出错。

【例 8.9】 对被调用的函数作声明。

参考程序如下：

```
#include <stdio.h>
void main()
{   float add(float x, float y);          /*对被调用函数 add 的声明*/
    float a, b, c;
    scanf("%f, %f", &a, &b);
    c=add(a, b);
    printf("和是%.2f \n", c);
}
float add(float x, float y)               /*函数首部*/
{   float z;                              /*函数体*/
    z=x+y;
    return(z);
}
```

运行结果为：

6.8, 2.6↙

和是 9.40

程序说明：函数 add 的作用是求两个实数之和，程序的第 3 行是对被调用函数 add 的声明。

为什么在前面所介绍的有关函数调用程序中，主调函数里并没有出现对被调函数的声明语句？因为前面这些程序有一个共同的特点，就是主调函数定义的位置都在被调函数定义的位置之后。这样，主调函数中可以省略对被调函数的声明。这是因为编译系统在编译主调函数前，已经了解了有关被调函数的情况，此时可以省略函数声明。

　　C 语言对库函数的声明采用#include 文件包含命令方式。C 语言系统定义了许多库函数，并且在 stdio.h、math.h、string.h 等"头文件"中声明了这些函数；使用时只需通过 #include 命令把"头文件"包含到程序中，即在程序中对这些库函数进行声明，用户就可以在程序中调用这些库函数了。

8.4　函数的嵌套调用和递归调用

1. 函数的嵌套调用

　　C 语言中，函数是不允许嵌套定义的，但允许嵌套调用。所谓嵌套调用，就是函数在被调用过程中又去调用了其他函数。嵌套调用其他函数的个数又被称为嵌套的深度或层数。图 8-3 是函数嵌套调用示意图。

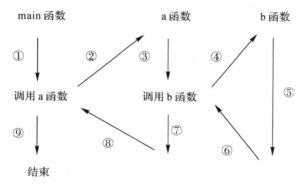

图 8-3　函数嵌套调用示意图

　　图 8-3 为两层嵌套的情况，其执行过程是：执行 main 函数中调用 a 函数的语句时即转去执行 a 函数，在 a 函数中调用 b 函数时又转去执行 b 函数，b 函数执行完毕返回 a 函数的断点继续执行，a 函数执行完毕返回 main 函数的断点继续执行直到结束。

　　【例 8.10】　计算 $s = 1^2! + 2^2! + 3^2! + 4^2!$。

　　程序设计分析：本题可编写两个函数，一个是用于计算平方值的函数 f1，另一个是用于计算阶乘值的函数 f2。主函数先调用 f1 计算出平方值，接着在 f1 中以平方值为实参调用 f2 并计算其阶乘值，然后返回 f1，再返回主函数，在循环程序中计算累加和。

　　参考程序如下：

```
long f1(int p)
{   int k;
    long r;
    long f2(int);
    k= p*p;
    r= f2(k);
    return r;
```

```
          }
      long f2(int q)
      {   long jc=1;
          int i;
          for(i=1; i<=q; i++)
              jc=jc*i;
          return jc;
      }
      main()
      {   int i;
          long s=0;
          for(i=1; i<=4; i++)
              s= s+f1(i);
          printf("\ns=% ld\n", s);
      }
```

程序说明：在程序中，函数 f1 和 f2 均为长整型，都在主函数之前定义，故不必再在主函数中对 f1 和 f2 加以说明。在主函数中，执行循环依次把 i 值作为实参调用 f1 函数求 i^2 值；在 f1 函数中又对函数 f2 进行调用，把 i^2 的值作为实参去调用 f2 函数，在 f2 函数中完成求 i^2! 的计算；f2 函数执行完毕把 i^2! 返回给 f1 函数，再由 f1 返回 main 函数实现累加。至此，用函数的嵌套调用实现了题目的要求。

2. 函数的递归调用

递归是一种特殊的解决问题的方法。其基本思想是：将要解决的问题分解成比原问题规模小的子问题，当解决这个子问题时，又可以用到原问题的解决方法，并按照这一原则逐步递推，最终将原问题转化成较小且已知解的子问题。这就是递归求解问题的方法。

递归方法适用于一类特殊的问题，即分解后的子问题必须与原问题类似，能用原来的方法解决问题，且最终的子问题是已知解或易于解的。

用递归求解问题的过程分为递推和回归两个阶段。

递推阶段是将原问题不断地转化成子问题，逐渐从未知向已知推进，最终到达已知解的问题，即递推阶段结束。

回归阶段是从已知解的问题出发，按照递推的逆过程，逐一求值回归，最后到达递归的开始处，即结束回归阶段，获得问题的解。

例如：求 5!。

递推阶段如下：

$$5! = 5 \times 4!$$
$$4! = 4 \times 3!$$
$$3! = 3 \times 2!$$
$$2! = 2 \times 1!$$
$$1! = 1 \times 0!$$

0! = 1 ←是已知解问题

回归阶段如下：

$$0! = 1$$
$$1! = 1 \times 0! = 1$$
$$2! = 2 \times 1! = 2$$
$$3! = 3 \times 2! = 6$$
$$4! = 4 \times 3! = 24$$
$$5! = 5 \times 4! = 120 \ \rightarrow 得到解$$

递归解决问题的思想体现在程序设计中，可以使用函数的递归调用来实现。函数定义时，函数体内出现直接调用函数自身，将这种调用称为直接递归调用；或通过调用其他函数，由其他函数再调用原函数，则将这种调用称为间接递归调用，该类函数就称为递归函数。

若求解的问题具有可递归性时，即可将求解问题逐步转化成与原问题类似的子问题，且最终子问题有明确的解，则可采用递归函数，实现问题的求解。

由于在递归函数中存在着调用自身的过程，因此要控制反复进入自身的函数体调用，必须在函数体中设置终止条件，当条件成立时，终止调用自身，并使控制逐步返回到主调函数。

【例 8.11】 用递归方法计算 $n!$。

计算 n 阶乘的数学递归定义式：

$$n! = \begin{cases} 1 & , \ n=0,1 \\ n \times (n-1)! & , \ n>1 \end{cases}$$

参考程序如下：

```
#include <stdio.h>
void main()
{   long jc(int n);              /*对 jc 函数的声明*/
    int n;
    printf("请输入 n：\n");
    scanf("%d", &n);
    printf("%d!=%ld\n", n, jc(n));
}
long jc(int n)
{   long t;
    if (n<0)
        printf("n<0，输入数据错！");
    else if (n==0 || n==1) return 1;
    else
        return n*jc(n-1);
}
```

运行结果为：

　　请输入 n：

　　<u>4</u>↙

　　4!=24

程序说明：求 n! 的问题可用递归方法求解。在递归函数 jc 中，递归的终止条件设置成 n 等于 1，因为 1! 的值是明确的。

【例 8.12】 典型的递归问题——Hanoi(汉诺)塔问题。这是一个古典的数学问题，是一个用递归方法解题的典型示例。问题：古代有一个梵塔，塔内有 3 个座 A、B、C，开始时 A 座上有 64 个盘子，盘子大小不等，大的在下，小的在上，如图 8-4 所示。有一个老和尚想把这 64 个盘子从 A 座移到 C 座，但每次只允许移动一个盘，且移动过程中在 3 个座上都始终保持大盘在下、小盘在上的状态。在移动过程中可以利用 B 座，要求编写程序并打印出移动的步骤。

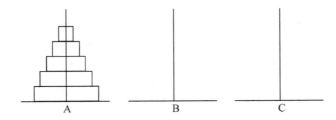

图 8-4　Hanoi(汉诺)塔问题

程序设计分析：将 n 个盘子从 A 座移到 C 座可以分解为以下三个步骤：

(1) 将 A 座上 n−1 个盘子借助 C 座先移到 B 座上；

(2) 将 A 座上剩下的一个盘子移到 C 座上；

(3) 将 n−1 个盘子从 B 座借助 A 座移到 C 座上。

如果想将 A 座上 3 个盘子移到 C 座上，可以分解为以下三个步骤：

(1) 将 A 座上 2 个盘子借助 C 座移到 B 座上；

(2) 将 A 座上 1 个盘子移到 C 座上；

(3) 将 B 座上 2 个盘子借助 A 座移到 C 座上。

其中第(2)步可以直接实现。

第(1)步又可用递归方法分解为：

① 将 A 座上 1 个盘子从 A 座移到 C 座；

② 将 A 座上 1 个盘子从 A 座移到 B 座；

③ 将 C 座上 1 个盘子从 C 座移到 B 座。

第(3)步可以分解为：

① 将 B 座上 1 个盘子从 B 座移到 A 座上；

② 将 B 座上 1 个盘子从 B 座移到 C 座上；

③ 将 A 座上 1 个盘子从 A 座移到 C 座上。

综合以上情况，可得到移动 3 个盘子的步骤为：

A→C，A→B，C→B，A→C，B→A，B→C，A→C。

参考程序如下：

```
void main()
{void hanoi(int n,char one,char two,char three);        /*对 hanoi 函数的声明 */
    int m;
    printf("请输入盘子数:");
    scanf("%d", &m);
    printf("移动%d 个盘子的步骤是:\n", m);
    hanoi(m, 'A', 'B', 'C');
}
void hanoi(int n, char one, char two, char three)
/* 定义 hanoi 函数，将 n 个盘子从 one 座借助 two 座移到 three 座 */
{
    void move(char x, char y);                          /*对 move 函数的声明 */
    if(n==1) move(one, three);
    else
    {
        hanoi(n-1, one, three, two);
        move(one, three);
        hanoi(n-1, two, one, three);
    }
}
void move(char x, char y)                               /*定义 move 函数 */
{
    printf("%c->%c\n", x, y);
}
```

运行结果为：

请输入盘子数: 3✓

移动 3 个盘子的步骤是:

A->C

A->B

C->B

A->C

B->A

B->C

A->C

注意：当递归调用时，虽然函数代码一样，变量名相同，但系统都为函数的形参和函数体内的变量分配了相应的存储空间，因此每次调用函数时，使用的都是本次调用所新分配的存储单元及其值。当递归调用结束返回时，释放掉本次调用所分配的形参变量和函数体内的变量，并带本次计算值返回到上次调用点。

8.5　变量的作用域

C 程序由若干个函数组成，在函数体内或函数外都可以定义变量，不同位置定义的变量，其作用范围不同。变量的作用域确定程序能在何时、何处访问该变量。

C 语言中的变量分为全局变量和局部变量。

在函数内部定义的变量被称为局部变量。其作用域是所定义的函数，即只能在本函数中可对该变量赋值或使用该变量值，一旦离开这个函数就不能引用该变量了。形式参数也是局部变量。

在复合语句内定义的变量亦是局部变量，只在复合语句内有效。

在函数外面定义的变量是外部变量，也称为全局变量。其作用域从变量定义的位置开始到文件结束，可被本文件的所有函数所共用。

例如：

```
int a;              /* 定义全局变量，可在 main 函数和 fun 函数中引用 */
void main()
{
    int x，y;        /* x、y 为局部变量，只能在 main 函数中引用 */
    …
}
int b;              /* b 为全局变量，可在 fun 函数中引用 */
fun(int z)          /* z 为局部变量，可在 fun 函数中引用 */
{
    int c;          /* c 为局部变量，可在 fun 函数中引用 */
    …
}
```

【例 8.13】 编写一个函数，求两个数的和与差。

参考程序如下：

```
#include<stdio.h>
float add, diff;        /* 全局变量 */
void fun(float x, float y)
{
    add=x+y;
    diff=x-y;
}
void main()
{
    float a, b;
    scanf("%f%f", &a, &b);
```

```
        fun(a, b);
        printf("%.2f %.2f\n", add, diff);
    }
```

运行结果为：

<u>2.3 4.5</u>✓

6.80 -2.20

程序说明：由于函数的调用只能带回一个函数返回值，因此该程序定义了两个全局变量 add 和 diff，使 func 函数和 main 函数都可以引用。通过调用 func 函数将计算结果分别赋值给 add 和 diff，并在 main 函数中输出全局变量 add 和 diff 的值。

如果在全局变量定义位置之前或其他文件中的函数要引用该全局变量，应该在引用之前用关键字 extern 对该变量作声明，表示该变量是一个已经定义的全局变量。

【例 8.14】　用 extern 声明全局变量。

参考程序如下：

```
        #include<stdio.h>
        void main()
        {
            extern int a;
            void fun();
            fun();
            printf("%d\n", a);
        }
        int a;                      /*全局变量 */
        void fun()
        { a=1*3*5*7*9; }
```

运行结果为：

945

因为全局变量 a 定义在 main 函数后面，所以 main 函数中必须用 extern 对全局变量 a 进行声明，否则编译时出错，系统不会认为 a 是已经定义的全局变量。

注意：在同一个函数中不能定义具有相同名字的变量，但在同一个文件中全局变量和局部变量可以同名。当全局变量与局部变量同名时，在局部变量的作用范围内全局变量不起作用。

【例 8.15】　全局变量与局部变量同名。

参考程序如下：

```
        #include<stdio.h>
        float add=1, diff=1;            /* 全局变量 */
        void fun(float x, float y)
        {
            float add, diff;            /* 局部变量 */
            add=x+y;
```

```
        diff=x-y;
    }
    void main()
    {
        float a, b;
        scanf("%f%f", &a, &b);
        fun(a b);
        printf("%.2f %.2f\n", add, diff);
    }
```

运行结果为：

2.3 4.5✓

1.00 1.00

　　程序说明：程序第 2 行定义了全局变量 add 和 diff，并使之初始化；在 fun 函数中定义了局部变量 add 和 diff，并给其赋值。全局变量在 fun 函数范围内不起作用，全局变量的值未被改变，所以在主函数中输出的是全局变量 add 和 diff 的值。

8.6　变量的存储类别

　　C 语言程序运行时，供用户使用的内存空间由三部分组成，分别是程序存储区、静态存储区和动态存储区。程序存储区存储程序代码，静态存储区和动态存储区存放程序中处理的数据。全局变量就存放在静态存储区中，当程序开始执行时给全局变量分配存储区，在程序执行过程中它们占据固定的存储单元，在程序执行完后才释放。而在动态存储区中存放的是函数的形参、自动变量及函数调用时的现场保护和返回地址等，当函数调用时才为其分配动态存储空间，在函数结束后就释放这些存储空间。这种分配和释放存储空间是在程序执行过程中动态进行的。

　　变量的存储类别有两种：静态存储方式和动态存储方式。静态存储方式是指在程序运行期间由系统分配固定的存储空间的方式，空间分配在静态存储区，在整个程序运行结束后释放空间。动态存储方式是指在程序运行期间根据需要由系统动态分配存储空间的方式，空间分配在动态存储区，函数调用结束或复合语句结束后释放空间。

　　静态存储方式和动态存储方式具体包含四种存储类别：auto 自动型、static 静态型、register 寄存器型和 extern 外部型。

　　变量定义的一般形式为：

　　　　存储类型标识符　类型标识符　变量名列表；

其中，存储类型标识符用以定义变量的存储类型，即 auto 自动型、static 静态型、register 寄存器型、extern 外部型四种。

　　若定义变量时，省略存储类型，则系统默认为 auto 自动型。

　　(1) auto 自动型。定义自动变量时，前面可加 auto 或不加，一般在函数内部或复合语句内部使用。函数中的形参和在函数中定义的变量(包括在复合语句中定义的变量)都属于这一类。系统在每次进入函数或复合语句时，为定义的自动变量分配存储空间，并分配在动态存储区。函数执行结束或复合语句结束后，存储空间自动释放。前面的例题中用得最多的就是这类变量。

(2) static 静态型。静态型变量可分为静态局部变量和静态全局变量。

① 静态局部变量。定义静态局部变量时，前面加 static 存储类型标识符。静态局部变量属于静态存储类别，在静态存储区内分配存储单元，在程序运行期间都不释放。静态局部变量是在编译时赋初值的，若没有显式赋初值，则系统自动赋初值 0 (对数值型变量)或空字符(对字符变量)。以后，每次调用函数时不再重新赋初值，都是保留上一次函数调用结束时的值。

【例 8.16】 考察静态局部变量与自动变量的区别。

参考程序如下：

```
#include"stdio.h"
int func1()
{
    static int s=5;              /*静态局部变量*/
    s+=1;
    return (s);
}
int func2()
{
    int s=5;                     /*局部变量*/
    s+=1;
    return (s);
}
void main()
{
    int i;
    for(i=0; i<3; i++)
        printf("%3d", func1());
    printf("\n");
    for(i=0; i<3; i++)
        printf("%3d", func2());
    printf("\n");
}
```

运行结果为：

6 7 8

6 6 6

程序说明：func1 函数中的 s 是静态局部变量，在编译时给 s 赋初值 5，首次调用 func1 函数后 s 的值是 6，以后的第二次、第三次调用函数 func1 时，都是在上一次调用结束时的 s 值上加 1。而 func2 函数中的局部变量 s 是自动变量，属于动态存储类别，占据动态存储区空间，函数调用结束后立即释放。因此，在每次调用 func2 函数时重新对 s 分配存储单元和赋初值，函数每次调用后返回值都是 6。

② 静态全局变量。如果在程序设计时希望某些全局变量只限于被本文件中的函数引用，而不能被其他文件中的函数引用，就应该在定义全局变量时加上 static 进行声明。例如：

```
file.c
static int x;
void main()
{…}
```

在 file.c 中定义了一个全局变量 x，用 static 声明，x 就是静态全局变量，只能用于本文件，不能被其他文件引用。

(3) register 寄存器型。寄存器变量是 C 语言所具有的汇编语言特性之一，它存储在 CPU 的寄存器中，而不像普通变量那样存储在内存中。对寄存器变量的访问要比对内存变量访问速度快得多。如果将使用频率较高的数据存放在所定义的 register 变量中，可以提高运算速度。

例如：

```
register int r;        /*定义 r 为寄存器变量*/
```

现在用 register 声明变量是不必要的，优化的编译系统能够识别并自动地将使用频繁的变量放在寄存器中，不需要编程者指定。

(4) extern 外部型。通过学习已经知道，全局变量的作用域是从变量的定义处到本程序文件的结束。如果在全局变量定义位置之前的函数需要引用该全局变量，应该在引用之前用关键字 extern 对该变量进行声明，表示把该变量的作用域扩展到这个位置。具体方法已经在例 8.14 中进行了说明。

如果程序由多个源程序文件组成，在一个文件中需要引用另一个文件中已经定义的全局变量，同样是用 extern 对需要引用的全局变量进行声明，这样在编译和连接时系统会知道该全局变量已经在别处定义了，从而将在另一个文件中定义的全局变量的作用域扩展到本文件。

8.7　大案例中本章节内容的应用和分析

在第 7 章可实现添加、查收和删除等操作，但每个操作都是由一个独立的主函数完成的，并没有真正达到案例中提到的在一个程序中完成多功能的选择。通过本章的学习，可以完善这些功能。以下给出的代码只完成了添加联系人的功能，其他功能学生可以在此基础上自行完成。

```
#include "stdio.h"
void student1()          //添加联系人
{
    int i, k, num=0;
```

```
        int cord[50], phone[50], qq[50];
        char name[50][20];
        for (i=0; i<=50; i++)
        {
            printf ("\n\t 输入学号\n\t");
            scanf ("%d", &cord[i] );
            printf ("\t 输入姓名\n\t");
            scanf ("%s", name[i]);
            printf ("\t 输入电话\n\t");
            scanf ("%d", &phone[i]);
            printf ("\t 输入 Q Q\n\t");
            scanf ("%d", &qq[i]);
            num++;
            printf ("是否继续添加(1 是 0 否)");
            scanf("%d", &k);
            if (k==1)
                printf("===================================\n");
            else
                break;
        }
        for (i=0; i<num; i++)
        {   printf ("\n\t 输出学号:%d\t", cord[i]);
            printf ("输出姓名:%s\t", name[i]);
            printf ("输出电话:%d\t", phone[i]);
            printf ("输出 QQ:%d\n", qq[i]);
        }
}
void main ()                            //主界面
{
    int a;                              //菜单选项
    printf ("\n\n\n\n\n\n");
    printf ("\t\t        【学生通讯录管理系统】\n");
    printf("\t\t=====================================\n");
    printf ("\t\t\t**************\n");
    printf ("\t\t\t*1.添加联系人*\n");
    printf ("\t\t\t*2.显示通讯录*\n");
    printf ("\t\t\t*3.查找联系人*\n");
    printf ("\t\t\t*4.删除联系人*\n");
    printf ("\t\t\t*0.退出该程序*\n");
```

```
printf ("\t\t\t\t*************\n");
printf("\t\t=====================================\n");
scanf ("%d", &a);                    //主界面菜单选项输入测试
switch (a)
{
    case 0: printf ("\t 已退出该程序\n"); break;
    case 1:
    {
        printf ("\t 进入添加联系人程序\n");
        student1();
        break;
    }
    case 2:
    {
        printf ("\t 进入显示通讯录程序\n");
        break;
    }
    case 3:
    {
        printf ("\t 进入查找联系人程序\n");
        break;
    }
    case 4:
    {
        printf ("\t 进入删除联系人程序\n");
        break;
    }
}
}
```

　　学生可以根据自己掌握的情况分析如何将多个功能构造自定义函数，解决案例中提到的在一个程序中完成多功能的选择。思考：当有多个函数模块出现时，需要使用统一变量，该怎么处理和解决？

第9章　预处理命令

所谓预处理，是指程序在编译之前所进行的处理。通过前面内容的学习我们已经接触过了预处理命令，它们最大的特征是以"#"开头，如 #include、#define 等。在 C 语言中的预处理主要包括三方面的内容：宏定义、文件包含以及条件编译。合理地使用预处理命令，有利于程序的阅读、调试和不同平台间的移植。本章将重点介绍这三种预处理命令。

9.1　宏　定　义

所谓宏，就是将一组命令组合在一起，作为一个独立的命令完成一系列任务。在 C 语言的源程序中允许用一个标识符来表示一个字符串，此时该标识符被称为宏名，而该字符串被称为宏体。包含宏定义的程序在编译预处理的时候，预处理程序将会对程序中所有出现宏名的地方都用宏体去代替，该过程被称为宏替换。

在 C 语言中，宏分为带参数和不带参数两种。

1. 不带参数的宏定义

不带参数的宏定义一般采用以下形式：

　　#define　宏名　字符串

这里，#表示一条预处理命令，define 表示一条宏定义命令。例如：

　　#define　Max　100

它的作用是用宏名 Max 来代替字符串 100，当编写源代码时，所有需要使用 100 的地方都可以用 Max 来代替。当对源程序进行编译时，先由预处理程序进行宏替换，即用 100 来置换所有宏名 Max 后再进行编译。

例如：

```
#include "stdio.h"
#define Max 100
main()
{
    int s, y;
    scanf("%d", &y);
    s=Max+y;
    printf("%d\n", s);
}
```

在该程序中，首先进行了宏定义，用 Max 来代替 100；在预编译后，主程序将会进行宏替换，语句"s＝Max＋y;"将会变为"s＝100＋y;"，然后进行编译。采用宏定义后，若以后要改变 Max 的值，则只需在宏定义处改变即可。那么能否直接进行以下宏定义呢？

　　　　#define Max 100+y

进行这样的宏定义是完全可行的，此时把上述程序中 s＝Max＋y 改为 s＝Max 即可，在预编译后，其就变为 s＝Max＋y，结果与上述程序完全一致。但是这种写法却有一个缺陷，请看下面的例题。

【例 9.1】 计算两倍的 Max 的值。

参考程序如下：

```
#include "stdio.h"
#define Max 100+y
main()
{
    int s, y;
    scanf("%d", &y);
    s=Max*2;                 //计算两倍的 Max 等于多少
    printf("%d\n", s);
}
```

该例题的本意是计算两倍的 Max 的值，但用 100＋y 替换 Max 后，s＝Max*2 将会变为 s＝100＋y*2，这显然是不对的。那么如何解决这个问题？实际上很简单，加上括号将宏定义变为 #define Max　　(100+y) 即可。

因此，在使用宏定义的时候要非常小心，应该保证在任何时候，宏替换后不会发生错误。另外，在使用宏时还需要注意以下几个方面：

(1) 宏替换只是一种简单的替换，在任何时候它都是用字符串来取代宏名，所以任何错误都是在编译时被发现的。在预处理时不作任何检查。

(2) 宏定义并不是语句，所以不需要在其后面加上分号。虽然有时加了分号似乎也不会出错，但是要避免这种不好的习惯。

例如：

```
#include "stdio.h"
#define Max 100;
main()
{
    int s, y;
    scanf("%d", &y);
    s=Max;                   // 替换后该语句变为 s=100; ;   不出错
    s=Max*2;                 // 替换后该语句变为 s=100; *2;   出错
    printf("%d\n", s);
}
```

在该程序中，语句 s＝Max; 后面有一个 ";"，进行宏替换后变为两个 "; ;"，对编译器来说，无非是多加了一个空语句而已。但是对于 s＝Max*2; 却不一样，在宏替换后，完全变成了错误的语句。

(3) 若在程序之前要解除某个宏定义的作用域，则只需使用#undef 命令即可。

例如：

```
#define Max 100
main()
{
    ...
}
#undef Max
f1()
{
    ...
}
```

Max 宏只在 main 函数中有效，而对于 f1 函数则无效。

(4) 若在程序中用引号把宏名括起来，则预处理程序不对其进行宏替换。

例如：

```
#include "stdio.h"
#define Max 100
main()
{
    printf("Max");   //不对 Max 进行宏替换，直接打印出 Max
}
```

(5) 宏定义允许嵌套使用，如后一个宏去使用前一个宏的定义。例如：

```
#define Max 100
#define Double Max*2
```

2. 带参数的宏定义

在 C 语言中，宏定义还可以带参数，在宏定义中使用的参数称为形式参数，而在宏替换后所用的参数称为实际参数，这与函数定义和调用过程中是一致的。

带参数的宏定义一般采用以下形式：

```
#define  宏名(形式参数表) 字符串
```

在调用时，其一般形式为：

```
宏名(实际参数表)
```

例如：

```
#define Max(x) 100*x*x        /*宏定义*/
K=Max(10) ;                   /*宏调用*/
```

在宏调用编译后，其就会变为 K＝100*10*10。

同样，带参数的宏也需要注意以下几个问题：

(1) 宏名和参数表中间不能有空格，否则将会把宏名后面的所有字符串都认为是需要替换的字符串。例如：

```
#define Max (x) 100*x*x        /*宏定义*/
```

此时，Max 被认为是无参数的宏，在进行宏替换后，将会使用后面的字符串(x)100*x*x 替换 Max。

(2) 与无参数的宏定义一样，带参数的宏更需要注意括号的使用。因为对于带参数的宏来说，其参数可以是表达式，在某些时候如果不使用括号的话会产生意想不到的后果。例如：

```
#include "stdio.h"
#define SQ(y) y*y
main()
{
    int a, b;
    a=3;
    b=SQ(a+1);              //此时，宏替换时就出现了问题
}
```

在该程序中，b=SQ(a+1)进行宏替换后变为 b=a+1*a+1，这显然不是程序的本意。若在宏定义的时候加上括号，将宏定义变为#define SQ(y) (y)*(y)，则在该程序中是不会出现此类问题的。但是，有时候还需要对宏定义的整个字符串外加括号。例如：

```
#include "stdio.h"
#define SQ(y) (y)*(y)
main()
{
    int a, b;
    a=3;
    b=10/SQ(a+1);           //此时，宏替换时就出现了问题
}
```

在该程序中，b=10/SQ(a+1)进行宏替换后变为 b=10/(a+1)*(a+1)，此时由于运算符优先级的关系，首先会执行 10/(a+1)，再将其结果与(a+1)相乘，这显然不是程序的本意，如何解决这个问题？只需在宏定义的时候对整个字符串加上括号即可，此时宏定义变为#define SQ(y) ((y)*(y))。

(3) 注意带参数的宏与函数的区别，有时候两者得到的结果是一致的，但有时候两者却相差很大。例如：

```
#include "stdio.h"
#define SQ(y) ((y)*(y))
main()
{
```

```
        int a, b;
        a=3;
        b=SQ(a++);              //此时，宏替换时就出现了问题
    }
又如：
    #include "stdio.h"
    main()
    {
        int a, b;
        a=3;
        b=SQ(a++);
    }
    int SQ(int y)
    {
        return ((y)*(y));
    }
```

上面分别是使用宏定义和函数进行编写的两个例子，从形式上来看，两者都差不多。但是在 Visual C++6.0 编辑环境下，对于前者来说，由于是宏定义，因此在预编译的时候发生了宏替换，即语句"b=SQ(a++);"变为"b=((a++)*(a++));"；由于具有 ++ 操作，当执行前面的 a++操作后，a 实际上变为 4，因此该语句实际上是进行了 b=3*4 操作。对于后者来说，由于使用的是函数，只是在传参时将 a++传入，因此结果是 b=3*3。由此可见，宏定义和函数虽然在形式上相似，但其本质是不同的。

9.2　文件包含

C 语言中，另外一个重要的功能是文件包含。其一般的形式为：#include "文件名" 或#include<文件名>。

上述两种文件包含命令的区别在于#include<文件名>限定在编译器设定的包含文件目录中去找(一般是系统提供的文件)，而#include "文件名" 则首先在当前源码目录中找(一般是由用户自己编写的)，若没有找到才到包含文件目录中去找。

文件包含的功能是把文件名指定的文件插入到当前位置，从而把指定的文件和后续编写的源代码连成一个源文件。其目的是为了便于程序设计的模块化，在实际编程时可以把一些共有的东西放到一起，不同人在用到这些共有的部分时只需要包含它即可，既节约了时间，又减少了出错的概率。

注意：文件包含命令允许嵌套使用，但是要特别小心不要重复包含，即一个程序中有多个文件包含了同一个文件。一般来说，在每个被包含的文件中加入条件编译语句即可(具体见后续章节)。

9.3　条　件　编　译

条件编译也是预处理的重要内容，它可以使程序按照不同的条件去编译不同的部分，生成不同的代码，这种特性在移植和调试程序时非常有用。常见的条件编译关键字如表 9-1 所示。

表 9-1　常见的条件编译关键字

条件编译关键字	说　　明
#if 判断	如果后面的判断为真，则执行对应的操作
#elif 判断	如果前面的条件为假而该判断为真，则执行对应的操作
#else	如果前面的条件为假，则执行相应的操作
#endif	结束相应的条件编译指令
#ifdef	如果该宏已经定义，则执行相应的操作
#ifndef	如果该宏没有定义，则执行相应的操作

以下是由常见的条件编译关键字组合而成的条件编译语句。

1. #if-#else-#endif

#if-#else-#endif 语句调用格式为：

```
#if 条件表达式
    程序段 1
#else
    程序段 2
#endif
```

功能：如果 #if 后的条件表达式为真，则程序段 1 被选中，否则程序段 2 被选中。

例如：

```
#define RESULT 0        //定义 RESULT 为 0
int main (void)
{
    #if RESULT
        printf("It's False!\n");
    #else
        printf("It's True!\n");
    #endif                      //标志结束#if
    return 0;
}
```

在该程序中，首先在宏定义时定义 RESULT 为 0，此时在预编译时，#if 后的条件为 0(是假)，所以直接打印 It's False!。如果在宏定义时定义 RESULT 为 1，则程序编译时直接选择编译 printf("It's True!\n"); 语句，打印出 It's True!。可以看出，通过在程序开头改变宏定义就可以控制整个程序的运行语句。

和上面的使用格式类似，还有一种预编译语句的格式为：

```
#if-#elif-#else-#endif
```

其调用格式为：

```
#if 条件表达式 1
    程序段 1
#elif 条件表达式 2
    程序段 2
#else
    程序段 3
#endif
```

功能：先判断条件表达式 1，如果为真，则程序段 1 被选中编译；如果为假，而条件表达式 2 的值为真，则程序段 2 被选中编译；其他情况，即程序段 3 被选中编译，并且 #elif 可以根据实际需要多添加几个。

2. #ifdef-#endif

#ifdef-#endif 语句调用格式为：

```
#ifdef 标识符
    程序段
#endif
```

功能：如果检测到已定义该标识符，则选择执行相应程序段并选中编译；否则，该程序段会被忽略。另一个相类似的语句为：

```
#ifndef-#define-#endif
```

其调用格式为：

```
#ifndef 标识符
#define 标识符 替换列表
…//…
#endif
```

功能：检测程序中是否已经定义了名字为某标识符的宏，如果没有定义该宏，则定义该宏，并选中从#define 到#endif 之间的程序段；如果已定义该宏，则不再重复定义该符号，且相应程序段不被选中。

这两个预编译程序通常用于防止头文件的重复定义。例如：

```
#include"aaa.h"
#include"bbb.h"
void main()
{
    ⋮
}
```

　　该程序看上去没什么问题，但如果 a.h 和 b.h 都包含了同一个头文件 x.h，那么 x.h 在此被包含了两次，因此在编译时编译器会报错。要解决这个问题，可以使用上述的条件编译。如果所有的头文件都像下面这样编写：

```
#ifndef _X_H
#define _X_H
...                    //(头文件内容)
#endif
```

那么当头文件 x.h 第一次被包含时，_X_H 在此之前没有被定义过，所以它正常运行，并宏定义_X_H；如果_X_H 被再次包含，则通过条件编译，它的内容被忽略了。

第 10 章 指　针

指针是 C 语言的重要概念，也是最灵活的部分，它充分体现了 C 语言简洁、紧凑、高效等重要特色。因此，掌握指针是深入理解 C 语言特性和掌握 C 语言编程技巧的重要环节，也是学习使用 C 语言的难点。可以说，没有掌握指针就没有掌握 C 语言的精华。

本章主要介绍指针和地址的关系、指针的定义和运算、指针在数组和函数中的应用及指向指针的含义与应用等。

10.1　指针和地址

指针是一种十分重要的数据类型，利用指针变量可以直接对内存中各种不同数据结构的数据进行快速处理。正确熟练地使用指针可以设计出简洁明快、性能强、代码紧凑、质量高的程序。指针常见的用途有：处理串；处理数组和其他复杂的数据结构；在运行时传递命令行参数给另一程序；从函数返回多个值；动态分配内存；直接处理内存地址；将函数地址传递给另一函数；等等。

指针与内存有着密切的联系，为了正确理解指针的概念，必须弄清楚计算机系统中数据存储和读取的方式。首先需要区分三个较为相近的概念：名称、地址和内容(值)。名称是给内存空间取的一个容易记忆的名字；内存中每个字节都有一个编号，这就是"地址"；在地址所对应的内存单元中存放的数值即为内容或值。在计算机中，所有的数据都是存放在存储器中的。一般把存储器中的一个字节称为一个内存单元，不同的数据类型所占用的内存单元数不等，若在程序中定义了变量，在对程序进行编译时，系统就会为这些变量分配与变量类型相符合的相应长度空间的内存单元。例如：Turbo C2.0 中对整型变量分配两个字节，Visual C++ 6.0 和 C-Free3.5 中对整型变量分配 4 个字节。

为了帮助读者理解三者之间的联系与区别，我们举例加以说明。有一座办公楼，楼中各房间都有一个编号，如 101，102，…，201，202，…。一旦各房间被分配给相应的职能部门，各房间就挂起了部门名称，如软件开发教研室、网络教研室、嵌入式教研室等。假如软件开发教研室被分配在 101 房间，我们要找软件开发的教师(内容)，可以去找软件开发教研室(按名称找)，也可以去找 101 房间(按地址找)。类似地，对一个存储空间的访问既可以指出它的名称，也可以指出它的地址。

C 语言规定，编程时必须首先说明变量名、数组名，这样编译系统就会给变量或数组分配内存单元。系统根据程序中定义的变量类型，分配相应长度的空间。C 语言编译系统(C-Free 3.5)为整型变量分配 4 个字节，为实型变量分配 4 个字节，为字符型变量分配 1 个字节。例如：int a，b，c;表示程序中定义了 3 个整型变量，C 语言编译系统在编译过程中为这 3 个变量分配空闲的内存空间，并记录它们各自对应的地址，如图 10-1 所示。

从用户角度来看，访问变量 a 和访问地址 2000 是对同一空间的两种访问形式。对系统来说，对变量 a 的访问归根结底还是对地址的访问，因而若在程序中执行如下赋值语句：a=1，b=2，c=3;，编译系统会将数值

2000(a)	1
2004(b)	2
2008(c)	3

图 10-1　变量分配的内存空间表

1、2、3 依次填充到地址分别为 2000、2004、2008 的内存空间中。系统对变量的访问方式分成两种：

(1) 直接访问。用变量名对变量进行访问的方式为直接访问方式，也可称作按变量地址直接存取方式。源程序经过 C 语言编译系统编译后，变量名和变量地址之间是直接对应的，对变量名的访问实际上就是通过地址对变量进行访问。

(2) 间接访问。将变量的地址存放在一种特殊变量中，借用这个特殊变量进行访问，称为间接访问。如图 10-2 所示，特殊变量 p 存放的内容是变量 a 的地址，通过访问变量 p 来达到访问变量 a 的方法就称为间接访问。

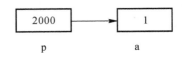

图 10-2　间接访问示意图

在 C 语言中，如果变量 p 中的内容是另一个变量 a 的地址，则称变量 p 指向变量 a，或称 p 是指向变量 a 的指针变量。显然可以认为变量的指针即为变量的地址，而存放其他变量地址的变量是指针变量。

10.2　指　针　变　量

1. 指针变量的定义

C 语言规定，所有变量在使用之前必须定义，指定其类型，并按此分配内存单元。指针变量不同于之前介绍的整型变量、字符型变量等，它专门用于存放地址，这个地址不仅可以是变量的地址，也可以是其他数据结构的地址。所以对指针变量的定义必须包含以下三方面的内容：

(1) 指针类型说明，即定义变量为一个指针变量；

(2) 指针变量名；

(3) 指针值所指向的变量的数据类型。

其一般形式为：

　　　类型说明符 *变量名;

其中，*表示这是一个指针变量；变量名即为定义的指针变量名；类型说明符表示本指针变量所指向的变量的数据类型。

例如：

　　　int *p0;

表示 p0 是一个指针变量，它的值是某个整型变量的地址，或者说 p0 指向一个整型变量。至于 p0 究竟指向哪一个整型变量，应由向 p0 赋予的值来决定。

再如：

```
int *p1;
float *p2;
char *p3;
```

表示定义了三个指针变量 p1、p2、p3。p1 可以指向一个整型变量，p2 可以指向一个实型变量，p3 可以指向一个字符型变量，换句话说，p1、p2、p3 可以分别存放整型变量的地址、实型变量的地址、字符型变量的地址。

对于前面的指针变量的定义，应该注意以下几点：

(1) C 语言规定，所有变量必须先定义后使用，指针变量也不例外。为了表示指针变量是存放地址的特殊变量，定义变量时应在变量名前加指向符号"*"。

(2) 指针变量名是 p0、p1、p2、p3，而不是 *p0、*p1、*p2、*p3，指针前面的"*"表示该变量的类型为指针型变量。

(3) 定义指针变量时，不仅要定义指针变量名，还必须指出指针变量所指向的变量的类型即基类型；基类型在定义指针时必须指定，且一个指针变量只能指向同一数据类型的变量。不同类型的数据在内存中所占的字节数不同，如果同一指针变量有时指向整型变量，有时指向实型变量，就会使系统无法管理变量的字节数，从而引发错误。

2. 指针变量赋值

指针变量同普通变量一样，使用之前不仅要定义说明，而且必须赋予具体的值。未经赋值的指针变量不能使用，否则将造成系统混乱，甚至死机。指针变量的赋值只能赋予地址，决不能赋予任何其他数据，否则将引起错误。在 C 语言中，变量的地址是由编译系统分配的，对用户完全透明，用户并不知道变量的具体地址。

假设有指向整型变量的指针变量 p，如要把整型变量 a 的地址赋予 p，可以有以下两种方式：

(1) 指针变量初始化的方式：

```
int a;
int *p=&a;
```

(2) 赋值语句的方式：

```
int a;
int *p;
p=&a;
```

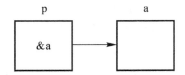

以上两种方式均将变量 a 的地址存放到指针变量 p 中，这时 p 就"指向"了变量 a，如图 10-3 所示。

图 10-3 指针变量 p 指向变量 a

不允许直接把一个数赋予指针变量，如下面的赋值语句是错误的：

```
int *p;
p=100;
```

被赋值的指针变量前不能再加"*"说明符，如下写法也是错误的：

```
*p=&a;
```

【例 10.1】 通过指针变量访问整型变量。

参考程序如下：

```
#include <stdio.h>
void main()
{
    int a;
    int *p;
    a=10;
    p=&a;
    printf ("%d\n", a);
    printf ("%d\n", *p);
}
```

运行结果为：

　　10

　　10

　　程序中第 5 行定义了指针变量 p，但它未指向任何一个整型变量，只是规定它可以指向整型变量，至于指向哪一个整型变量，要在程序语句中指定。第 7 行将变量 a 的地址赋值给 p，作用就是使 p 指向 a。第 9 行的 *p 就是变量 a，都是取得变量 a 中的数据 10，只是访问方式不同，a 是直接访问，*p 是间接访问。所以第 8、9 行输出语句的结果是一样的。

　　需要注意的是，程序中出现了两次 *p。第 5 行的 *p 表示定义一个指针变量 p，其前面的 "*" 只是表示该变量是指针变量；而程序第 9 行 printf 函数中的 *p 代表指针变量 p 所指向的变量，其前面的 "*" 表示取 p 所指向的变量的值。

　　【例 10.2】　通过指针变量求两个整数的和与积。

　　参考程序如下：

```
#include "stdio.h"
void main()
{   int a=10, b=20, s, j, *pa, *pb;
    pa=&a;
    pb=&b;
    s=*pa+*pb;
    j=*pa**pb;
    printf("a=%d\nb=%d\na+b=%d\na*b=%d\n", a, b, a+b, a*b);
    printf("s=%d\nj=%d\n", s, j);
}
```

运行结果为：

　　a=10

　　b=20

　　a+b=30

　　a*b=200

　　s=30

　　j=200

程序中第 3 行定义了两个整型指针变量 pa 和 pb；第 4、5 行分别给指针变量 pa 赋变量 a 的地址，给指针变量 pb 赋变量 b 的地址；第 6 行是求 a+b(*pa 就是 a，*pb 就是 b)；第 7 行求 a×b；第 8 行和第 9 行输出 a+b 和 a×b 的结果。

【例 10.3】 通过指针变量求三个整型数中的最大数和最小数。

参考程序如下：

```
#include "stdio.h"
void main()
{   int a, b, c, *max, *min;
    printf("input three numbers:\n");
    scanf("%d%d%d", &a, &b, &c);
    if(a>b)
    {   max=&a;
        min=&b; }
    else
    {   max=&b;
        min=&a; }
        if(c>*max) max=&c;
        if(c<*min) min=&c;
            printf("max=%d\nmin=%d\n", *max, *min);
}
```

程序中第 3 行定义了两个整型指针变量 max 和 min；第 4 行为输入提示；第 5 行输入 3 个数字，接着判断前两个数的大小，在 max 变量中存放较大数的地址，min 变量中存放较小数的地址；然后再将第 3 个数与以上较大数和较小数进行比较，从而得到 3 个数中的最大数和最小数并将其输出。

3. 指针运算符与指针表达式

C 语言中有两个关于指针的运算符：

(1) 取地址运算符&。取地址运算符&是单目运算符，结合性为自右至左，其功能是取变量的地址，如&a 是变量 a 的地址。在前面介绍指针变量赋值中，我们已经了解并使用了&运算符。

(2) 取值运算符*。取值运算符*是单目运算符，其结合性为自右至左，用于表示指针变量所指的变量。在*运算符之后的变量必须是指针变量，如*p 是取指针变量 p 所指向的存储单元的内容，即所指向的变量的值。

需要注意的是，指针运算符*和指针变量说明中的指针说明符*意义不同。在指针变量说明中，"*"是类型说明符，表示其后的变量是指针类型；而表达式中出现的"*"则是一个运算符，用以表示指针变量所指的变量。

如果在程序中已经执行了以下语句：

```
int a;
int *p1;
```

p1=&a;

① 此时指针变量 p1 指向变量 a，那么&*p1 代表什么含义？"&"和"*"两个运算符的优先级相同，按照自右至左的结合性，先进行*p1 的运算(*p1 就是变量 a)，这时&*p1 就等价于&a。那么对于语句"p2=&*p1；"来说，它的作用就是将 a 的地址赋给 p2，如果在此之前 p2 指向 b(如图 10-4(a)所示)，则经过赋值语句"p2=&*p1；"后变成了 p2 指向 a(如图 10-4(b)所示)。

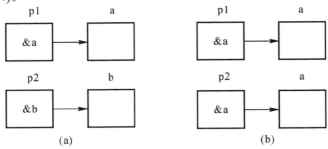

图 10-4　指针变量赋值前后示意图

② *&a 含义又是什么？先进行&a 的运算，得知&a 等价于 p1，那么*&a 可以简化为*p1，又知*p1 就是 a，即*&a 与 a 等价。

③ (*p1)++、*p1++与*(p1++)是否等价？"++"与"*"的优先级相同，结合方向都是自右至左，因此*p1++ 与*(p1++)等价；由于 ++ 在 p1 的右侧，是先使用后加 1，因此先对 p1 的原值进行*运算，得到 a 的值，然后改变 p1 的值，这样 p1 就不会再指向 a 了；而(*p1)++ 相当于 a++，就是将变量 a 的值加 1。

【例 10.4】　输入 a 和 b 两个整数，按照先大后小的顺序输出。

参考程序如下：

```
#include <stdio.h>
void main()
{
    int *p1, *p2, *p, a, b;
    scanf("%d%d", &a, &b);
    p1=&a; p2=&b;
    if(a<b){p=p1; p1=p2; p2=p; }
        printf("a=%d, b=%d\n", a, b);
    printf("max=%d, min=%d\n", *p1, *p2);
}
```

运行结果为：

9 15✓

a=9, b=15

max=15, min=9

需要注意的是，当 a<b 条件成立时，a 和 b 并未交换，p1 和 p2 的值发生改变，即 p1 和 p2 的指向交换了。

(3) "*"与"&"运算符的进一步说明。

① 如果已执行赋值语句"p=&a; ",则"&*p"的值是&a。因为"*"与"&"的运算符优先级相同,根据自右至左结合的特性,可以将"&*p"看作"&(*p)",所以先进行*p的运算得到变量 a,再进行&运算得到的值为变量 a 的地址。

② 如果已执行赋值语句"a=20; ",则"*&a"的值是 a 即 20。因为先进行&a 运算得到 a 的地址,再进行*运算,得到 a 地址的内容 a。

③ 指针加 1,不是单纯加 1,而是加一个所指变量的字节个数。例如:

```
int *p1, a=20;
p1=&a;
p1++;
    ...
```

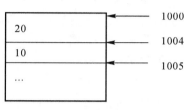

假如 a 的地址是 1000,占 4 个字节,p1++ 后 p1 的值为 1004,而非 1001,如图 10-5 所示。如果 p1 是指向字符型变量的指针变量,占 1 个字节,其初值为 1004,则 p1++ 后的值为 1005。

图 10-5 指针变量内存地址示意图

4. 指针变量引用

前面已介绍在 C 语言中,变量的地址是由编译系统分配的,对用户完全透明,用户不知道变量的具体地址。指针变量提供了对变量的一种间接访问形式。对指针变量的引用形式为:

```
    * 指针变量
```

其含义是指针变量所指向的值。

【例 10.5】 用指针变量进行输入、输出。

参考程序如下:

```
#include <stdio.h>
void main ()
{
    float *pa, a;
    scanf("%f", &a);
    pa=&a;                  //指针 pa 指向变量 a
    printf("%0.f\n", a);    // *pa 是对指针所指的变量的引用形式,与 a 意义相同
}
```

运行结果为:

```
8
8
```

上述程序可修改为:

```
#include <stdio.h>
void main()
{
    float *pa, a;
```

```
        pa=&a;
        scanf("%f", pa);              // pa 是变量 a 的地址，可以替换&a
        printf("%0.f\n", a);
    }
```
两个程序的功能完全相同。

5. 指针变量作为函数的参数

前面章节我们学习了整型、实型等基本数据类型作为函数的参数，实际上指针也可以作为函数参数来使用，它的作用是把地址传给被调函数。

【例 10.6】 用函数调用的方式完成例 10.4 中的要求，即输入 a 和 b 两个整数，按照先大后小的顺序输出。

参考程序如下：

```
#include <stdio.h>
void swap(int *pa, int *pb)
{   int t;
    t=*pa;
    *pa=*pb;
    *pb=t;
}
void main()
{
    int a, b;
    int *qa, *qb;
    qa=&a;
    qb=&b;
    scanf("%d, %d", qa, qb);
    printf("%d, %d\n", qa, qb);
    if(a<b)swap(qa, qb);
        printf("%d, %d\n", a, b);
    printf("%d, %d\n", qa, qb);
}
```

运行结果为：

9, 10✓

37814052, 37814048

10, 9

37814052, 37814048

其中，37814052、37814048 分别表示 qa、qb 的地址值(随计算机系统的不同而不同)。从程序的输出结果可以看出，a、b 的值发生了交换，但 qa、qb 的值并未交换。

例 10.6 中，被调函数 swap 中的形参 pa、pb 为指针变量，该函数的作用是交换两个变量的值。程序运行时，先执行 main 函数，输入两个数 9、10 给变量 a、b，将 a、b 的地址分别赋给指针变量 qa、qb，然后执行 if 语句，由于 a<b，因此执行 swap 函数。在调用过程中，首先将实参 qa、qb 的值传递给形参 pa、pb，经虚实结合后，形参 pa 指向变量 a，形参 pb 指向变量 b，如图 10-6(a)所示；接着执行 swap 函数体，将*pa 与*pb(即 a 与 b)中的值交换，互换后的情况如图 10-6(b)所示；函数调用结束后，形参 pa、pb 被释放，如图 10-6(c)所示；最后在 main 函数中输出的 a 和 b 的值即为交换后的值(a=10，b=9)。由于 qa、qb 在调用 swap 函数前后没有改变，因此 main 函数两次输出的 qa、qb 的值均相等。

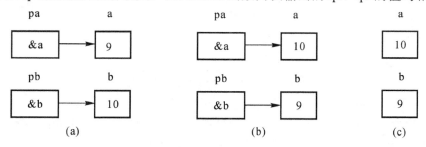

图 10-6　交互示意图

下面给出几种错误的使用及处理方式：

(1) swap 函数中的中间变量定义成指针类型变量。例如：

```
void swap(int *pa，int *pb)
{   int *t;
    *t=*pa;
    *pa=*pb;
    *pb=*t; }
```

函数将出现语法错误，是因为变量 t 未赋初值，没有指向，所以不能引用变量*t。也有一些编译环境中不会报语法错误，但是指针变量未赋初值就使用会很危险，故不要如此使用。

(2) 被调函数中的地址交换。例如：

```
void swap(int *pa，int *pb)
{   int *t;
    t=pa;
    pa=pb;
    pb=t;
}
```

swap 函数调用结束后，变量 a 和 b 中的值没有交换，原因是 swap 函数虽然交换了变量 pa、pb 的值，但无法通过值传递形式将其返回给主函数。

(3) 利用普通变量作为函数参数。例如：

```
void swap(int x, int y)
{   int t;
    t=x;
    x=y;
    y=t;
```

```
    }
    main()
    {
        ⋮
        swap(a, b)
        ⋮
    }
```

主函数中直接将 a、b 作为实参传递给 swap 函数，形参数据在 swap 函数中交换后并不返回主函数。

10.3　指针和数组

数组是指由若干相同类型的元素构成的有序序列，这些元素在内存中占据了一组连续的存储空间，每个元素都有一个地址。数组的地址指的是数组的起始地址，这个起始地址也称为数组的指针。

1. 指向数组的指针

如果一个变量中存放了数组的起始地址，那么该变量称为指向数组的指针变量。指向数组的指针变量的定义遵循一般指针变量的定义规则，它的赋值与一般指针变量的赋值相同。例如：

```
    int a[5]={1, 2, 3, 4, 5}, *p;
    p=&a[0];
```

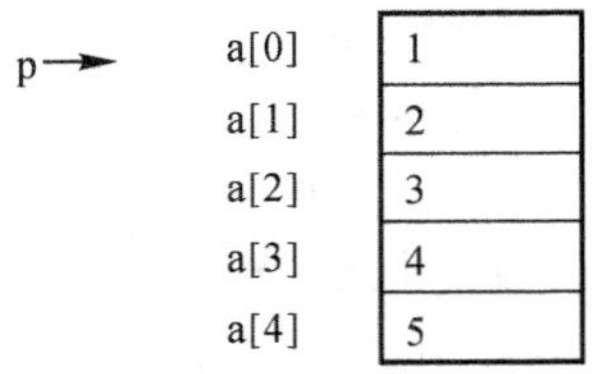

注意：如果数组为 int 型，则指针变量必须指向 int 类型。上述语句组的功能是将指针变量 p 指向 a[0]，由于 a[0] 是数组 a 的首地址，所以指针变量 p 指向数组 a，如图 10-7 所示。

图 10-7　指向数组的指针

C 语言规定，数组名代表数组的首地址，所以下面两个语句是等价的，具有相同功能：

```
    p=a;
    p=&a[0];
```

C 语言允许用一个已经定义过的数组的地址作为定义指针时的初始化值。例如：

```
    float score[10];
    float *pf=score;
```

注意：上述语句的功能是将数组 score 的首地址赋给指针变量 pf，这里的 * 是定义指针类型变量的说明符，而非指针变量的间接地址运算符，即不是将数组 score 的首地址赋给 *pf。

2. 通过指针引用数组元素

已知指向数组的指针后，数组中各元素的起始地址可以通过起始地址加相对值的方式来获得，从而增加了访问数组元素的渠道。

C 语言规定，如果指针变量 p 指向数组中的一个元素，则 p+1 指向同一数组中的下一个元素(而不是简单地将 p 的值加 1);如果数组元素类型是整型,每个元素占 4 个字节,则 p+1 意味着将 p 的值加 4,使它指向下一个元素。因此,p+1 所代表的地址实际上是 p+1×d,d 是一个数组元素所占的字节数(对于整型数组,d=4;对于实型数组,d=4;对于字符型数组,d=1)。

(1) 指针变量加下标。当 p 定义为指向 a 数组的指针变量后,指向数组的指针变量可以带下标,如 p[1]与 a[1]等价。

(2) 地址表示法。当 p 定义为指向 a 数组的指针变量后,数组元素的地址就可以用多种不同的方法来进行表示。例如,数组元素 a[1]的地址有四种不同的表示形式:p+1,a+1,&a[1],&p[1]。

(3) 数组元素的引用法。与地址表示法相对应,数组元素的引用也有多种表示法。例如,数组元素 a[1]可通过四种形式进行引用和访问:*(p+1),*(a+1),a[1],p[1]。

(4) 指针变量与数组名的引用区别。指针变量可以取代数组名进行操作;数组名表示数组的首地址,属于常量,它不能取代指针变量进行操作。例如,设 p 为指向数组 a 的指针变量,p++可以取代数组名进行操作,但 a++不行。

(5) ++与+i 不等价。用指针变量对数组逐个访问时,一般有两种方式:*(p++)或*(p+i)。表面上看,这两种方式没有多大区别,但实际上差异很大,像 p++不必每次都重新计算地址,这种自加操作速度比较快,能大大提高执行效率。

要引用一个数组元素,有以下两种方法:

① 下标法:通过数组元素序号来访问数组元素,用 a[i]形式来表示。

② 指针法:通过数组元素的地址访问数组元素,用*(p+i)或*(a+i)的形式来表示。

【例 10.7】 任意输入 10 个数,并将这 10 个数按逆序输出。

(1) 用下标法访问数组。

参考程序如下:

```c
#include <stdio.h>
void main()
{   int a[10], i;
    for(i=0; i<10; i++)
        scanf("%d", &a[i]);
    printf("\n");
    for(i=9; i>=0; i--)
        printf("%d", a[i]);
}
```

(2) 用数组名访问数组。

```c
#include <stdio.h>
void main()
{   int a[10], i;
    for(i=0; i<10; i++)
        scanf("%d", &a[i]);
    printf("\n");
```

```
        for(i=9; i>=0; i--)
            printf("%d", *(a+i));
    }
```

(3) 用指针变量访问数组。

方法 1：

参考程序如下：

```
    #include <stdio.h>
    void main()
    {   int a[10], i, *p;
        for(i=0; i<10; i++)
            scanf("%d", &a[i]);
        printf("\n");
        for(i=9; i>=0; p--)
            printf("%d", *(p+i));
    }
```

方法 2：

参考程序如下：

```
    #include <stdio.h>
    void main()
    {   int a[10], i, *p;
        p=a;
        for(i=0; i<10; i++)
            scanf("%d", p+i);
        printf("\n");
        for(p=a+9; p>=a; p--)
            printf("%d", *p);
    }
```

将上述三种算法比较如下：

① 例 10.7 中(1)、(2)和(3)中的"方法 1"的执行效率是相同的，编译系统需要将 a[i] 转换成*(a+i)进行处理，即先计算地址再访问数组元素。

② 例 10.7(3)中的"方法 2"的执行效率比其他方法快，因为它有规律地改变地址值 的方法(p--)，能大大提高执行效率。

③ 要注意指针变量的当前值。请看下面的程序，分析其能否达到依次输出 10 个数组 元素的目的，为什么。

```
    #include <stdio.h>
    void main()
    {   int a[10], i, *p;
        p=a;
        for(i=0; i<10; i++)
```

```
        scanf("%d", p++);
    printf("\n");
    for(i=0; i<10; i++, p++)
        printf("%d", *p);
}
```

如果指针变量 p 指向数组 a，则比较以下表达式的含义：

a. 表达式 *p++。由于"++"与"*"运算符优先级相同，结合方向为自右至左，故表达式*p++的作用是先得到 *p 的值，再使 p+1→p；同样，表达式 *p-- 的作用是先得到 *p 的值，再使 p-1→p。

b. 表达式 *++p。其作用是先使 p+1→p，再得到 *p 的值；同样，表达式 *--p 的作用是先使 p-1→p，再得到 *p 的值。

c. 表达式(*p)++。其作用是使 p 所指向的数组元素值(*p)加 1，变量 p 的值不会改变；同样，(*p)-- 表示 p 所指向的数组元素的值(*p)减 1。

3. 数组名作为函数参数

正如函数部分所述，数组名也可作为函数的参数。例如：

```
main()                          sort(int x[], int n)
{                               {
    int a[9];                       ⋮
    ⋮                           }
    sort(a, 9);
    ⋮
}
```

由于数组名代表数组的首地址，因此在函数调用时"sort(a，9);"按"虚实结合"的原则，把以数组名 a 为首地址的内存变量区传递给被调函数中的形参数组 x，使得形参数组 x 与主调函数的数组 a 具有相同的地址，故在函数 sort 中这块内存区中的数据发生变化的结果就是主调函数中数据的变化，如图 10-8 所示。这种情况好像是被调函数有多个值返回主函数，实际上还是严格遵循"单向"传递原则的。

实际上，能够接收并存放地址值的形参只能是指针变量，C 语言编译系统都是将形参数组名作为指针变量来处理的。因此，函数 sort 的首部也可以写成 sort(int *x, int n)。

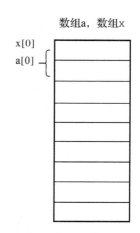

图 10-8　数组名作为函数参数示意图

在函数调用过程中，x 首先接收实参数组 a 的首地址，即指向了数组元素 a[0]。前面已经讲过，指针变量 x 指向数组后，就可以带下标，即 x[i]与*(x+i)等价，它们都代表数组中下标为 i 的元素。

由于函数参数有实参、形参之分，因此数组指针作为函数参数，其使用分以下四种情况：

(1) 形参、实参为数组名(在第 8 章中已作详细介绍)。

(2) 形参是数组名，实参是指针变量。

【例 10.8】 用选择法对 10 个整数排序。

参考程序如下：

```
#include <stdio.h>
void main()
{   int *p, i, a[10];
    void sort(int x[], int n);
    p=a;
    for( i=0; i<10; i++)
        scanf("%d", p++);
    p=a;
    sort(p, 10);
    for( p=a, i=0; i<10; i++)
    {   printf("%d", *p); p++; }
}
void sort(int x[], int n)
{
    int i, j, k, t;
    for(i=0; i<n-1; i++)
    {   k=i;
        for(j=i+1; j<n; j++)
        if(x[j]>x[k]) k=j;
        if(k!=i)
        {   t=x[i];
            x[i]=x[k];
            x[k]=t;
        }
    }
}
```

运行结果为：

2　　-2　　0　　8　　-4　　10　　3　　11　　-9　　1　　✓

-9, -4, -2, 0, 1, 2, 3, 8, 10, 11

(3) 形参、实参均为指针变量。

【例 10.9】 将数组 a 中前 n 个元素按相反顺序存放。

程序设计分析：设 n=6，要求将 a[0]与 a[5]交换，a[1]与 a[4]交换，a[2]与 a[3]交换。通过分析发现，被交换的两个数组元素下标的和为 n-1(5)。今用循环来处理此问题，设定两个"位置指针变量" i 和 j，i 的初值为 x，j 的初值为 x+n-1，将 a[i]与 a[j]交换，然后将 i 增加 1，j 减少 1，再交换 a[i]与 a[j]，直到 i≥j 结束循环，如图 10-9 所示。

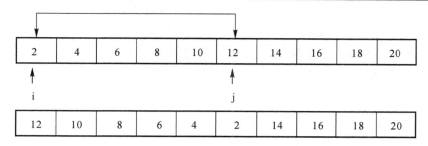

图 10-9 数组元素值交换示意图

参考程序如下：

```
void inv(int *x, int n)                    /*形参 x 为指针变量*/
{   int *i, *j, temp;
    for(i=x, j=x+n-1; i<j; i++, j--)
    {temp=*i; *i=*j; *j=temp; }
}
void main()
{   int i, n, a[10]={2, 4, 6, 8, 10, 12, 14, 16, 18, 20};
    int *p;
    printf("the original array:\n");
    for(i=0; i<10; i++)
        printf("%d, ", a[i]);
    printf("\n");
    p=a;                               /*给实参指针变量 p 赋值*/
    printf("input to n:\n");
    scanf("%d", &n);
    inv(p, n);                         /*实参 p 为指针变量*/
    printf("the array after invented:\n");
    for(p=a; p<a+10; p++)
        printf("%d, ", *p);
    printf("\n");
}
```

运行结果为：

the original array:

2, 4, 6, 8, 10, 12, 14, 16, 18, 20,

input to n:

6↙

输出结果为：

12, 10, 8, 6, 4, 2, 14, 16, 18, 20

分析：若实参为指针变量，则在调用函数前必须给指针变量赋值，使它指向某一数组（注意本例中 "p=a；" 语句）。本程序显示前 6 个整数按逆序排列后的结果。

想一想，能否对算法进行修改，要求只使用一个位置指针变量？

(4) 形参是指针变量，实参为数组名。

将例 10.8 稍作改动，形参是指针变量，实参为数组名。改动后程序如下：

```
    void sort(int *x, int n)              /*形参 x 为指针变量*/
    {
        ⋮
    }
    main()
    {
        int a[10], n;
        ⋮
        sort (a, n);                      /*实参 a 为数组名*/
        ⋮
    }
```

说明：形参是指针变量 x，函数调用时，它接收数组 a 的首地址，即指针变量 x 指向数组 a，表达式*(x+i)表示数组中第 i 个元素；通过函数 sort 改变了数组元素的顺序，返回主函数后，可以按从小到大的顺序输出数组。

4. 指向多维数组的指针和指针变量

用指针变量可以指向一维数组，也可以指向多维数组。多维数组的首地址称为多维数组的指针，存放这个指针的变量称为指向多维数组的指针变量。多维数组的指针并不是一维数组指针的简单拓展，它具有自己的独特性质，在概念上和使用上比指向一维数组的指针更复杂。

多维数组的首地址是这块连续存储空间的起始地址，它既可以用数组名表示，也可以用数组中第一个元素的地址表示。

以二维数组为例，设有一个二维数组 a[3][4]，其定义如下：

```
    int a[3][4]={{1, 3, 5, 7}, {11, 13, 15, 17}, {21, 23, 25, 27}};
```

这是一个 3 行 4 列的二维数组(如图 10-10 所示)，a 数组包含 3 行，即由 3 个元素组成：a[0]，a[1]，a[2]。而每一行又是一个一维数组，包含 4 个元素，即 a[0]包含 a[0][0]，a[0][1]，a[0][2]，a[0][3]。

a[0]	2000 1	2004 3	2008 5	2012 7
a[1]	2016 11	2020 13	2024 15	2028 17
a[2]	2032 21	2036 23	2040 25	2044 27

图 10-10　3 行 4 列的二维数组

从二维数组的角度看，a 代表二维数组的首地址，也是第 0 行的首地址，a+1 代表第 1 行的首地址，从 a[0]到 a[1]要跨越一个一维数组的空间(包含 4 个整型元素，共 16 个字节)。

若 a 数组首地址为 2000，则 a+1 为 2016；a+2 代表第 2 个一维数组的首地址，值为 2032。

　　a[0]，a[1]，a[2]既然是一维数组名，C 语言又规定数组名代表数组的首地址，因此 a[0]表示第 0 行一维数组的首地址(即 &a[0][0])，a[1]表示第 1 行一维数组的首地址(即 &a[1][0])，a[2]表示第 2 行一维数组的首地址(即 &a[2][0])；a[0]+1 表示第 0 行一维数组第 1 个元素的地址(即 &a[0][1])。以此类推，对各元素内容的访问也可以写成*(a[0]+1)，*(a[1]+2)。

　　1) 行转列的概念

　　经过上述分析可知，数据元素内容的访问可以写成*(a[0]+1)，*(a[1]+2)。既然 a=a[0]，a[1]=a+1，a[2]=a+2，是否能将其简单地代入公式中呢？答案是否定的，也就是说，用*(a+0+1)对 a[0][1]的访问是不行的。因为 a 是整个二维数组的首地址，而 a+0，a+1，a+2 是每一行数组的首地址，这时进行的是行操作，并不能对每一行中的各元素进行操作。若想利用 a 对指定行中各元素进行操作，首先必须将行操作方式转换成列操作方式。转换方式为：

　　　　*(a+i)　　　i=0, 1, 2

　　如果将二维数组 a 视为由 a[0]、a[1]、a[2]组成的一维数组，那么，a[0]=*(a+0)，a[1]=*(a+1)，a[i]=*(a+2)。所以，a[0]+1=*(a+0)+1=&a[0][1]，a[i]+j=*(a+i)+j=&a[i][j]。

　　总之，虽然 a=a[0]，a[1]=a+1，a[2]=a+2，但只是地址上等价，操作上是不等价的；而 a[0]=*(a+0)，a[1]=*(a+1)，a[2]=*(a+2)不仅地址上等价，操作上也等价。

　　请认真分析和体会表 10-1 所示表达式及其含义。

表 10-1　二维数组的指针表示形式

表示形式	含　义	地址
a	二维数组名，数组首地址，0 行首地址	2000
a[0], *(a+0), *a	第 0 行第 0 列元素地址	2000
a+1, &a[1]	第 1 行首地址	2016
a[1], *(a+1)	第 1 行第 0 列元素地址	2016
a[1]+2, *(a+1)+2, &a[1][2]	第 1 行第 2 列元素地址	2024
*(a[1]+2), *(*(a+1)+2), a[1][2]	第 1 行第 2 列元素的值	数值 15

　　为了帮助理解这个容易混淆的概念，举例来进行说明。

　　有一幢三层楼，每层有四个房间，每层楼在入口处均设有一个大门，大楼有一个总大门。设大楼地址为 a，一楼门地址为 a[0]，二楼门地址为 a[1]，三楼门地址为 a[2]。a+0、a+1、a+2 仅能到达一、二、三层，但并不能打开相应层的门；而*(a+0)，*(a+1)，*(a+2)才能打开该层的门，进入该层；a[0]，a[1]，a[2]是各层的地址，不存在开门的问题，因而 a[i]与*(a+i)在地址上和操作上完全等价。

　　试分析下面的程序，以加深对多维数组地址的理解。

```
#define PF "%d, %d\n"
#include <stdio.h>
void main()
{   int a[3][4]={{1, 3, 5, 7}, {11, 13, 15, 17}, {21, 23, 25, 27}};
    printf(PF, a, *a);
```

```
    printf(PF, a[0], *(a+0));
    printf(PF, &a[0], (a+0));
    printf(PF, a[1], *(a+1));
    printf(PF, &a[1][0], *(a+1)+0);
    printf(PF, a[2], *(a+2));
    printf(PF, a[1][0], *(*(a+1)+0));
}
```

2) 指向多维数组的指针变量

(1) 指向数组元素的指针变量。

【例 10.10】　用指向数组元素的指针变量输出数组元素的值。

参考程序如下：

```
#include <stdio.h>
void main()
{   int a[3][4]={{1, 3, 5, 7}, {11, 13, 15, 17}, {21, 23, 25, 27}};
    int *p;
    for(p=a[0]; p<a[0]+12; p++)
    {   if((p-a[0])%4==0) printf("\n");
            printf("%-4d", *p);
    }
    printf("\n");
}
```

运行结果为：

```
1    3    5    7
11   13   15   17
21   23   25   27
```

说明：本程序段中将 p 定义成一个指向整型的指针变量，在执行语句 p=a[0]后将第 0
行 0 列地址赋给变量 p，每次 p 值加 1，可以移向下一个元素。if 语句的作用是使一行输出
4 个数据，然后换行。本程序功能是顺序输出数组中各元素的值，比较简单，若要输出某
个指定的数组元素如 a[1][2]，则必须首先计算出该元素在数组中的相对位置(即相对于数组
起始位置的相对位移量)。计算 a[i][j]在数组中的相对位移量的公式为：i×m+j (其中 m 为
二维数组的列数)。如上述数组中元素 a[1][2]的相对位移量为 1×4+2＝6，即 p+6 表示数组
元素 a[1][2]的地址。

(2) 指向由 m 个元素组成的一维数组的指针变量。

格式如下：

　　数据类型　(*p)[m]

功能：指定变量 p 是一个指针变量，它指向包含 m 个元素的一维数组。

例如：

　　int (*p)[4];
　　p=a;

说明：p 指向 a 数组，p++的值为 a+1，它只能对行进行操作，不能对行中的某个元素进行操作。只有执行*(a++)将行转列后，才能对数组元素进行操作。

【例 10.11】 输出二维数组任意一行任意一列元素的值。

参考程序如下：

```c
#include <stdio.h>
void main()
{   int a[3][4]= {{2, 4, 6, 8}, {1, 3, 5, 7}, {9, 10, 11, 12}};
    int (*p)[4], i, j;
    p=a;
    scanf("%d, %d", &i, &j);
    printf("a[%d, %d]=%d\n", i, j, *(*(p+i)+j));
}
```

运行结果为：

2, 2✓

a[2, 2]=11

分析：指针变量 p 指向包含 4 个整型的一维数组，若将二维数组名 a 赋给 p，则 p+i 表示第 i 行首地址，*(p+i)表示第 i 行第 0 列元素的地址。此时将行指针转换成列指针，则 *(p+i)+j 表示第 i 行第 j 列元素的地址，而*(*(p+i)+j)代表第 i 行第 j 列元素的值。

3）指向多维数组的指针作为函数参数

与一维数组的地址可以作为函数参数一样，多维数组的地址也可以作为函数参数。在用指针变量作为形参进行地址传递时，有两种方法：用指向变量的指针变量和用指向一维数组的指针变量进行传递。

【例 10.12】 有一个班级的 3 名学生，各学四门课程，计算总平均分数以及第 n 名学生的成绩。

参考程序如下：

```c
#include "stdio.h"
void main()
{   void ave(float *p, int m);
    void search(float (*p)[4], int n);
    float score[3][4]={{65, 70, 67, 68}, {78, 85, 80, 81}, {66, 75, 68, 69}};
    int n;
    ave(*score, 12);
    printf("enter a number to n(0-2):");
    scanf("%d", &n);
    search(score, n);
}
void ave(float *p, int m)
{   float    *end=p+m;
    float aver=0;
```

```
        for(; p<end; p++)
            aver=aver+*p;
        aver=aver/m;
        printf("Average=%6.2f\n", aver);
    }
    void search(float (*p)[4], int n)
    {   int i;
        for(i=0; i<4; i++)
            printf("%6.2f ", *(*(p+n)+i));
        printf("\n");
    }
```

运行结果为：

Average=72.17

enter a numer to n(0-2):2 ✓

62.00 75.00 68.00 69.00

程序说明：

(1) 在主函数 main()中，调用 ave()函数求数组元素的平均值。在函数 ave()中形参 p 为指向实型数据的指针变量，对应的实参是*score，即 score[0]，表示第 0 行第 0 个元素的地址，于是*p 实际上代表的是 score[0][0]的值，p++指向下一个元素。形参 m 表示需求平均值的元素个数，它对应的实参是 12，表示要求二维数组所有元素的平均值。

(2) 当二维数组名作为实参时，对应的形参必须是一个行指针变量。函数 search()的形参 p 不是指向一般实型数据的指针变量，而是指向包含 4 个元素的一维数组的行指针。*(p+n)表示 score[n][0]的地址，*(p+n)+i 表示 score[n][i]的地址，*(*(p+n)+i)表示 score[n][i]的值。若 n 的值为 2，i 的值为 0～3，则 for 循环体依次输出 score[2][0]到 score[2][3]的值。

10.4　指针和字符串

1. 字符串的表示

第 7 章已经介绍过字符数组，即通过数组名来表示字符串，数组名就是数组的首地址，是字符串的起始地址。实际上，C 语言中可以使用两种方法对一个字符串进行引用。

1) 字符数组

将字符串的各字符(包括结尾标志'\0')依次存放到字符数组中，利用下标变量或数组名对数组进行操作。

【例 10.13】 字符数组的应用。

参考程序如下：

```
#include "stdio.h"
void main()
{
```

```
    char str[]="I am a student.";
    printf("%s\n", str);
}
```

运行结果为：

I am a student.

程序说明：

(1) 字符数组 str 长度为空，默认的长度是字符串中字符个数外加结尾标志。这里，str 数组长度应该为 16。

(2) str 是数组名，它表示字符数组首地址；str+3 表示序号为 3 的元素的地址，它指向 'm'；str [3]，*(str+3)表示数组中序号为 3 的元素的值(m)。

(3) 字符数组允许用%s 格式进行整体输出。

2) 字符指针

对字符串而言，也可以不定义字符数组，直接定义指向字符串的指针变量，利用该指针变量对字符串进行操作。

【例 10.14】 字符指针的应用。

参考程序如下：

```
#include "stdio.h"
void main()
{
    char *str="I am a teacher.";
    printf("%s\n", str);
}
```

运行结果为：

I am a teacher.

程序说明：

这里没有定义字符数组，只在程序中定义了一个字符指针变量 str。

C 语言程序将字符串常量 "I am a teacher. " 按字符数组处理，在内存中开辟一个字符数组用于存放字符串常量，并把字符数组的首地址赋给字符指针变量 str。这里的 "char *str="I am a teacher. ";" 语句仅是一种 C 语言表示形式，其真正的含义如下：

```
    char a[]="I am a teacher. ", *str;
    str=a;
```

此处省略了数组 a，数组 a 由 C 语言环境隐含给出，如图 10-11 所示。当输出时，用 "printf("%s\n", str);" 语句，%s 表示输出一个字符串，输出项指定为字符指针变量 str，系统先输出它所指向的一个字符，随后自动使 str 加 1，使之指向下一个字符，然后再输出一个字符……直到遇到字符串结束标志 '\0' 为止。

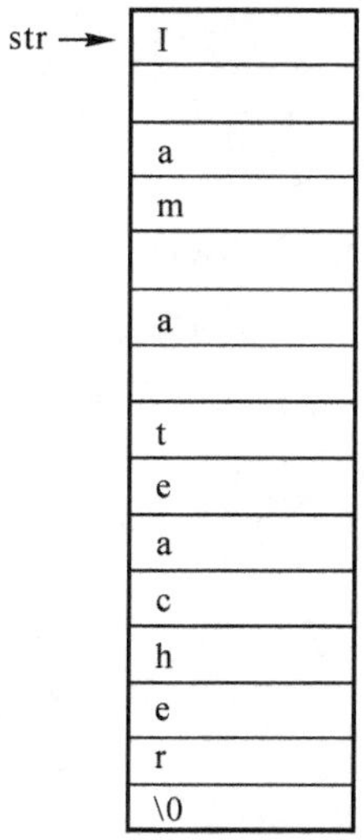

图 10-11　字符指针

【例 10.15】 输入两个字符串，比较其是否相等，若相等则输出 YES，若不相等则输出 NO。

参考程序如下：

```
#include "stdio.h"
#include "string.h"
void main()
{
    int t=0;
    char *s1, *s2;
    s1="good";
    s2="good" ;
    while (*s1!='\0'&&*s2!='\0')
    {
        if(*s1!=*s2){t=1; break; }
        s1++;
        s2++;
    }
    if(t==0)printf("YES\n");
    else printf("NO\n");
}
```

运行结果为：

```
YES
```

2. 字符串指针作为函数参数

将一个字符串从一个函数传递到另一个函数，一方面可以用字符数组名作为参数，另一方面也可以用指向字符串的指针变量作为参数。若在被调函数中改变字符串的内容，则在主调函数中会得到改变了的字符串。

【例 10.16】 将输入字符串中的大写字母改成小写字母，然后输出字符串。

参考程序如下：

```
#include "stdio.h"
#include "string.h"
void change(char *s)
{
    int i;
    for(i=0; i<strlen(s); i++)
    if (*(s+i)>='A' && *(s+i)<='Z')
        *(s+i)+=32;
}
main()
```

```
    {
        char *string, p[10];
        string= p;
        gets(string);
        change(string);
        puts(string);
    }
```

运行结果为：

<u>ABcdE</u>✓

abcde

程序分析：主函数中，通过 gets()函数从终端获得一个字符串，并由指针变量 string 指向该字符串的第一个字符；调用函数 change()，将指向字符串的指针 string 作为实参传递给 change 中的形参 s。函数 change()的作用是逐个检查字符串的每个字符是否为大写字符，若是则将其加 32 转换成相应的小写字符，否则不作处理。

函数 change()无返回值，由于从主调函数传递来的指针 string 与形参 s 指向同一内存空间，因此字符串在函数 change()中的处理结果也就是指针 string 所指向空间的数据改变。

用指向字符串的指针对字符串进行操作，比用字符数组操作更加方便灵活。例如，可将例 10.16 中的 change()函数改写成下面两种形式：

形式 1：

```
    void change(char *s)
    {
        while (*s!='\0')
        {
            if (*s>=65 && *s<=92)
                *s+=32;
            s++;
        }
    }
```

形式 2：

```
    void change(char *s)
    {
        for(; *s!= '\0'; s++)
            if (*s>=65 && *s<=92)
                *s+=32;
    }
```

【例 10.17】 编写函数 length(char *s)，函数返回指针 s 所指字符串的长度。

参考程序如下：

```
    #include "stdio.h"
    int length(char *s)
```

```
    {
        int n=0;
        while(*(s+n)!='\0') n++;
        return n;
    }
    main()
    {
        char str[]="this is a book";
        printf("length=%d\n", length(str));
    }
```

程序说明：形参 s 指向字符串的首地址，依次统计字符串中字符个数，直到遇到字符串结束标志 '\0' 为止。变量 n 有计数和作为字符串访问偏移量的作用。main()函数中将实参指针 str 传递给形参 s，然后返回串中字符个数并输出。

3. 字符数组与字符串指针的区别

虽然对字符串的操作可以使用字符串指针和字符数组两种方式，但二者是有区别的，主要区别如下：

(1) 存储方式不同。字符数组由若干元素组成，每个元素存放一个字符，而字符串指针中存放的是地址(字符串的首地址)，绝不是将整个字符串放到字符指针变量中。

(2) 赋值方式不同。字符数组只能对各个元素赋值。下列对字符数组赋值的方法是错误的：

```
    char str[16];
    str="I am a student. ";
```

若将 str 定义成字符串指针，则可以采用下列方法赋值：

```
    char *str;
    str="I am a student. ";
```

(3) 定义方式不同。一个数组被定义后，编译系统将对其分配有确切地址的具体内存单元；而一个指针变量被定义后，编译系统也将同样分配一个具体存储地址单元，只不过其中存放的只能是地址值。要强调的是，指针变量可以指向一个字符型数据，但在对它赋予一个具体地址值前，它并未指向任一个字符数据。

例如：

```
    char    str[10];
    scanf("%s", str);
```

是可以的。如果用下面的方法：

```
    char    *str;
    scanf("%s", str);
```

其目的也是输入一个字符串，虽然也能运行，但这种方法很危险，建议不使用。

(4) 运算方面不同。指针变量的值允许改变，如果定义了指针变量 s，则 s 可以进行++ 和 -- 运算。

【例 10.18】 指针变量的运算。

参考程序如下：

```
#include "stdio.h"
void main()
{
    char *string="I am a student.";
    string=string+7;
    printf("%s\n", string);
}
```

运行结果为：

student.

指针变量 string 的值可以改变，输出字符串时从 string 当前所指向的单元开始输出各个字符，直到遇到'\0'时结束。而字符数组名是地址常量，不允许进行 ++ 和 -- 运算。下列形式是错误的：

```
void main()
{
    char string[]="I am a student. ";
    string=string+7;
    printf("%s\n", string);
}
```

10.5 指针和函数

1．函数的指针

函数在编译时被分配了一个入口地址(首地址)，这个入口地址就是函数的指针。C 语言规定，函数的首地址就是函数名。如果把这个地址传送给某个特定的指针变量，这个变量就指向了函数，通过这个指针变量可以实现对函数的调用。整个过程分以下三个步骤：

(1) 定义指向函数的指针变量。其格式为：

数据类型 (*指针变量名) ();

(2) 将某函数的入口地址赋值给指针变量。其格式为：

指针变量名=函数名;

(3) 通过函数入口地址(指向函数的指针变量)调用函数。其格式为：

(*指针变量名) (实参表)

下面通过例 10.19 来说明指向函数的指针变量的应用。

【例 10.19】 输入 10 个数，求其中的最大值。

(1) 一般函数调用方法。

参考程序如下：

```
#include "stdio.h"
```

```
        int max(int *p)
        {
            int   i, t=*p;
            for(i=1; i<10; i++)
                if(*(p+i)>t) t=*(p+i);
                    return (t);
        }
        void main()
        {
            int i, m, a[10];
            for(i=0; i<10; i++)
                scanf("%d", &a[i]);
            m=max(a);
            printf("max=%d\n", m);
        }
```

(2) 定义指向函数的指针变量调用函数的方法。

参考程序如下：

```
        #include "stdio.h"
        void main()
        {
            int i, m, a[10], max(int *p);
            int (*f)();                   /*定义指向函数的指针变量 f*/
            for(i=0; i<10; i++)
                scanf("%d", &a[i]);
            f=max;                        /*将函数 max()入口地址赋予 f*/
            m=(*f)(a);                    /*利用指针变量 f 调用函数*/
            printf("max=%d\n", m);
        }
        max(int *p)
        {
            int i, t=*p;
            for(i=1; i<10; i++)
                if(*(p+i)>t) t=*(p+i);
                    return (t);
        }
```

程序说明：

① 定义指向函数的指针变量时，*f 必须用()括起来。如果写成*f()，则意义不同，它表示 f 是一个返回指针值的函数。

② 指针变量的数据类型必须与被指向的函数类型一致。

③ 在给函数指针变量赋值时，只需给出函数名而不必给出参数，如 f=max;，因为函数名即为函数入口地址，不能随意添加实参或形参。

④ 用函数指针变量调用函数时，只需将(*f)代替函数名，并在(*f)之后的括号中根据需要写上实参即可。

2. 用指向函数的指针作为函数参数

前面介绍过，函数的参数可以是变量、指向变量的指针变量、数组名、指向数组的指针变量等。其实，指向函数的指针变量也是可以用作函数参数的，即在函数调用时把某几个函数的首地址传递给被调用函数，在被调用的函数中就可以调用这几个函数了。例如：

主调函数	被调函数
int(*p1)(int, int);	f(int(*x1)(int, int), int (*x2)(int, int))
int(*p2)(int, int);	{
p1=max;	y1=(*x1)(a, b);
p2=min;	y2=(*x2)(a, b);
…	…
f(p1, p2);	}

程序说明：定义一个函数 f，它有两个参数 x1、x2，这两个参数被定义为指向函数的指针变量；x1 所指向的函数(*x1)有两个整型参数，x2 所指向的函数(*x2)有两个整型参数。在主调函数中，实参用两个指向函数的指针变量 p1、p2 给形参传递函数地址(此处也可直接用函数名 max、min 作为函数实参)。这样，在函数 f 中就可以通过(*x1)和(*x2)调用 max 和 min 两个函数了。

【例 10.20】　编制函数 func()，在调用它的时候，每次实现不同的功能。对于给定的两个数 a 和 b，第一次调用 func()时找到 a 和 b 中的大数；第二次调用 func()时找到 x 和 y 中的小数；第三次调用 func()时返回 a 和 b 的和。

```
#include "stdio.h"
/*函数定义，参数 fun 是指向函数的指针，该函数有两个整型形参，函数类型是整型*/
void func(int a, int b, int (*fun)(int, int))
{
    int    result;
    result=(*fun)(a, b);
    printf("%d\n", result);
}
int max(int a, int b)
{
    int c;
    c=(a>b)?a:b;
    return(c);
}
int min(int a, int b)
```

```
    {
        int c;
        c=(a<b)?a:b;
        return(c);
    }
    int sum(int a, int b)
    {
        int c;
        c=a+b;
        return(c);
    }
    void main()
    {
        int x, y;
        printf("Enter two number to a and b:");
        scanf("%d, %d", &x, &y);
        printf("max=");
        func (x, y, max);
        printf("min=");
        func (x, y, min);
        printf("sum=");
        func (x, y, sum);
    }
```

运行结果为：

Enter two number to a and b: <u>3，5</u>✓

max=5

min=3

sum=8

　　程序说明：max、min 和 sum 是已定义的三个函数，分别实现了最大数、最小数和求和的功能。main()函数第一次调用 func()时，除了将参数 a、b 作为实参传递给 func 中的形参 a、b 外，还将函数名 max 作为实参传递给形参 fun，这时 fun 指向函数 max()，如图 10-12(a)所示；func()函数中的(*fun)(a，b)相当于 max(a，b)，执行 func 函数后输出 x、y 中的大数。main()函数第二次调用 func()时，将函数名 min 作为实参传递给形参 fun，fun 指向函数 min()，如图 10-12(b)所示；func()函数中的(*fun)(a，b)相当于 min(a，b)，执行 func()函数后输出 x、y 中的小数。同理，main()函数第三次调用 func()后输出 a、b 的和，如图 10-12(c)所示。

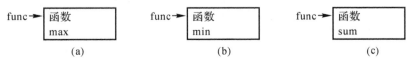

图 10-12　函数调用示意图

　　我们在前面的内容中曾经指出，对同一源程序文件中的整型函数不加说明就可以调用，但那只限于函数调用的情况。函数调用时在函数名后有括号与实参，编译时能根据此形式判断它为函数名。而在 func()函数中，max 作为实参，后面没有括号和参数，编译系统无法判断它是变量名还是函数名，因而必须事先申明 max、min、sum 是函数名而非变量名，这样编译时将它们按函数名处理，即将函数的入口地址作为实参值，不会导致出错。

3. 返回指针值的函数

　　一个函数可以返回一个整型值、实型值或字符型值，也可以返回指针型数据。这种返回指针值的函数，一般定义形式为：

　　　　类型名　*函数名(参数表)

　　例如：int *maxc(int x, int y)表示 maxc 是函数名，调用以后能得到一个指向整型数据的指针(地址)。函数 maxc 的两个整型形参是 x 和 y。

　　注意：在*两侧没有括号，在 maxc 两侧分别有*运算符和()运算符，()优先级高于*，因此 maxc 先与()结合，表明 maxc 是函数名。函数前有一个*，表示此函数返回值类型是指针，最前面的 int 表示返回的指针指向整型变量。这种形式容易与定义指向函数的指针变量混淆，使用时要注意。

　　【例 10.21】　下列函数把两个整数形参中较大的那个数的地址作为函数值传回。

　　参考程序如下：

```
#include "stdio.h"
void main()
{
    int    *maxc(int, int);              /*函数说明*/
    int *p, i, j;
    printf("Enter two number to i, j:");
    scanf("%d, %d", &i, &j);
    p=maxc(i, j);                        /*调用函数 fun，将返回最大数的地址赋给指针变量 p*/
    printf("max=%d\n", *p);
}
int *maxc(int x, int y)                  /*定义返回值为整型指针的函数 maxc() */
{
    int *z;
    if(x>y) z=&x;
    else z=&y;
    return(z);
}
```

　　运行结果为：

　　　　Enter two number to i，j: <u>22，55</u>✓

　　　　max=55

　　程序说明：调用函数 maxc()时，将变量 i、j 的值 22、55 分别传递给形参 x、y，函数

maxc()将 x 和 y 中大数的地址&y 赋给指针变量 z；函数调用完毕，将返回值 z 赋给变量 p，即 p 指向大数 j。

10.6　指向指针的指针

1. 指向指针的指针

若一个变量中存放的是一个指针变量的指针，该变量称为指向指针变量的指针变量，简称为指向指针的指针。若有以下语句：

```
int   i=2;
int *p1;
p1=&i;
```

其含义非常清楚，它定义了指针变量 p1 指向 i，*p1 的值为 2。

C 语言还允许定义变量 p2，在变量 p2 中存放指针变量 p1 的地址，变量 p2 称为指向指针的指针。变量 i、p1、p2 的关系如图 10-13 所示。变量 p2 的定义和赋值形式如下：

```
int   **p2;
p2=&p1;
```

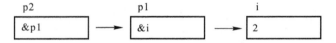

图 10-13　变量 i、p1、p2 的关系示意图

经过定义与赋值后，*p2 的值为 p1，变量 i 存在三种访问形式：i，*p1，**p2。

掌握了指向指针的指针后，下面介绍指向指针的指针与指针数组的关系。从图 10-14 可以看到，a 是一个指针数组，它的每一个元素均为指针型数据，其值为地址；a 代表指针数组第 0 个元素的地址，a+1 代表第 1 个元素的地址……这里可以设置一个指针变量 p，它指向指针数组的元素，于是 p 就是指向指针的指针变量。

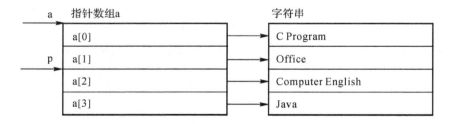

图 10-14　指针数组指向字符串示意图

【例 10.22】　指向指针的指针变量的应用。

参考程序如下：

```
#include "stdio.h"
void main()
{
    char *a[]={"C Program", "Office", "Computer English", "Java"};
```

```
    char **p;
    for(p=a; p<a+4; p++)
        printf("%s\n", *p);
}
```

运行结果为：

```
C Program
Office
Computer English
Java
```

程序说明：p 是指向指针的指针变量，第一次执行循环体时，它指向 a 数组的第 0 个元素 a[0]；*p 是第 0 个元素的值 a[0]，它是第一个字符串 "C Program" 的起始地址，printf()函数按格式符%s 输出第 0 个字符串；接着执行 p++，p 指向 a 数组的第 1 个元素 a[1]，输出第 1 个字符串；随后依次输出其余各字符串。

2. 指针数组

一个数组，若其元素均为指针类型数据，则称为指针数组。一维指针数组的定义形式为：

类型名　*数组名[数组长度]

例如：int *p[4]; 。

由于 [] 比 * 优先级高，因此 p 先与 [] 结合，表明 p 为数组名，数组 p 中包含 4 个元素；然后再与 * 结合，*表示此数组元素是指针类型，每个元素都指向一个整型变量，即每个元素相当于一个指针变量。

注意：不能写成 int (*p)[4]，因为这是一个指向一维数组的行指针变量。

为什么要引出指针数组的概念呢？因为它比较适合于指向若干长度不等的字符串，使字符串处理更方便灵活，而且节省内存空间。

例如，一个班级有若干门课程，想把课程名存放到一个数组中(如图 10-15(a)所示)，然后对这些数组进行排序和查询。按一般思路，每门课程对应一个字符串，一个字符串需要一个字符数组来存放，因此要设计一个二维的字符数组才能存放若干门课程名，并且必须按最长的课程名来定义二维数组的列数。实际上，课程名长度一般不相等，这样就造成了内存空间的浪费，如图 10-15(b)所示。

C Program
Office
Computer English
Java

(a)

C		P	r	o	g	r	a	m	\0							
O	f	f	i	c	e	\0										
C	o	m	p	u	t	e	r		E	n	g	l	i	s	h	\0
J	a	v	a	\0												

(b)

图 10-15　数组存储示意图

换一种思路，字符串除了通过字符数组来存放外，还可以通过字符串指针进行存取。定义一个指针数组，将该数组中的每一个元素指向各字符串，如图 10-16 所示。

这样处理有两个优点：一是节省内存空间；二是若想对字符串排序，不必改动字符串的位置，只需改动指针数组各元素的指向，因为移动指针变量的值比移动字符串所花的时间少得多。

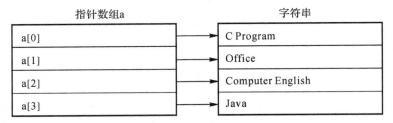

图 10-16　指针数组指向初始字符串

【例 10.23】　将若干字符串按字母顺序由小到大输出。

参考程序如下：

```
#include "stdio.h"
void px(char *a[], int n)
{
    char *temp;
    int i, j, k;
    for(i=0; i<n-1; i++)
    {
        k=i;
        for(j=i+1; j<n; j++)
            if(strcmp(a[k], a[j])>0) k=j;
            if(k!=i)
            {
                temp=a[i]; a[i]=a[k]; a[k]=temp;
            }
    }
}
void main()
{
    char *a[]={"C Program", "Office", "Computer English", "Java"};
    int i, n=4;
    px(a, n);
    for(i=0; i<n; i++)
        printf("%s\n", a[i]);
}
```

运行结果为：

C Program

Computer English

Java

Office

程序说明：main()中定义了指针数组 a，它有 4 个元素，其初值分别为"C Program" "Office" "Computer English" "Java"的首地址，如图 10-17 所示。

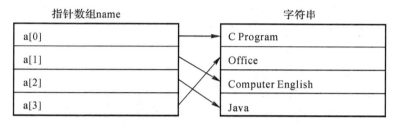

图 10-17 排序后指针数组指向字符串

函数 px()利用选择排序法对指针数组 name 所指向的字符串按字母顺序进行排序，在排序过程中不交换字符串，只交换指向字符串的指针(a[i]与 a[k]交换)。px()函数执行完后，指针数组的情况如图 10-17 所示。最后依次输出各字符串。

通过本例可以很清楚地看到，指针数组把非有序化量有序化，这种方法可以用于以后的结构体数据的排序，即通过设置指向结构体元素的指针数组，实现对结构体元素的有序化。

注意：两个字符串大小比较时应当使用 strcmp()函数；用于两个指针数组元素交换的中间变量 temp 必须定义成字符指针类型。

3. 指针数组作为 main()函数的参数

前面讲过在 C 语言源程序中，main()函数后的括号内都不带有参数。但实际上，main()函数是可以带参数的，指针数组的一个重要应用就是作为 main()函数的形参。一般习惯用 argc 和 argv 作为 main()函数的形参名。

argc 是命令行中参数的个数，argv 是一个指向字符串的指针数组，这些字符串既包括了正在编写的文件名，也包括该文件的操作对象名。带参数的 main()函数的函数原型为：

```
main(int argc, char *argv[]);
```

main()函数是由系统调用的，C 语言源程序文件经过编译、连接后得到与源程序文件同名的可执行文件。在操作系统命令环境下，输入该文件名(包括盘符、路径)，系统就可以调用 main()函数；若 main()函数给出了形参，执行文件时必须指定实参。命令行的一般形式为：

文件名　参数 1　参数 2……参数 n

文件名和各参数之间用空格隔开，各参数都是字符串。

【例 10.24】 编写一个命令文件，设文件名为 zfcdy.c，把输入的字符串按顺序打印出来。

参考程序如下：

```
#include "stdio.h"
void main(int argc, char *argv[])
{
```

```
        while(argc-->1)
        printf("%s", *++argv);
    }
```

本程序经编译、连接后生成文件名为 zfcdy.exe 的可执行文件，在 DOS 提示符下输入"zfcdy I am Chinese"(第一个字符串是文件名，应带上完整的盘符和路径，使用时根据自己配置的环境路径而定，这里简化描述为 zfcdy)。

输出结果为：

    I am Chinese

程序说明：执行 main()函数时，其第一参数必须为整型，用于接收形参个数，文件名 zfcdy 是第一个参数，因此 argc 的值为 4。第二个参数为字符指针数组，接收从操作系统命令行传来的字符串中首字符的地址，故 argv[0]是字符串 "zfcdy" 的首地址，argv[1]是字符串 "I" 的首地址，argv[2]是字符串 "am" 的首地址，argv[3]是字符串 "Chinese" 的首地址。

第 11 章　结构体与共用体

在实际问题中，一组数据往往具有不同的数据类型。例如，在学生登记表中，姓名应为字符型，学号可为整型或字符型，年龄应为整型，性别应为字符型，成绩可为整型或实型等。显然不能用一个数组来存放这一组数据，为了整体存放这些类型不同的相关数据，C 语言允许用户自定义的数据类型包括结构体类型、共用体类型和枚举类型，其中结构体和共用体属于构造类型，枚举型属于简单类型。

本章主要介绍结构体和共用体这两种构造类型的概念、定义以及应用，并简单叙述了枚举类型的概念，最后介绍如何通过 typedef 为一个系统提供的类型名或用户已定义的类型再命名一个新的类型名。

11.1　结　构　体

C 语言中给出了一种构造数据类型——结构(struct)或叫结构体，它相当于其他高级语言中的记录。结构体是一种构造类型，它由若干数据项组成，组成结构体的各个数据项被称为结构体成员，每一个成员可以是一个基本数据类型或者一个构造类型。结构体既然是一种"构造"而成的数据类型，那么在说明和使用之前必须先根据实际情况定义结构体类型，然后再定义结构体类型变量，如同在说明和调用函数之前要先定义函数一样。

1. 结构体类型定义

前面所使用的定义变量都是由系统提供的类型定义变量，如：

    int a, b;

    float c[10];

    char str;

上述语句先定义了普通变量 a 和 b 是整型变量；然后定义了数组 c 是单精度实型数组，其中包含 10 个元素，每个数组元素都是单精度实型；最后定义了一个字符型变量 str。其中，int、 float、char 是系统定义的类型名，是系统关键字。然而结构体类型比较复杂，系统无法事先为用户定义一种统一的结构体类型。因此，在定义结构体变量之前，用户要先定义结构体类型，即用自己定义的结构体类型定义结构体变量。

定义结构体类型，应该指出该结构体类型名，包含哪些成员，各成员名及其数据类型等。定义一个结构体类型的一般形式为：

    struct 结构体名

    {成员表列};

结构体名用作结构体类型的标志，又称"结构体标记"(Structure Tag)。成员表列由若干个成员组成，每个成员都是该结构体的一个组成部分。对每个成员也必须作类型说明，其形式为：

　　　　类型说明符　成员名;

　　综上所述，定义结构体类型可以写成：

```
struct 结构体类型名
{
    类型说明符　成员名 1;
    类型说明符　成员名 2;
    类型说明符　成员名 3;
};
```

　　说明：

　　(1) struct 是关键字，必须原样写出，表示定义一个结构体类型。它是语句的主体，是该语句所必需的。

　　(2) 结构体名、成员名的命名规则与标识符的定义规则一样。大括号内是结构体成员表列，各结构体成员的定义方式和一般变量的定义方式相同。

　　(3) 结构体类型的定义是一个语句，应以分号结束。注意，"}"后面的分号一定不能省略，否则会出错。

　　(4) 结构体类型的定义只说明了该类型的构成形式，系统并不为其分配内存空间，编译系统仅给变量分配内存空间。

　　(5) 结构体成员的类型也可以是另外一个结构体类型。例如：

```
struct date
{   int year;
    int month;
    int day;
};
struct student
{   int num;
    char name[20];
    char sex;
    struct date birthday;
    int score[5];
};
```

　　结构体成员的类型如果是另外一个结构体类型，同样必须遵守"先定义后使用"的原则。如上例中，先定义 struct date 类型，再定义 struct student 类型。

　　(6) 不同结构体类型的成员名可以相同，结构体的成员名也可以与基本类型的变量名相同。它们分别代表不同的对象，系统也将以不同的形式来表示它们。例如：

```
struct student
{   int num;
    char name[20];
```

```
        int age;
        int score;
    } a, b;
    struct teacher
    {   int num;
        char name[20];
        int age;
        float salary;
    }c, d;
```

(7) "struct　结构体类型名"为结构体的类型说明符，可用于定义或说明变量。结构体类型的定义可置于函数内，这样该类型名的作用域仅为该函数。如果结构体类型的定义位于函数之外，则其定义为全局的，可在整个程序中使用。

由此可见，结构体是一种复杂的数据类型，是数目固定、类型不同的变量在内存中的分配模式，并没有分配实际的内存空间。当定义了结构体类型的变量之后，系统才能在内存中为变量分配存储空间。因此，结构体类型定义是为结构体变量的定义服务的。

2. 结构体变量的定义

结构体类型反映的是所处理对象的抽象特征，如要描述具体对象时，就需要定义结构体类型的变量，简称为结构体变量或结构体。定义结构体变量有三种方法，下面分别进行介绍。

(1) 定义类型后再定义变量。

结构体变量必须先定义结构体类型，再说明结构体变量。

一般形式为：

　　结构体类型　变量 1, 变量 2, …, 变量 n;

例如：

```
    struct stu
    {   int num;
        char name[20];
        char sex;
        int age;
        float score;
        char address[30];
    };
    struct stu a, b;
```

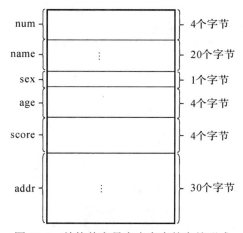

图 11-1　结构体变量在内存中的存储形式

说明：定义了两个结构体变量 a、b，一个变量在内存中的存储形式如图 11-1 所示，是所有成员的内存之和，理论上该变量所占内存为 63 个字节。

可以使用 sizeof()运算符来求解当前变量存储空间所占的字节数。其使用格式为：

```
        sizeof(类型或变量)
```
如在 Visual C++6.0 和 C-Free 3.5 环境下执行以下语句：
```
    printf("%d", sizeof(a));
```
输出结果为 68。(请思考为什么实际计算和理论上计算有所不同)

(2) 定义结构体类型的同时定义结构体变量。

一般形式为：
```
    struct  结构体名
    {
        成员表列
    } 变量名表列;
```
例如：
```
    struct stu
    {
        int num;
        char name[20];
        char sex;
        int age;
        float score;
        char address[30];
    }a, b;
```

(3) 直接定义结构体变量。

一般形式为：
```
    struct
    {
        成员表列
    }变量名表列;
```
此方法没有具体指出结构体类型名，所以在程序中仅有一处需要定义某种结构体类型变量时可使用。

例如：
```
    struct
    {
        int num;
        char name[20];
        char sex;
        int age;
        float score;
        char address[30];
    }a, b;
```
第三种方法与前两种方法的区别在于，第三种方法省去了结构体类型名，而直接给出结构体变量，这种情况下不能使用前两种方法对变量进行定义，只能在构造类型的时候定义变量。通过这三种方法定义的 a、b 变量都具有如图 11-1 所示的内存单元。

3. 结构体变量的引用

在程序中使用结构体变量时，要对每个单元格进行引用，即不能把它作为一个整体来使用。除了允许具有相同类型的结构体变量相互赋值以外，一般对结构体变量的使用，包括赋值、输入、输出、运算等都是通过结构体变量的成员来实现的。

(1) 结构体变量成员引用的一般形式为：

　　　结构体变量名.成员名

其中，"."称为成员运算符，其优先级最高，结合方向从左至右。

如对上面定义的结构体变量 a 进行访问：

a.num　　即 a 的学号；

a.sex　　即 a 的性别。

(2) 如果成员本身是一个结构体变量，则必须逐级找到最低级的成员才能使用，即只能对最低级的成员进行赋值或存取以及运算。如对上面定义的结构体变量 a 进行访问：

a.birthday.year　　即 a 的出生的年份。

注意：不能用 a.birthday 来访问变量 a 中的成员 birthday，因为 birthday 本身是一个结构体变量。

(3) 成员可以在程序中单独使用，与普通变量完全相同。其中，"."运算符的优先级别最高，所以可以把"结构体变量名.成员名"看作一个整体。

如果 a、b 是同一类型变量，则对于各自的同名成员 num，也可用 a.num、b.num 来区分。

(4) 对结构体变量的成员可以像普通变量一样进行各种运算(根据其类型决定进行的运算)。例如：

　　　a.score=b.score;

　　　average=(a.score+b.score)/2;

　　　a.num++;

由于"."运算符的优先级最高，因此，a.num++是对 a.num 进行自加运算的，而不是先对 num 进行自加运算的。

(5) 可以引用结构体变量成员的地址，也可以引用结构体变量的地址。例如：

　　　scanf("%d", &a.score);　　　　/* 输入 a.score.num 的值 */

　　　printf("%o", &a.score);　　　　/* 输出 a.score 的首地址 */

但不能用以下语句整体读入结构体变量，如：

　　　scanf("%d, %s, %c, %d, %d, %d, %d", &a);

结构体变量的地址主要用作函数参数，传递结构体变量的地址。

4. 结构体变量的赋值

已知结构体变量的值，在定义结构体变量时可以给它的成员赋初值，这就是结构体的初始化，它包括定义结构体变量时赋初值和定义结构体变量后赋初值。

(1) 定义结构体变量时赋初值。

　　和其他类型变量一样，对于结构体变量可以在定义时进行初始化赋值。对结构体变量赋初值的格式为：

　　　　struct 结构体类型名 变量名={成员 1 的值, 成员 2 的值, …, 成员 n 的值};

　　初值表用"{ }"括起来，表中各个数据以逗号分隔，并且应与结构体类型定义时的成员个数相等，类型一致。如果初值个数少于结构体成员个数，则给无初值对应的成员赋予 0 值；如果初值个数多于结构体成员个数时，则编译出错。

　　当结构体具有嵌套结构时，内层结构体的初值也需用"{ }"括起来。

　　【例 11.1】 在定义时对结构体变量赋初值。

　　参考程序如下：

```
#include <stdio.h>
void main()
{
    struct stu
    {
        int num;
        char name[20];
        char sex;
        float score;
    }a={1001, "Zhang", 'M', 78.5};          /*定义结构体变量并初始化*/
    struct stu b={1002, "Wang", 'F', 67.5};
    printf("NO.=%d\tName=%s\tsex=%c\tscore=%5.2f\n", a.
    num, a.name, a.sex, a.score );          /*输出结构体 a 的值*/
    printf("NO.=%d\tName=%s\tsex=%c\tscore=%5.2f\n", b.
    num, b.name, b.sex, b.score );          /*输出结构体 b 的值*/
}
```

　　运行结果为：

　　　　NO.=1001　　　　　Name=Zhang　　　sex=M　　　score= 78.50
　　　　NO.=1002　　　　　Name=Wang　　　sex=F　　　score= 67.50

　　程序说明：程序中首先定义了结构体类型 stu，然后定义了结构体变量 a 和 b，并对 a、b 分别进行初始化，最后用 printf 语句输出结构体变量 a 和 b 各成员的值。本例定义了一个局部的结构体类型和结构体变量，它们的作用域只在主函数体内有效。

　　注意：结构体变量 a 的各成员输出，不能直接输出结构体变量名。例如：printf("%d", a); 是错误的，因为这样只能输出第一个成员的值，即输出 1001。

　　(2) 定义结构体变量后赋初值。

　　在结构体变量定义之后对结构体变量赋值时可以采用各成员赋值，可用输入语句或赋值语句来完成。

　　【例 11.2】 在定义后对结构体变量赋初值。

　　参考程序如下：

```
struct stu                      /* 定义结构体类型 */
```

```
    {
        int num;
        char name[20];
        char sex ;
        float score ;
    }a ;                              /*  定义结构体变量 a */
    void main()
    {   struct stu b ;                /*  定义结构体变量 b */
        a.num=601001;
        printf("输入姓名：");
        gets(a.name);
        a.sex='M';
        a.score=76.5;
        b=a;                          /*将结构体变量 a 赋值给结构体变量 b*/
        printf("No.=%d\tName=%s\tsex=%c\tscore=%5.2f\n", a.
        num, a.name, a.sex, a.score );
        printf("No.=%d\tName=%s\tsex=%c\tscore=%5.2f\n", b.
        num, b.name, b.sex, b.score );
    }
```

运行结果为：

　　输入姓名：<u>Deng</u>✓

　　No.=601001　　　　　Name=Deng　　　　sex=M　　　　score=76.50

　　No.=601001　　　　　Name=Deng　　　　sex=M　　　　score=76.50

程序说明：用赋值语句给成员 num、sex 和 score 赋值，而成员 name 是一个字符型数组，数组在定义后不能使用赋值语句进行赋值，所以可采用字符串输出函数或用 scanf 函数动态地进行输入，然后把 a 的所有成员的值整体赋予 b，最后分别输出 a、b 的各个成员值。结构体类型的定义和结构体变量的定义在例 11.1 中处于主函数体内，而在例 11.2 中处于主函数外。前一个是局部的结构体类型及变量，只在主函数内有效；而后一个是全局的结构体类型，a 是全局的结构体变量，b 是局部的结构体变量。

注意：对于结构体变量各个成员不能一次性全部赋值，但是对于同类型的结构体变量之间可以整体一次赋值。如例 11.2 中的 "b=a;" 是合法的，相当于

　　b.num= a.num,

　　strcpy(b.nme, a.nme);

　　b.sex=a.sex;

　　b.score=a.score;

其中，b.name、a.name 一般用字符串进行处理，所以只有用字符串复制函数才能完成赋值操作。

【例 11.3】 有两条包括数量(num)和价钱(price)的记录，要求编写一段程序完成总价钱的计算。

程序设计分析：用结构体变量保存两条记录的数据，求出每一条记录的价钱后相加即可得到最终结果。

参考程序如下：

```
#include <stdio.h>
struct p
{
    int num;
    float price;
};
void main()
{
    struct p a, b ;
    float sum ;
    printf("输入第一个数量和价格: \n");
    scanf("%d%f", &a.num, &a.price );
    printf("输入第二个数量和价格: \n");
    scanf("%d%f", &b.num, &b.price );
    sum=a.num*a.price+b.num*b.price ;
    printf ("sum=%5.2f\n", sum);
}
```

运行结果为：

输入第一个数量和价格：

10↙

2.5↙

输入第二个数量和价格：

20↙

3.5 ↙

输出结果为：

sum=95.00

程序说明：本例定义了一个全局的结构体类型 p，又定义了两个局部的结构体变量 a、b。这两个结构体变量均有两个成员，一个表示商品数量 num，另一个表示商品的价钱 price。程序想输出商品的总价钱，表达式就是 a 的商品数量乘以单价与 b 的商品数量乘以单价的和。

11.2　结构体数组与结构体指针

1. 结构体数组

在实际应用中，经常用结构体数组来表示具有相同数据结构的一个群体，如一个班的学生档案、一个车间职工的工资表等。所谓结构体数组，就是数组元素类型为结构体类型的数组。因此，结构体数组的每一个元素都是具有相同结构体类型的下标结构体变量。结构体数组的使用与结构体变量类似，需要先构造类型，再定义变量，定义结构体数组时只需说明它为数组类型即可。

(1) 定义结构体数组。

结构体数组的一般形式为：

结构体类型标识符　数组名[长度];

定义一个结构体类型为 student，数组名为 stu，长度为 2 的结构体数组，程序如下：

```
struct    student
{    int    num;
     char name[20];
     char sex;
     int age;
};
struct student stu[2];
```

程序说明：结构体数组的定义与普通结构体变量的定义相同，也可分成三种形式，具体请参阅结构体变量的定义规则。该结构体数组在内存中的存储情况如图 11-2 所示。

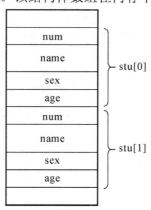

图 11-2　结构体数组在内存中的存储情况

上述程序定义了一个结构体数组 stu，它共有 stu[0]和 stu[1]两个元素，每个数组元素都具有 struct student 的结构形式。

(2) 结构体数组的引用。

定义好结构体数组后对结构体数组元素进行引用，一般形式为：

数组名[下标].成员名

例如对上述结构体数组的引用：stu[0].num 表示第 0 行数组的第 1 个成员 num 的值；stu[1].age 表示第 1 行数组的第 4 个成员 age 的值。

(3) 结构体数组的初始化。

结构体数组定义好之后就可以对结构体数组进行赋值操作了，其中包括在定义结构体数组时赋值和在定义结构体数组之后赋值。

① 在定义结构体数组时赋值。例如：

```
struct stu
{
    int num;
    char name[20];
    char sex ;
    float score ;
}student[5]={{l001, "Li", 'M', 73.5},
            {1002, "Zhang", 'M', 67.5},
            {1003, "Hu", 'F', 95},
            {1004, "Cheng", 'F', 78.5},
            {1005, "Wang", 'M', 58.5}};
```

当对全部元素作初始化赋值时，数组长度可以省略。数组元素相互之间用"{ }"括起来，"{ }"和"{ }"之间用逗号分隔，即写成以下形式：

```
student[]={{…}, {…}, {…}, {…}, {…}};
```

编译时，系统会根据给出初值的结构体常量的个数来确定数组元素的个数。一个结构体常量包括结构体中全部成员的值。

② 在定义结构体数组之后赋值。在定义结构体数组之后对其进行赋初值操作，与一维数组的赋值操作类似，可用一个 for 循环语句，通过格式输入语句进行赋值。

【例 11.4】 输入/输出学生相关信息，学生信息包括学号(num)、语文成绩(chinese)、英语成绩(english)、数学成绩(maths)。

参考程序如下：

```
#include <stdio.h>
struct stu                      /*定义结构体类型 stu */
{
    int num;
    int chinese;
    int english;
    int maths;
};
void main()
{
    struct stu student[5];      /*定义结构体数组 student*/
    int i;
    for (i=0; i<5; i++)         /*通过键盘输入为结构体数组赋值*/
    {
        printf("输入第%d 个学生的学号、语文、英语、数学成绩：\n", i );
        scanf("%d%d%d%d", &student[i].num, &student[i].
        chinese, &student[i].english, &student[i].maths );
    }
```

```
        printf("学生基本信息为：\n");
        for(i=0; i<5; i++)
            printf("%d\t%d\t%d\t%d\n", student[i].num, student[i].chinese,
                    student[i].english, student[i].maths);
    }
```

程序说明：该程序是以格式输入语句进行赋值的，因共有 5 个元素：student[0]～student[4]，每个数组元素又具有 struct stu 的结构形式，故这里采用 i 来标识数组下标。

注意：对于整型、实型、字符型数组输入时，必须用成员引用的地址。例如：

```
        scanf("%d", &student[i].num);
```

对于字符数组在按"%s"进行输入时，注意不要加"&"，因为字符数组名就是变量的地址。例如：

```
        scanf("%s", student.name);
```

2. 指向结构体的指针

前面已经介绍了基本类型指针，如整型指针、字符指针等，也介绍过构造类型指针，如指向一维数组指针。同样也可以定义一个指针变量用于指向结构体变量。与其他指针类似，一个结构体变量的指针就是该变量所占内存空间的首地址。通过结构体指针变量即可访问到该结构体变量，这与数组指针和函数指针的情况是相同的。

1) 结构体变量的指针

(1) 结构体指针变量定义的一般形式为：

```
        struct 结构体名 *结构体指针变量名
```

如定义一个结构体类型 student：

```
    struct student
    {
        int num;
        char name[20];
        char sex;
        float score;
    };
```

如要说明一个指向 student 的指针变量 p，可定义为：

```
    struct student *p
```

定义 p 是指向 struct student 结构体变量的指针变量，或者说指针变量 p 的基类型是 struct student 类型。

结构体指针变量的定义也可以像结构体变量定义一样，在定义结构体类型的同时定义结构体指针变量。例如：

```
    struct date
    {int year, month, day; } *q;
```

结构体指针变量也必须要先赋值后才能使用。赋值是把结构体变量的首地址赋予该指针变量，不能把结构体名直接赋予该指针变量。例如：

```
sturct student stu;
```

则 p=&stu; 是正确的。结构体名和结构体变量是两个不同的概念，注意不能写成 p=&student，这是错误的。结构体名只能表示一个结构体类型，编译系统并不对它分配存储空间。只有当某变量被说明为这种类型的结构体变量时，才对该变量分配存储空间。因此，&student 写法是错误的，不可能去取一个结构体名的首地址。

(2) 结构体成员有三种引用形式。

有了结构体指针变量，就能更方便地访问结构体变量的各个成员。其访问的一般形式为：

```
(*结构体指针变量).成员名
```

或者

```
结构体指针变量->成员名
```

如以下程序段：

```
struct code
{
    int n;
    char c;
}a, *p;
p=&a;
```

p 是指向 a 的结构体指针，对于变量 a 中的成员有三种引用方式：

① a.n、a.c：通过变量名进行分量运算选择成员。

② (*p).n、(*p).c：利用指针变量间接存取运算访问目标变量的形式。由于 "." 的优先级高于 "*"，因此圆括号是必不可少的。

③ p->n、p->c：这是专门用于结构体指针变量引用结构体成员的一种形式，它等价于第二种形式。"->" 是指向结构体成员运算符，优先级为一级，结合方向为从左至右。例如：

p->n++ 运算等价于(p->n)++，是先取成员 n 的值，再使 n 成员自增 1；

++p->n 运算等价于++(p->n)，是先对成员 n 进行自增 1，然后再取 n 的值。

【例 11.5】 用指向结构体变量的指针变量引用结构体变量。

参考程序如下：

```
#include <stdio.h>
struct stu
{
    int num;
    char name[20];
    int score;
};
void main()
{
    struct stu s={1001, "zhang", 78}, *p;
    p=&s;              /*指针 p 指向结构体变量 s */
```

```
        printf("num\tname\tscore\n");
        printf("%d\t%s\t%d\n", s.num, s.name, s.score);
        printf("%d\t%s\t%d\n", (*p).num, (*p).name, (*p).score);
        printf("%d\t%s\t%d\n", p->num, p->name, p->score);
    }
```

运行结果为：

```
num      name     score
1001     zhang    78
1001     zhang    78
1001     zhang    78
```

程序说明：该程序定义了一个结构体类型 stu 和 stu 类型结构体变量 s，并进行了初始化赋值，还定义了一个指向 stu 类型结构体的指针变量 p。在 main()函数中，p 被赋予了 s 的地址，因此 p 指向 s，然后在 printf 语句内用三种形式输出 s 的各个成员值。从运行结果可以看出，结构体变量.成员名、(*结构体指针变量).成员名、结构体指针变量->成员名，这三种用于表示结构成员的形式是完全等效的。

2) 结构体数组的指针

结构体指针具有同其他类型指针一样的特征和使用方法。结构体指针变量也可以指向结构体数组。同样，结构体指针加减运算也遵循指针计算规则。例如，结构体指针变量加 1 的结果是指向结构体数组的下一个元素。结构体指针变量的地址值的增量取决于所指向的结构体类型变量所占存储空间的字节数。

【例 11.6】 有 4 名学生，每名学生的属性包括学号、姓名、成绩，要求通过指针方法找出成绩最高者的姓名和成绩。

程序设计分析：将学生信息存入数组中，通过指针依次访问每一名学生信息，从而求出获得最高分的学生在数组中的位置。

参考程序如下：

```
#include <stdio.h>
int main()
{
    struct student                  /*定义结构体类型*/
    {
        int num;
        char name[20];
        float score;
    };
    struct student stu[4];
    struct student *p;
    int i, temp=0;
    float max;
    for(p=stu; p<stu+4; p++)        /*输入数据*/
```

```
        scanf("%d%s%f", &p->num, p->name, &p->score);
        for(max=stu[0].score, i=1; i<4; i++)            /*查找成绩最高者*/
        if(stu[i].score>max)
        {
            max=stu[i].score;
            temp=i;
        }
        p=stu+temp;
        printf("\n 最高分: \n");                          /*输出结果*/
        printf("NO.%d\nname: %s\nscore: %4.1f\n", p->num,
        p->name, p->score);
    }
```

程序说明：用变量 temp 记录最高分所在数组元素的下标，通过数组名 stu+temp 使指向结构体类型的指针 p 指向该数组元素。

在结构体指针运算中应注意以下问题：

(1) 区别结构体指针自增还是结构体成员自增。

设 p=stu;，则 ++p->num 等价于 ++(p->num)，是成员自增。此运算是先将 stu[0]的 num 成员自增 1，再取成员 num 的值，此表达式的值为 2，而 p 的指向未变。(++p)->num 是指针自增。此运算是先进行 p 自增 1，使其指向 stu[1]，stu[1]的 num 成员值未变，所以表达式的值为 2。

(2) 区别结构体指针的自增、自减运算符是位于前缀还是后缀。

设 p=stu; ，则(++p)->num 运算是先进行 p 自增，所以是访问 stu[1]元素的 num 成员。(p++)->num 运算是先访问 stu[0]元素的 num 成员，再进行 p 的自增。虽然两个表达式运算结束后均使 p 指向 stu[1]，但是表达式本身访问的是不同元素的 num 成员。

3. 结构体作为函数的参数

结构体作为函数的参数包括结构体变量作为函数的参数和指向结构体的指针作为函数的参数两种。它们的使用与普通变量和指针作为函数的参数类似。

将一个结构体变量的值传递给另一个函数，有三种方法：

(1) 用结构体变量的成员作为参数。如：用 stu[1].num 或 stu[2].name 作为函数实参，将实参值传给形参。其用法和普通变量作为实参是一样的，属于"值传递"方式。应当注意结构体变量要与形参的类型保持一致。

(2) 用结构体变量作为实参。用结构体变量作为实参时，采取的也是"值传递"方式，将结构体变量所占的内存单元的内容全部按顺序传递给形参，形参也必须是同类型的结构体变量。在函数调用期间，形参也要占用内存单元。这种传递方式在空间和时间上开销较大，如果结构体的规模很大时，开销是很可观的。此外，由于采用值传递方式，如果在执行被调用函数期间改变了形参(也是结构体变量)的值，那么该值不能返回主调函数，这往往造成使用上的不便。因此，一般较少使用这种方法。

(3) 用指向结构体变量(或数组)的指针作为实参，将结构体变量(或数组)的地址传递给形参。具体使用如下：

① 结构体变量作为函数的参数。

可以使用结构体变量名作为函数的参数，也可以使用结构体变量的成员作为函数的参数，这里一般用前者。

【例 11.7】　编写一个函数，要求输出结构体变量各成员的值。

参考程序如下：

```
#include <stdio.h>
struct s
{
    int chinese;
    int maths ;
};
void print(struct s y)
{
    printf("chinese=%d\tmaths=%d\n", y.chinese, y.maths );
}
void main ()
{
    struct s x;
    scanf("%d%d", &x.chinese, &x.maths );
    print(x);
}
```

程序说明：结构体类型变量 x 作为函数的实参，所以自定义函数的形参必须是跟 x 同类型的变量。这里把结构体类型 s 设置成全局类型，便于自定义函数中形参的定义及主函数中实参的定义。

② 结构体数组作为函数的参数。

【例 11.8】　一个班有 5 名学生，学生信息包括学号(num)和三门课成绩(score[3])，编写一个函数，统计不及格学生的人数及输出不及格学生的学号。

参考程序如下：

```
#include <stdio.h>
struct stu                      /*全局的结构体类型*/
{
    int num;
    int score[3];
};
int count(struct stu s[], int n) /*形参数组和长度*/
{
    int i, j, c=0, flag ;        /*flag 变量是标志位*/
    printf("number is： \n");
```

```
    for (i=0; i<n; i++)
    {
        flag=0;                         /*flag=0，假设没有不及格的学生*/
        for (j=0; j<3; j++)
          if(s[i].score[j]<60)
          {
              flag=1;                   /*flag=1，找到一个不及格的学生*/
              break;                    /*不用再继续查找了，可以退出循环*/
          }
          if(flag==1)                   /*如果 flag 为 1，说明有不及格的学生*/
          {
              c++;                      /*将统计变量 c 加 1*/
              printf("%d\n", s[i].num); /*输出有不及格成绩的学生的学号*/
          }
    }
    return(c);                          /*将 c 值返回到主函数中*/
}
void main()
{
    int c;
    struct stu a[5]={ {1001, 67, 56, 78},
                      {1002, 78, 78, 90},
                      {1003, 67, 85, 45},
                      {1004, 89, 67, 89},
                      {1005, 83, 92, 99}
                          };
    c=count(a, 5);                      /*实参是数组名和长度*/
    printf("nopass is: %d\n", c);
}
```

运行结果为：

number is:

1001

1003

nopass is: 2

程序说明：程序中定义了一个全局的结构体类型 stu，结构体类型包括学号和三门课成绩；将三门课成绩定义成整型数组，说明在结构体数据的成员中又出现了一个数组；引用成员时，可以使用一个 for 语句，对成员进行引用。

在主函数中定义了一个结构体类型数组，数组中共有 5 个元素，并进行了初始化赋值。在自定义函数 count 中用 for 语句逐个判断学生成绩，如有一门成绩小于 60，就将累加器

c 加 1，并同时输出学生的学号。循环结束后将不及格人数返回到主函数中并输出。

【例 11.9】　一个班有 5 名学生，学生信息包括学号(num)、语文成绩(chinese)、英语成绩(english)和数学成绩(maths)，编写一个函数，计算各学生的总成绩及平均成绩。

参考程序如下：

```
#include <stdio.h>
struct stu
{
    int num;
    int chinese, english, maths;
    int sum;
    float aver;
};
void sum(struct stu student[], int n)
{
    int i;
    for (i=0; i<n; i++)
    {   student[i].sum=student[i].chinese+student[i].english+
        student[i].maths;
        student[i].aver=student[i].sum/3.0;
    }
}
void main ()
{
    int i;
    struct stu a[5]={ {1001, 67, 56, 78},
                      {1002, 78, 78, 90},
                      {1003, 67, 85, 45},
                      {1004, 89, 67, 89},
                      {1005, 83, 92, 99} };
    sum(a, 5);
    printf("num\tchinese\tenglish\tmaths\tsum\taverage");
    printf("\n");
     for(i=0; i<5; i++)
        printf("%d\t%d\t%d\t%d\t%d\t%.2f\n", a[i].num, a[i].chinese, a[i].english, a[i].maths,
            a[i].sum, a[i].aver );
}
```

运行结果为：

num	chinese	english	maths	sum	average
1001	67	56	78	201	67.00

1002	78	78	90	246	82.00
1003	67	85	45	197	65.67
1004	89	67	89	245	81.67
1005	83	92	99	274	91.33

　　程序说明：结构体数组作为函数的参数与一维数组作为函数的参数类似，如果实参是数组名和长度，则形参就可以是数组名和整型变量。定义结构体类型时，将总成绩和平均值作为结构体类型成员。

　　③ 指向结构体的指针作为函数参数。

　　运用指向结构体类型的指针参数，将主调函数的结构体变量的指针传递给被调函数的结构体指针形参，通过指针形参的指向域的扩展，操作主调函数中结构体变量及其成员，达到传递数据的目的。另外，也可将函数定义为结构体指针型函数，将被调函数中结构体变量的指针利用 return 语句返回给主调函数的结构体指针变量。

　　【例 11.10】　将例 11.7 中使用结构体变量作为函数的参数改成指向结构体变量的指针作为形参。

　　参考程序如下：

```
#include <stdio.h>
struct s
{
    int chinese;
    int maths ;
};
void print(struct s *p)
{
    printf("chinese=%d\tmaths=%d", p->chinese, p->maths );
    printf("\n");
}
void main ()
{
    struct s x;
    scanf("%d%d", &x.chinese, &x.maths );
    print(&x);
}
```

　　程序说明：print 函数中的形参 p 被定义为指向 struct s 类型数据的指针变量。注意：在调用 print 函数时，用结构体变量 x 的起始地址&x 作为实参，在调用函数时将该地址传送给形参 p(p 是指针变量)。这样，p 就指向 x。在 print 函数中输出 p 所指向的结构体变量的各个成员值，它们就是 x 的成员值。

　　4. 结构体举例

　　【例 11.11】　一个班有 5 名学生，学生信息包括姓名、年龄、家庭住址等，按照姓名的升序进行输出。

参考程序如下：

```c
#include <stdio.h>
#include <string.h>
struct user_info
{
    char name[20];
    int age;
    char phone[20];
    char address[80];
};
void main()
{
    int i, j, k;
    struct user_info tmp;
    struct user_info user[5]={{"Li", 31, "1258746", "Beijing"},
                     {"Zhao", 39, "5897412", "Shanghai"},
                     {"Deng", 28, "3654879", "Chongqing"},
                     {"Zhou", 30, "5632146", "Hangzhou"},
                     {"Sun", 34, "8632541", "Shenyang"}
                     };
    for(i=1; i<5; i++)              /*按姓名从小到大排序*/
    {
        k=5-i;
        for(j=0; j<5-i; j++)
            if(strcmp(user[j].name, user[k].name)>0)
                k=j;
            if(k!=5-i)
            {
                tmp=user[k];
                user[k]=user[5-i];
                user[5-i]=tmp;
            }
    }
    printf("%-10s%5s%15s%20s", "name", "age", "phone", "address");
    printf("\n");
    for(i=0; i<5; i++)
        printf("%-10s%5d%15s%20s\n", user[i].name, user[i].age, user[i].phone, user[i].address);
}
```

运行结果为：

name	age	phone	address
Deng	28	3654879	Chongqing
Li	31	1258746	Beijing
Sun	34	8632541	Shenyang
Zhao	39	5897412	Shanghai
Zhou	30	5632146	Hangzhou

程序说明：程序定义了一个结构体类型 user_info，其包含 3 个字符数组成员(姓名、电话和地址)和一个 int 型成员(年龄)。在 main()函数中为数组 user 进行了初始化，并应用选择法对 user 各元素按照 name 的大小排序，最后输出 user 中每个元素各成员的值。

【例 11.12】 编写候选人得票统计程序。设有 3 个候选人，每次输入一个得票的候选人的名字，要求输出各人得票的结果。

参考程序如下：

```
#include <string.h>
struct person
{
    char name[10];
    int count;
}leader[3]={"li", 0, "wang", 0, "zhang", 0};
void main()
{
    int i, j;
    char leadername[20];
    for(i=1; i<=10; i++)
    {
        gets(leadername);
        for(j=0; j<3; j++)
            if(strcmp(leadername, leader[j].name)==0)
                leader[j].count++;
    }
    printf("leader\tcount\n");
    for(i=0; i<3; i++)
        printf("%s\t%d\n", leader[i].name, leader[i].count );
}
```

程序说明：该题是典型的统计问题。结构体数组 leader 长度为 3，每行有两个成员，字符型数组表示名字，整型数组表示得票数，票数初值为 0。外循环 i 表示循环次数，循环几次就共用几张选票；内循环 j 表示查找判断，判断输入的名字与原结构体变量成员名字是否相同，如果相同，将其统计值加 1，直到循环结束，最后输出结构体数组各成员值。

11.3　链　　表

1. 链表概述

在前面介绍的程序中，系统在模块运行之前必须对该模块所定义的变量分配存储空间，将这种存储空间的分配方式称为静态分配方式。静态分配方式要求变量的存储空间长度是确定的。例如，曾介绍过数组的长度就是预先定义好的，在整个程序中固定不变。C语言中不允许动态数组类型。例如：

```
int n;
scanf("%d", &n);
int a[n];
```

用变量表示长度，想对数组的大小作动态说明，这是错误的。但是在实际编程中往往会发生这种情况，即所需的内存空间取决于实际输入的数据，而无法预先确定。对于这种问题，用数组的办法很难解决，如果数组定义长了，会造成存储空间浪费；如果数组定义短了，会造成空间溢出。

为了解决上述问题，C语言提供了一些内存管理函数，这些内存管理函数可以按需要动态地分配内存空间，也可把不再使用的空间回收待用，为有效地利用内存资源提供了方法。

用动态分配方式定义的变量没有变量名，需要通过变量的地址引用该变量，而变量地址需要存储在另一个已定义的指针变量中。用动态分配方式定义变量的过程如下：

```
int *p;
p=(int *)malloc(sizeof(int));
```

从上述变量定义过程中并没有体现出动态存储分配的灵活性。因为在定义动态变量之前必须先定义一个静态的指针变量，然后通过静态变量才能引用动态变量。如果把指向动态变量的指针也用动态方式定义，那么动态存储分配的灵活性就能充分体现出来。链表是采用动态存储分配的一种重要数据结构，一个链表中存储的是一批同类型的相关联的数据。采用动态分配的方法为一个结构分配内存空间，如存储学生信息数据，每一次分配一块空间用于存放一个学生信息数据，可称为一个结点。有多少个数据就应该申请分配多少块内存空间，也就是说要建立多少个结点。当然用结构体数组也可以完成上述工作，但如果预先不能准确掌握学生人数，也就无法确定数组大小，而且当学生留级、退学之后也不能把该元素占用的空间从数组中释放出来。

注意：链表和数组具有相同的逻辑结构，它们之间的区别是，数组各元素的存储空间是连续的、固定的，数组元素个数一经定义是不可改变的；而链表中的元素个数是可变化的，元素的存储空间是动态分配的，逻辑上相邻的结点其存储空间不一定相邻。

用动态存储的方法可以很好地解决这些问题。例如：一个学生就分配一个结点，无需预先确定学生的准确人数，若某学生退学，可删去该结点，并释放该结点占用的存储空间，从而节约了宝贵的内存资源。另一方面，用数组的方法必须占用一块连续的内存区域。而使用动态分配时，每个结点之间可以是不连续的(结点内是连续的)，结点之间的联系可以用指针实现，即在结点结构中定义一个成员项用来存放下一结点的首地址。这个用于存放地址的成员，常被称为指针域。

可在第一个结点的指针域内存入第二个结点的首地址，在第二个结点的指针域内又存放第三个结点的首地址，如此串联下去直到最后一个结点。最后一个结点因无后续结点连接，其指针域可赋为 0。这样的一种连接方式，在数据结构中被称为"链表"。图 11-3 为简单链表示意图。

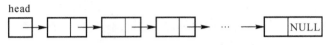

图 11-3　简单链表示意图

在图 11-3 中第 0 个结点称为头结点，它存放第一个结点的首地址，它没有数据，只是一个指针变量。以下每个结点都分为两个域：一个是数据域，存放各种实际的数据，如学号 num、姓名 name、性别 sex 和成绩 score；另一个域为指针域，存放下一结点的首地址，链表中的每一个结点都是同一种结构类型。

例如，一个存放学生学号和成绩的结点应为以下结构：

```
struct stu
{
    int num;
    int score;
    struct stu *next;
};
```

程序说明：前两个成员项组成数据域，后一个成员项 next 构成指针域，它是一个指向 stu 结构体类型的指针变量。

2. 处理动态链表所需的函数

常用的内存管理函数有以下四个，注意在使用时请加头文件：

```
#include <stdlib.h>
```

(1) 分配内存空间函数 malloc()。

函数原型为：

```
void *malloc(unsigned size);
```

函数调用的一般形式为：

```
(类型说明符*)malloc(size)
```

说明：

① malloc()函数要求系统在内存中分配一块存储空间，这个存储空间是一块长度为"size"字节的连续区域，函数的返回值为该区域的首地址。

② 函数返回的指针是无类型的，用户要根据存储空间的用途把它强制转换成相应的类型。所以，"类型说明符"表示把该区域用于何种数据类型，(类型说明符*)表示把返回值强制转换为该类型指针。

③ "size"是一个无符号数，单位为字节。例如：

```
p=(char *)malloc(40);
```

该语句表示分配 40 个字节的内存空间，并强制转换为字符数组类型。此时，函数的返回值为指向该字符数组的指针，并把该指针赋给指针变量 p。

【例 11.13】　应用 malloc()动态分配存储空间。

参考程序如下：

```
#include <stdio.h>
#include <stdlib.h>
void main ()
{
    int *p;
    p=(int *)malloc(sizeof(int));
    *p=20;
    printf("%d", *p);
}
```

运行结果为：

20

程序说明：表达式(int *)malloc(sizeof(int))是指系统分配一块包含 4 个字节(用函数 sizeof()获取)的存储空间，用于存储一个整数。函数返回存储空间首地址后要强制转换成整型指针，才能把该指针赋给变量 p，程序通过 *p 引用该整型变量。

注意：如果不清楚该为变量分配多少存储空间，可使用 sizeof()运算符来获得。例如，p=(int *)malloc(sizeof(int));。

(2) 分配内存空间函数 calloc()。

函数原型为：

```
void *calloc(unsigned int n, unsigned int size);
```

函数调用的一般形式为：

```
(类型说明符 *)calloc(n, size)
```

说明：

① 函数实现的功能是在内存动态存储区中分配 n 块长度为"size"字节的连续区域，函数的返回值为该区域的首地址。

② (类型说明符 *)用于强制类型转换。

③ calloc()函数与 malloc()函数的区别仅在于一次可以分配 n 块区域。例如：

```
ps=(struct stu*)calloc(2，sizeof(struct stu));
```

其中，sizeof(struct stu)是求 stu 的结构长度。因此，该语句表示按 stu 的长度分配两块连续区域，强制转换为 stu 类型，并把其首地址赋予指针变量 ps。

(3) 分配内存空间函数 realloc()。

函数原型为：

```
void *realloc(void *p，unsigned int size);
```

函数调用的一般形式为：

```
(类型说明符 *) realloc (p，size)
```

说明：

① 函数实现的功能是，如果已经通过 malloc()函数或者 calloc()函数获得动态空间，要想改变其空间大小，可以用 realloc()函数重新分配长度为"size"字节的连续区域，函数的返回值为原区域的首地址。

② (类型说明符 *)用于强制类型转换。

③ realloc()函数与 malloc()函数的区别仅在于重新分配区域。例如：

```
p=(int *)malloc(sizeof(int));
p=(int *)calloc(p, 5*sizeof(int));
```

因此，该语句表示开始分配存放一个整型数据的空间，首地址为 p，然后在该地址上添加 4 个整型数据空间，一共有 5 个整型数据空间。

(4) 释放内存空间函数 free()。

函数原型为：

```
void free(void *p);
```

函数调用的一般形式为：

```
free (p);
```

说明：释放 p 所指向的一块内存空间，p 是一个任意类型的指针变量，它指向被释放区域的首地址，被释放区域应该是由 malloc()、calloc()或 realloc()函数所分配的区域。

【例 11.14】 动态分配存储空间的函数应用。

参考程序如下：

```
#include <stdio.h>
#include <stdlib.h>
void main()
{
    struct stu
    {
        int num;
        char *name;
        char sex;
        float score;
    }*ps;
    ps=(struct stu*)malloc(sizeof(struct stu));
    ps->num=1001;
    ps->name="Zhang";
    ps->sex='M';
    ps->score=95.5;
    printf("No.=%d\nName=%s\n", ps->num, ps->name);
    printf("Sex=%c\nScore=%f\n", ps->sex, ps->score);
    free (ps);
}
```

运行结果为：

No.=1001

Name=Zhang

Sex=M

Score=95.500000

程序说明：在定义了结构体类型 stu 和结构体类型 stu 的指针变量 ps 后，分配一块 stu 大的内存区，并把首地址赋给 ps，使 ps 指向该区域，再以 ps 为指向结构的指针变量对各成员赋值，且用 printf()输出各成员值，最后用 free()函数释放 ps 指向的内存空间。整个程序包含了申请内存空间、使用内存空间、释放内存空间三个步骤，从而实现了存储空间的动态分配。

3. 链表的基本操作

对链表的主要操作有以下几种：建立链表、单链表的查找、删除指定的结点、在链表中插入结点等。

(1) 建立链表。所谓建立链表，是指从无到有建立起一个链表，即一个一个地输入各结点数据，并建立起前后相连的关系。

单链表的建立过程应反复执行下面三个步骤：

① 调用 malloc()函数向系统申请一个结点的存储空间。

② 输入该结点的值，并把该结点的指针成员设置为 0。

③ 把该结点加入链表中，如果链表为空，则该结点为链表的头结点，否则把该结点加入表尾。

【例 11.15】　建立包含 5 个结点的单链表，这 5 个结点的值分别为 1001、78，1002、87，1003、54，1004、89 和 1005、90。

参考程序如下：

```c
#include <stdio.h>
#include <stdlib.h>
struct node
{
    int num, score;
    struct node *next;
};
void main()
{
    struct node *creat(struct node *head, int n);
    void print(struct node *head);
    struct node *head=NULL;        /*定义表头指针*/
    head=creat(head, 5);
    print(head);
}
struct node *creat(struct node *head, int n)
```

```
    {
        struct node *p, *q;
        int i;
        for (i=1; i<=n; i++)
        {   /*申请结点空间*/
            q=(struct node *)malloc(sizeof(struct node ));
            printf("Input%d num，score：\n", i);
            scanf("%d, %d", &q->num, &q->score );
            q->next=NULL;
            if(head==NULL)
                head=q;                    /*新结点作为表头结点插入链表*/
            else
                p->next=q;                 /*新结点作为表尾结点插入链表*/
            p=q;
        }
        return head ;
    }
    void print(struct node *head)
    {
        struct node *p=head;
        printf("num\tscore\n");
        while(p!=NULL )
        {
            printf("%d\t%d\n", p->num, p->score);
            p=p->next;                    /*p 指向下一个结点*/
        }
    }
```

　　程序说明：自定义两个函数 creat()和 print()，creat()用于链表的建立，print()用于输出链表值，其中 creat()是返回头指针的函数。建立链表的过程是用 q 开辟空间，输入数据，如果是第一个结点，则将 head 指向结点的首地址(即将 q 的值赋给 head)，然后将 q 赋给 p，为下一次 q 开辟空间，保留上一次结点地址；如果不是第一个结点，则将 q 赋给 p->next 链表，然后将 q 赋给 p，为下一次 q 开辟空间，保留上一次结点地址。

　　输出链表可通过 print()函数，实参是 head 指针。print()函数先将 head 赋给 p，让 p 指向链表头，然后输出 p 所指空间的内容，使 p 移动到下一结点的首地址，可以把 p->next 的值赋给 p，因为 p->next 的值就是下一结点的首地址。

　　注意：NULL 在头文件"stdio.h"中已经定义成 0，所以在使用 NULL 之前要打开头文件"stdio.h"。

　　(2) 单链表的查找。查找是最经常使用的操作，查找操作也是更新、删除等操作的基础。在链表中查找满足条件的结点，操作过程和链表的输出过程相似，也要依次扫描链表中的各结点。

【例 11.16】 编写一个函数，要求在链表中查找指定学号的学生成绩，找到则输出成绩，否则输出查找失败。

程序设计分析：循环比较输入的学号与链表中的学号，循环初始值是输入 x 的值；循环条件是当链表到结尾也没有找到该学号，或者找到该学号退出循环时，循环结束的标志是 p==NULL，那么循环条件是 "p!=NULL && p->num!=x"；循环体是 p 向下移动。退出循环后，如果找到该学号，就输出相应内容；如果没有找到该学号，p 的值应该是 NULL。

参考程序如下：

```c
#include <stdio.h>
#include <stdlib.h>
struct node
{
    int num, score;
    struct node *next;
};
void find(struct node *head)
{   struct node *p;
    int x;
    printf("输入要查找的数：\n");
    scanf("%d", &x);
    p=head;
    while(p!=NULL && p->num!=x)
    p=p->next;
    if(p)
        printf("num=%d\tscore=%d", p->num, p->score);
    else
        printf("%d not be found!\n");
}
```

(3) 删除指定的结点。链表中将不需要的结点删除，但删除结点时不能破坏链表的结构。在单链表中删除指定值的结点，并由系统回收该结点所占用的存储空间。具体操作过程如下：

① 从表头结点开始，确定要删除结点的地址 p 以及 p 的前一个结点地址 q。

② 如果 p 为头结点，删除后应修改表头指针 head，否则修改 q 结点的指针域。

③ 回收 p 结点的空间。

删除结点的过程如图 11-4 所示。

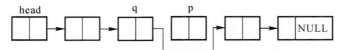

图 11-4　删除结点的过程

【例 11.17】 编写一个函数，要求在链表中删除指定学号的结点，函数返回删除后的表头指针。

参考程序如下：

```c
#include <stdio.h>
#include <stdlib.h>
struct node
{
    int num, score;
    struct node *next;
};
struct node *dele(struct node *head)
{
    int x;
    struct node *p, *q;
    p=head;
    printf("输入学号：\n");
    scanf("%d", &x);
    while(p!=NULL&&p->num!=x)          /*查找被删除结点*/
    {
        q=p;
        p=p->next;
    }
    if(p==NULL)
        printf("%d is not found!\n");
    else if(p==head)                   /*删除表头结点*/
        head=p->next;
    else
        q->next=p->next;               /*删除中间结点*/
    free(p);
    return(head);
}
```

(4) 在链表中插入结点。根据应用的需要，可以在链表中加入新结点。加入的结点可以放在表头、表尾或链表的任意位置。例如：要在学生成绩表中加入一个学生的考试成绩，为了保持链表中学号的连续性(按从小到大的顺序排列)，需要根据加入结点的学号值把该结点插入到链表的适当位置。在链表中插入新结点的一般过程如下：

① 调用 malloc()函数分配一个结点空间 q，并输入新结点的值。

② 查找合适的插入位置 p 以及后一个结点 p1。

③ 修改相关结点的指针域。

插入结点的过程如图 11-5 所示。

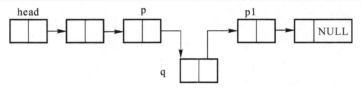

图 11-5 插入结点的过程

【例 11.18】 编写一个函数，要求把某学生的考试成绩添加到学生信息链表中，添加结点后，链表中的各结点还应按学号从小到大的顺序排列。

参考程序如下：

```
#include <stdio.h>
#include <stdlib.h>
struct node
{
    int num, score;
    struct node *next;
};
struct node *insert(struct node *head)
{
    struct node *q, *p, *p1;
    q=(struct node *)malloc(sizeof(struct node));
    printf("输入学号、成绩：\n");
    scanf("%d, %d", &q->num, &q->score );
    if(head==NULL)                    /*在空表中插入*/
    {
        q->next=NULL;
        head=q;
        return(head);
    }
    if(head->num>q->num)              /*新结点在表头之前插入*/
    {
        q->next=head;
        head=q;
        return head;
    }
    p=head;
    p1=head->next;
    /*在链表中查找插入位置*/
    while(p1!=NULL&&p1->num<q->num)
    {
        p=p1;
```

```
        p1=p1->next;
    }
    q->next=p1;
    p->next=q;
    return(head);
}
```

程序说明：插入过程中要分别考虑新结点在链表头之前、链表中间和链表尾部插入的几种情况，注意在插入链表中间时，要记录插入点之前一个结点的位置。

11.4 共　用　体

有时为了节省内存空间，把不同用途的数据存放在同一个存储区域，这种数据类型称为共用体类型，也称为联合体类型(union)。构成共用体变量的各成员项的数据类型可以是相同的，也可以是不同的。

共用体类型和共用体变量的定义方式与结构体的定义方法类似，也需要先构造共用体类型，后定义共用体变量。共用体成员的引用也与结构体成员的引用方法类似。二者主要区别在于对成员项的存储方式。

1. 共用体类型的定义

可以先定义共用体类型，然后用已定义的共用体类型定义共用体变量；也可以把共用体类型和共用体变量放在一个语句中一次定义。

定义共用体类型的一般形式为：

　　union 共用体名
　　{成员表列};

成员表列由若干个成员组成，对每个成员也必须作类型说明。其形式为：

　　类型说明符　成员名;

说明：union 是关键字，必须原样写出，表示定义一个共用体类型。共用体名、成员名命名规则与标识的定义规则一样。

注意：和结构体类型定义一样，在没有定义共用体变量之前，共用体类型定义只是说明了共用体变量使用的内存模式，并没有分配具体的存储空间。

例如：

```
union num
{
    short x;
    float y;
};
```

说明：定义了一个共用体类型 num，共用体类型中的成员有两个，一个是整型变量 x，另一个是单精度实型变量 y。

注意：括号后的分号是不可缺少的。这与结构体类型定义是类似的，凡说明为共用体类型 num 的变量都由上述两个成员组成。

2. 共用体类型变量的定义

与结构体类型变量的定义类似，共用体类型变量的定义也有三种形式。共用体类型构造好了以后，就可以定义共用体类型的变量了。

例如：

```
union num
{
    short x;
    float y;
}a;
```

说明：定义了一个共用体类型的变量 a，它在内存中的存储情况如图 11-6 所示。

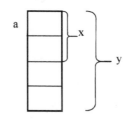

图 11-6　共用体类型变量在内存中的存储情况

共用体类型变量在内存中所占的空间不是该变量所有成员项的空间长度的总和，而是把长度最大的成员项的存储空间作为共用体类型变量的存储空间。如上面所定义的共用体类型变量 a，它在内存中存储空间的大小为 4 个字节，是以单精度实型变量 y 的空间作为整个变量的存储空间的。用 sizeof()函数来测试当前共用体类型变量 a 所占存储空间的字节数，如：

```
printf("%d", sizeof(a));
```

输出结果为 4。

注意：结构体类型的变量所占空间为各个成员项所占空间的总和，而共用体类型的变量所占空间是以最大长度成员项所占空间的大小为准。

3. 共用体类型变量的引用

定义好共用体类型变量后就可以对共用体变量进行引用了。其一般形式为：

共用体变量名.成员名

例如：

```
union num
{
    short x;
    float y;
}a;
```

若引用共用体成员，则 a.x 即是共用体类型变量 a 的成员 x 的值，a.y 即是共用体类型变量 a 的成员 y 的值。

4. 共用体类型变量的初始化

可以对共用体类型变量进行初始化。其一般形式为：

>　　union　共用体类型名　　共用体变量名={初始值};

例如：

>　　union num a={45};

注意：大括号不能省略，而且大括号只能提供一个值，否则在程序编译过程中易出现错误信息的提示。

另一种形式是在共用体类型变量定义后，对其成员进行赋值。例如：

>　　a.x=2; a.y=4.5;

注意：由于共用体类型变量各成员在一个存储空间，因此第一次赋的值会被第二次赋的值覆盖，所以在使用共用体类型的变量时，要注意值的输入。

【**例 11.19**】　共用体类型变量的举例。

参考程序如下：

```
#include <stdio.h>
union num
{
    short x;
    float y;
};
void main()
{
    union num a;
    printf("输入 x：\n");
    scanf("%d", &a.x);
    printf ("a.x=%d\n", a.x);
    printf("输入 y：\n");
    scanf("%f", &a.y);
    printf("a.y=%f\n", a.y);
    printf("a.x=%d\n", a.x);
}
```

运行结果为：

>　　输入 x：
>　　2✓
>　　a.x=2
>　　输入 y：
>　　4.5✓
>　　a.y=4.500000
>　　a.x=0

程序说明：第一次输入成员 x 的值为 2，则输出 a.x 的值为 2；第二次输入成员 y 的值为 4.5，则输出 a.y 的值为 4.500000，而 4.500000 将第一次输入的值 2 覆盖了，所以再输出 a.x 的值就变为 0。

【例 11.20】 设有若干个人员信息，其中有学生和教师。学生的数据包括姓名、学号、职业、班级，教师的数据包括姓名、工号、职业、职务。

程序设计分析：从题目可以看出，学生和教师所包含的数据是不同的。现要求把它们放在同一数据表格中，如表 11-1 所示。如果"job"（职业）项为"s"（学生），则第 4 项为"classes"（班级）；如果"job"（职业）项为"t"（教师），则第 4 项为"position"（职务）。显然可以用共用体对第 4 项进行处理。

表 11-1　人 员 信 息

name	number	job	classes position
wang	20201892	s	2003
Li	5647	t	lecturer

要求输入人员的数据，然后再输出。为简化起见，只设两个人(一个学生和一个教师)。
参考程序如下：

```
void main()
{
    int n, i;
    for (i=0; i<2; i++)
    {   printf("输入信息：\n");
        scanf("%s %d %c", person[i].name, &person[i].num, &person[i].job);
        if(person[i].job=='s')              /*输入学生信息*/
            scanf("%d", &person[i].category.classes);
        else if(person[i].job=='t')         /*输入教师信息*/
            scanf("%s", person[i].category.position);
        else
            printf("输入错误!");
    }
    printf("\nnum\tname\tjob\tclasses/position\n");
    for (i=0; i<2; i++)
        if(person[i].job=='s')              /*输出学生信息*/
            printf("%d\t%s\t%c\t%d\n", person[i].num, person[i].name,
                person[i].job, person[i].category.classes );
        else if (person[i].job=='t')        /*输出教师信息*/
            printf("%d\t%s\t%c\t%s\n", person[i].num, person[i].name,
                person[i].job, person[i].category .position );
}
```

运行结果为：

　　　输入信息：

　　　li 1001 s 2001↙

　　　输入信息：

　　　zhao 4701 t prof↙

num	name	job	classes/position
1001	li	s	2001
4701	zhao	t	prof

　　程序说明：可以看到在主函数之前定义了外部的结构体数组 person，在结构体类型定义中包括了共用体类型，在这个共用体中成员为 classes 和 position，前者为整型的变量，后者为字符数组。这种共用体变量的用法很有用，可以节省内存空间。

11.5　枚举类型和自定义类型

　　在实际应用中，有些变量的取值在一定的范围内，例如：一天有 12 个小时，一个星期内只有 7 天，一年只有 12 个月等。如果把这些量声明为整型、字符型或其他类型显然是不合适的。为此，C 语言提供了一种称为"枚举"的类型。

　　枚举类型属于基本数据类型，用户一般应先定义一种枚举类型，然后再定义属于该类型的变量。

1. 枚举类型的定义

　　定义枚举类型就是定义该类型的值集合，即枚举变量可能的取值范围。枚举类型需要先进行类型的定义，然后再进行变量的定义。枚举类型的定义以关键字 enum 开始，其后是枚举类型名，然后是大括号包围的枚举元素列表。所以，枚举类型定义的一般形式为：

　　　enum 枚举名{枚举值表};

　　例如：

　　　enum weekday{sun, mon, tue, wed, thu, fri, sat};

　　说明：

　　(1) 定义了一个枚举类型 weekday，该类型中罗列出所有可用值，这些值也称为枚举元素。枚举元素是标识符，必须符合标识符的定义规则。

　　(2) 枚举元素本身由系统定义了一个表示序号的数值，默认从 0 开始，依次定义为 0, 1, 2, …。在 weekday 这个枚举类型中，sun 值为 0，mon 值为 1, …, sat 值为 6。

　　(3) 如果枚举元素指定序号，则该枚举元素后的序号为前一枚举元素加 1。当然，枚举元素表中任何两个元素的序号不能相同。

　　(4) 可以对枚举元素表中的枚举元素指定序号，这可以通过在该枚举元素之后加一个等号和一个整数来实现。例如：

　　　enum day{mon=1, tues, wed, thu, fri, sat, sun=0};

　　说明：mon 的序号为 1，则 tues 的序号为 2，依此类推，sat 的值为 6。如果对 sun 不进行重新指定序号，则 sun 的值为 7；如果对 sun 重新指定为 0，则 sun 的值就为 0。定义枚举类型而不直接使用整数，是因为使用枚举元素更直观，更便于记忆和类型检查，总之可增加程序的可读性。

注意：在"枚举"类型的定义中列举出所有可能的取值，说明该"枚举"类型的变量取值不能超过定义的范围。应该说明的是，枚举类型是一种基本数据类型，而不是一种构造类型，因为它不能再分解为任何基本类型。

2. 枚举变量的定义和初始化

枚举类型定义好了以后，就可以使用枚举类型来定义此种类型的枚举变量了，其定义格式与结构体变量类似，枚举变量也可用不同的方式说明，即先定义后说明、同时定义说明或直接说明。

(1) 枚举变量的定义。

① 在定义枚举类型时，定义枚举变量的一般形式为：

　　enum 枚举类型名{枚举值表} 枚举变量表列;

例如：

　　enum weekday{sun, mon, tue, wed, thu, fri, sat} a, b;

② 在定义枚举类型后，定义枚举变量的一般形式为：

　　enum 枚举类型名 枚举变量表列;

例如：

若 weekday 枚举类型已定义，则定义枚举类型变量 enmu weekday c，d; 。

说明：该枚举类型为 weekday，枚举值共有 7 个，即一周中的 7 天。凡被定义成为 weekday 类型变量的取值只能是 7 天中的某一天。枚举值是常量，不是变量，不能在程序中用赋值句再对它赋值，如 sun=5; mon=1; 都是错误的；也不能在枚举元素值之间进行赋值，如 sum=mon; 是错误的。

③ 定义枚举类型数组的一般形式为：

　　enum 枚举类型名

　　数组名[长度];

例如：

　　enum weekday enday[7];

说明：该语句定义了一个枚举类型数组。对枚举类型数组的定义、初始化、引用与整型数组一样。这里唯一要注意的是，整型数组里的数组元素值是整型值，而枚举类型数组里的数组元素值是枚举值。

(2) 枚举变量的初始化。

定义好枚举变量后就可以对变量进行初始化了，枚举类型在使用中有以下规定：枚举变量的值只能是该枚举元素的值，不能再赋给其他值。其形式为：

　　枚举变量=枚举元素:

例如：

　　enum weekday{sum, mon, tues, wed, thu, fri, sat } a;

　　a=mon;

注意：还应该说明的是，枚举元素不是字符常量也不是字符串常量，使用时不要加单引号、双引号。也可以使用强制转换将常量强制转换成枚举类型，如：a=(weekday)6; 。

3. 枚举数据的运算

在 C 语言系统中，枚举变量中存放的不是枚举常量，而是枚举常量所代表的整型值。枚举数据可以进行运算。

(1) 用 sizeof() 运算符计算枚举变量所占的内存空间。由于枚举变量中存放的是整型值，因此每个枚举变量占用两个字节的内存空间。

(2) 赋值运算。可以通过赋值运算给枚举变量赋予该类型的枚举常量。例如：

    c1=mon; c2=sun; c3=wed;

这些都是合法的赋值运算。而 c3=white 是非法的，因为 white 不是该类型的枚举常量。

注意：如果对枚举变量赋予整型值，则 C 语言系统将其视为整型变量进行处理，不进行枚举类型方面的检查。例如，对于 fg=5，编译系统并不提示出错。

(3) 关系运算。对枚举数据进行关系运算时，按其所代表的整型值进行比较。例如：

    true>false   结果为真
    sun>sat   结果为假

(4) 取址运算。枚举变量也和其他类型变量一样，可以进行取址运算，如&fg、&c1。

4. 枚举数据的输入/输出

在 C 语言系统中，不能对枚举数据直接进行输入和输出。但由于枚举变量可以作为整型变量处理，因此可以通过间接方法输入/输出枚举变量的值。

(1) 枚举变量的输入。枚举变量作为整型变量进行输入。例如：

    scanf("%d", &fg);

这里应输入此类型枚举常量的整型值，但是如果输入了范围之外的整型值，系统也不提示出错。

(2) 枚举变量的输出。枚举类型数据输出可以采用多种间接方法，这里介绍三种方法。

① 可以直接输出枚举变量中存放的整型值，但其值的含义不直观。例如：

    fg=true;
    printf("%d", fg);

② 利用多分支选择语句输出枚举常量所对应的字符串。例如：

    switch(fg)
    {
        case false：printf("false"); break;
        case true： printf("true");
    }

③ 如果枚举类型定义时采用隐式方法指定枚举常量的值，则可以用二维数组存储枚举常量所对应的字符串，或用字符指针数组存储枚举常量所对应的字符串的首地址，然后即可依据枚举值输出对应的字符串。例如：

    enum flag
    {first, second} fg;
    char *name[]={"first", "second"};
    ⋮

```
fg=first;
printf("%s", name[fg]);
```

注意：枚举常量是标志符，不是字符串，所以试图以输出字符串方式输出枚举常量是错误的。例如：

```
fg=first;
printf("%s", fg);
```

5. 枚举变量举例

【例 11.21】 枚举类型和字符串进行对比。

参考程序如下：

```
#include <stdio.h>
#include <string.h>
enum weekday{mon=1, tues, wed, thu, fri, sat, sun=0};
void main()
{
    enum weekday a, b;
    a=thu;
    b=fri;
    printf("enum：");
    if (a>b)
        printf("thu>fri\n");
    else
        printf("thu<fri\n");
    printf("string：");
    if (strcmp("thu", "fri")>0)
        printf("thu>fri\n");
    else
        printf("thu<fri\n");
}
```

运行结果为：

```
enum：thu<fri
string：thu>fri
```

程序说明：枚举变量以序号作为比较的依据，而字符串以字符的 ASCII 码值作为比较的依据。

【例 11.22】 输出枚举数组元素值。

参考程序如下：

```
#include <stdio.h>
enum weekday{sun, mon, tues, wed, thu, fri, sat };
void main()
```

```
{
    int i;
    enum weekday enday[]={sun, mon, tues, wed, thu, fri, sat };
    for(i=0; i<7; i++)
        printf("%5d", enday[i]);
    printf("\n");
}
```

运行结果为：

　　0　　1　　2　　3　　4　　5　　6

程序说明：定义一个枚举数组，而枚举数组里数组元素值均是枚举值，输出从 0 开始，逐一递增。

【例 11.23】　口袋中有红、黄、蓝、白、黑 5 种颜色的球若干个，每次从口袋中先后取出 3 个球，问得到 3 种不同色的球可能的取法，并打印出每种排列的情况。

程序设计分析：根据题意，球只能是 5 种颜色之一，若要判断各球是否同色，应该用枚举类型变量来处理。设取出的球为 i、j、k，即 i、j、k 分别是 5 种色球之一，并要求 i、j、k 不能相等。可以使用穷举法将所有可能的取即法都试一遍，看哪一组符合条件。

参考程序如下：

```
#include <stdio.h>
enum color{red, yellow, blue, white, black};
void main()
{
    enum color i, j, m, p;
    int n=0, loop;
    for(i=red; i<=black; i++)
        for(j=red; j<=black; j++)
    if(i!=j)
    {
        for(m=red; m<=black; m++)
        if((m!=i)&&(m!=j))
        {
            n=n+1;
            printf("%-4d", n);
            for(loop=1; loop<=3; loop++)
            {
                switch(loop)
                {
                    case 1: p=i; break ;
                    case 2: p=j; break ;
                    case 3: p=m; break ;
```

```
                    default: break ;
                }
                switch(p)
                {
                    case red:printf("%-8s", "red"); break ;
                    case yellow:printf("%-8s", "yellow"); break;
                    case blue:printf("%-8s", "blue"); break ;
                    case white:printf("%-8s", "white"); break;
                    case black:printf("%-8s", "black"); break;
                    default:break ;
                }
            }
            printf("\n");
        }
        printf("\ntotal:%d\n", n);
    }
```

运行结果如图 11-7 所示。

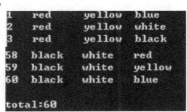

图 11-7   运行结果

程序说明：不用枚举变量而用整型常量 0 代表红，1 代表黄，也是可以的。但选用枚举值更形象、直观，便于阅读。

6. 用 typedef 定义类型

在 C 语言程序中，程序员除了可以利用 C 语言提供的标准类型名(如 int、float 等)和自定义的结构体、共用体类型名外，还可以用 typedef 为已有的类型名再命名一个新的类型名，即别名。

(1) 为类型名定义别名。

为类型名定义别名的一般形式为：

        typedef 类型名 新类型名

或

        typedef 类型定义 新类型名

其中，typedef 是关键字；类型名可以是基本类型、构造类型等或已定义过的类型名；新类型名是程序员自定义的类型名，一般用大写字母表示，以便与关键字相区别。例如：

        typedef int COUNTER;   /*定义 COUNTER 为整型类型名*/

```
typedef struct date
{   int year;
    int month;
    int day;
}DATE;
```

这里分别为 int、struct date 命名了新的类型名 COUNTER、DATE。新类型名与旧类型名的作用相同，并且两者可以同时使用。例如："int i;"与"COUNTER i;"等价，"struct date birthday;"与"DATE birthday;"等价。

(2) 为类型命名的方法。

类型命名的方法与变量定义的方法有些相似，即以 typedef 开头，加上变量定义的形式，并用新类型名代替旧类型名。

归纳起来，声明一个新的类型名的方法是：先按定义变量的方法写出定义体(如：int i;)，将变量名换成新类型名(如：将 i 换成 COUNT)，在最前面加 typedef(如：typedef int COUNT)，然后用新类型名去定义变量。

下面通过一些典型的例子说明如何为类型命名以及使用新类型名定义变量。

① 为基本类型命名，如：

```
typedef float REAL;
REAL x, y;                 /*相当于 float x, y; */
```

为 float 命名新类型名 REAL，并用它定义单精度实型变量 x 和 y。

② 为数组类型命名，如：

```
typedef char CHARR[80];
CHARR c, d[4];             /*相当于 char c[80], d[4][80]; */
```

上述语句为一维字符数组类型命名新类型名 CHARR，并用它定义一个一维字符数组 c 和一个二维数组 d。

③ 为指针类型命名，如：

```
typedef int *IPOINT;
IPOINT ip;                 /*相当于 int *ip; ，不可写成 IPOINT *ip; */
IPOINT *pp                 /*相当于 int **pp; */
```

上述语句为整型指针类型命名新类型名 IPOINT，并用它定义一个整型指针变量 ip 和一个二级整型指针变量 pp。再如：

```
typedef int (*FUNpoint)()
FUNpoint funp;
```

④ 为结构体、共用体类型命名，如：

```
struct node
{   char c;
    struct node *next;
}
typedef struct node CHNODE;
CHNODE *p;
```

　　　　/*相当于 struct node *p;　, 不可写成 struct CHNODE *P; */
　　上述语句为 struct node 结构体类型命名新类型名 CHNODE, 并用它定义一个结构体指针变量 p。
　　(3) 说明。
　　① 类型名必须是已经定义的数据类型名或 C 语言系统的基本类型名, 类型名的别名必须是合法标识符, 通常用大写字母命名。
　　② 用 typedef 可以声明各种类型名, 但不能用于定义变量。用 typedef 可以声明数组类型、字符串类型, 使用比较方便。
　　如定义数组:
　　　　int a[10], b[10], c[10], d[10];
　　由于都是一维数组, 大小也相同, 可以先将此数组类型声明为一个名字, 即:
　　　　typedef int ARR[10];
然后用 ARR 去定义数组变量:
　　　　ARR a, b, c, d;
　　ARR 为数组类型, 它包含 10 个元素。因此, a、b、c、d 都被定义为一维数组, 含 10 个元素。
　　可以看到, 用 typedef 可以将数组类型和数组变量分离开, 利用数组类型可以定义多个数组变量。同样可以定义字符串类型、指针类型等。
　　③ 用 typedef 只是对已经存在的类型增加一个类型名, 而没有创造新的类型。如前面声明的整型类型 COUNT, 它无非是对 int 型另给了一个新名字。又如:
　　　　typedef int NUM[10];
　　无非是把原来使用 "int n[10];" 定义的数组变量的类型用一个新的名字 NUM 表示出来。无论用哪种方式定义变量, 效果都是一样的。
　　④ typedef 与#define 有相似之处, 如:
　　　　typedef int COUNT;
和
　　　　#define COUNT int
　　上述语句的作用都是用 COUNT 代表 int。但事实上, 它们二者是不同的。#define 是在预编译时处理的, 它只能作简单的字符串替换; 而 typedef 是在编译时处理的, 实际上它并不是作简单的字符串替换。例如:
　　　　typedef int NUM[10];
并不是用 "NUM[10]" 去代替 "int", 而是采用如同定义变量的方法那样来声明一个类型(就是前面介绍过的将原来的变量名换成类型名)。
　　⑤ 当不同源文件中用到同一类型数据(尤其是像数组、指针、结构体、共用体等类型数据)时, 常用 typedef 等声明一些数据类型, 并把它们单独放在一个文件中, 然后在需要用到它们的文件中用#include 命令把它们包含进来。
　　⑥ 使用 typedef 有利于程序的通用与移植。因为有时程序会依赖于硬件特性, 而用 typedef 便于移植。例如, 有的计算机系统 int 型数据用两个字节, 数值范围为-32768~32767, 而另外一些机器则以 4 个字节存放一个整数, 数值范围为±21 亿。如果把一个 C 语言程

序从一个以 4 个字节存放整数的计算机系统移植到以两个字节存放整数的系统，按一般办法需要将定义变量中的每个 int 改为 long。例如：将"int a，b，c；"改为"long a，b，c；"，如果程序中有多处用 int 定义变量，则要改动多处。现可以用一个 INTEGER 来声明 int：

```
typedef int INTEGER;
```

在程序中所有整型变量都用 INTEGER 定义，在移植时只需改动 typedef 定义体即可。例如：

```
typedef long INTEGER;
```

11.6　大案例中本章节内容的应用和分析

通过前面内容的学习，可实现添加、查收和删除等操作，达到案例中提到的在一个程序中完成多功能的选择。当有多个函数模块出现时，需要使用统一变量，即用全局变量来解决，但并没有把这些信息合并成一个整体。通过本章的学习，可以构成通讯录成员的结构体，来完善这些功能。以下给出的代码只完成添加联系人以及将输出信息进行检测的功能，其他功能学生可以在此基础上自行完成。考虑到录入信息可能会出现类型溢出现象，这里都用字符数组来实现。

```c
#include "stdio.h"
struct student
{
    char rcord[20];
    char name[20];              //姓名的字节长度最大为 8;
    char phone[20];
    char qq[20];
};
int num=0;                      //全局变量
struct student stu[1000];       //最大可存 1000 张名片
void student1()                 //添加联系人
{
    int i, k;
    for (i=0; i<=200; i++)
    {
        printf ("\n\n\t 输入学号\n\t");
        scanf ("%s", stu[num].rcord );
        printf ("\n\n\t 输入姓名\n\t");
        scanf ("%s", stu[num].name);
        printf ("\n\n\t 输入电话\n\t");
        scanf ("%s", stu[num].phone);
        printf ("\n\n\t 输入 Q　Q\n\t");
```

```
        scanf ("%s", stu[num].qq);
        num++;
        printf ("是否继续添加(1 是 0 否)");
        scanf("%d", &k);
        if (k==1)
            printf("=================================\n");
        else
        break;
    }
    for (i=0; i<num; i++)
    {
        printf ("\n\t 输出学号:%s\t", stu[i].rcord);
        printf ("输出姓名:%s\t", stu[i].name);
        printf ("输出电话:%s\t", stu[i].phone);
        printf ("输出 QQ:%s\n", stu[i].qq);
    }
}
void main ()                          //主界面
{
    int a;                            //菜单选项
    printf ("\n\n\n\n\n\n");
    printf ("\t\t\t      【学生通讯录管理系统】\n");
    printf("\t\t===================================\n");
    printf ("\t\t\t\t*************\n");
    printf ("\t\t\t\t*1.添加联系人*\n");
    printf ("\t\t\t\t*2.显示通讯录*\n");
    printf ("\t\t\t\t*3.查找联系人*\n");
    printf ("\t\t\t\t*4.删除联系人*\n");
    printf ("\t\t\t\t*0.退出该程序*\n");
    printf ("\t\t\t\t*************\n");
    printf("\t\t===================================\n");
    scanf ("%d", &a);                 //主界面菜单选项输入测试
    switch (a)
    {
        case 0: printf ("\t.已退出该程序\n"); break;
        case 1:
        {
            printf ("\t 进入添加联系人程序\n");
            student1();
```

```
                break;
            }
        case 2:
            {
                printf ("\t 进入显示通讯录程序\n");
                break;
            }
        case 3:
            {
                printf ("\t 进入查找联系人程序\n");
                break;
            }
        case 4:
            {
                printf ("\t 进入删除联系人程序\n");
                break;
            }
        }
    }
```

第 12 章 文 件

当程序运行时，程序本身和数据一般都存放在内存中。在程序运行结束后，内存会被释放。如果需要长期保存程序运行所需的原始数据或程序运行产生的结果，就必须以文件形式将有关数据存放在外部存储介质上。

12.1 C 文件概述

所谓"文件"，是指存放在外部存储介质上的数据集合。通常，数据都是以文件的形式存放在外部介质上的，每个数据集合有一个名称，叫作文件名。操作系统是以文件为单位对数据进行管理，如果想找存在外部介质上的数据，就必须先按文件名找到所指定的文件，然后从该文件中读取数据；要在外部介质上存放数据也必须先建立一个文件，才能向它输出数据。实际上，在前面的各章中已经多次使用了文件，如源程序文件、目标文件、可执行文件、库文件(头文件)等。

可从不同的角度对文件进行分类。

1. 从用户的角度分类

从用户的角度来看，文件可分为普通文件和设备文件两种。

(1) 普通文件是指驻留在磁盘或其他外部介质上的一个有序数据集，可以是源文件、目标文件、可执行程序，也可以是一组待输入处理的原始数据，还可以是一组输出的结果。可以将源文件、目标文件、可执行程序文件称作程序文件，输入/输出数据文件称作数据文件。

(2) 设备文件是指与主机相连的各种外部设备，如显示器、键盘等。在操作系统中，把外部设备也看作一个文件来进行管理，把它们的输入、输出等同于对磁盘文件的读和写。通常把显示器定义为标准输出文件，一般情况下在屏幕上显示有关信息就是向标准输出文件输出。如前面经常使用的 printf、putchar 函数就是这类输出。键盘通常被指定为标准的输入文件，从键盘输入就意味着从标准输入文件上输入数据。Scanf、getchar 函数就属于这类输入。

2. 从文件的编码形式分类

从文件的编码形式来看，文件可分为 ASCII 码文件和二进制文件两种。

(1) ASCII 码文件也称为文本文件，这种文件在磁盘中存放时每个字符对应一个字节，用于存放对应的 ASCII 码。

(2) 二进制文件是按二进制的编码方式来存放文件的。例如，十进制数 1212 的存储形式如图 12-1 所示。

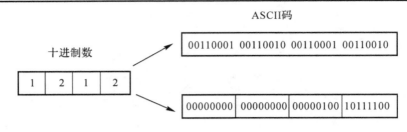

图 12-1　十进制数 1212 的存储形式

十进制数 1212 的 ASCII 码共占用 4 个字节，ASCII 码文件可在屏幕上按字符显示。例如，源程序文件就是 ASCII 文件，用 DOS 命令 TYPE 可显示文件的内容，由于是按字符显示，因此能读懂文件内容。十进制数 1212 的二进制存储形式也占 4 个字节。二进制文件虽然也可在屏幕上显示，但其内容无法读懂。

C 语言系统在处理这些文件时，并不区分类型，将它们都看成字符流，按字节进行处理。输入/输出字符流的开始和结束只由程序控制，不受物理符号(如回车符)的控制。因此也把这种文件称作"流式文件"。系统自动地在内存区为每个正在使用的文件开辟一个缓冲区。从内存向磁盘输出数据时，必须首先输出到缓冲区中，待缓冲区装满后，再一起输出到磁盘文件中。从磁盘文件向内存读入数据时，则正好相反：首先将一批数据读入缓冲区中，再将数据从缓冲区中逐个送到程序数据区。此处理方法就是所谓缓冲文件系统，ANSI C 标准正是采用缓冲文件系统，既处理文本文件，也处理二进制文件。

12.2　文　件　指　针

流式文件的各种操作中有一个关键的指针，称为文件指针。每个被使用的文件都在内存中开辟一个区，用于存放文件的有关信息(文件的名字、文件状态以及文件当前位置等)。这些信息保存在一个结构体变量中，该结构体类型是由系统定义，取名为 FILE。

文件指针在 C 语言中用一个指针变量指向一个文件，通过文件指针就可对它所指的文件进行各种操作。

定义说明文件指针的一般形式为：

　　FILE* 指针变量标识符;

其中，FILE 应为大写，它实际上是由系统定义的一个结构，该结构中含有文件名、文件状态和文件当前位置等信息。例如，一种 C 语言编译环境在 stdio.h 文件中有以下的文件类型声明：

```
typedef struct
{
    short   level;              /*缓冲区"满"或"空"的程度*/
    unsigned flags;             /*文件状态标志*/
    char fd;                    /*文件描述符*/
    unsigned char hold;         /*如无缓冲区不读字符*/
```

short bsize;	/*缓冲区的大小*/
unsigned char *buffer;	/*数据缓冲区的位置*/
unsigned char *curp;	/*指针当前的指向*/
unsigned istemp;	/*临时文件指示器*/
short token;	/*用于有效性检查*/

　　}FILE;

　　不同的 C 语言编译系统的 FILE 类型包含的内容不完全相同，但大同小异。对以上结构体类型的成员及其含义可不作深究，只需知道其中存放了文件的有关信息即可。FILE 是对以上结构体类型自己命名的类型名称，因此 FILE 和上面的结构体类型等价。

　　有了结构体 FILE 类型之后，可以用它来定义若干个 FILE 类型的变量，以便存放若干个文件的信息。在编写源程序时不必关心 FILE 结构的细节。例如："FILE *fp;"表示 fp 是指向 FILE 结构的指针变量，通过 fp 即可寻找存放某个文件信息的结构变量，然后按结构变量提供的信息找到该文件，实施对文件的操作。习惯上也笼统地把 fp 称为指向一个文件的指针。如果有多个文件，一般应设定多个指针变量(指向 FILE 类型结构体的指针变量)，使它们分别指向多个文件，以实现对文件的操作。在 C 语言中，文件操作都是由库函数来完成的。

　　本章将讨论缓冲文件系统及文件的打开、关闭、读、写、定位等各种操作。

12.3　文件的基本操作

1. 文件的打开与关闭

　　在对文件进行读写操作之前要先打开该文件，使用结束之后应该关闭该文件。所谓打开文件，实际上是建立文件的各种有关信息，并使文件指针指向该文件，以便进行其他操作。关闭文件是指断开指针与文件之间的联系，也就是禁止再对该文件进行操作。

　　1) 打开文件函数(fopen 函数)

　　fopen 函数用于打开一个文件。其调用的一般形式为：

　　　　文件指针名=fopen(文件名，使用文件方式)

其中，"文件指针名"必须是被说明为 FILE 类型的指针变量；"文件名"是被打开文件的文件名并且是字符串常量或字符串数组；"使用文件方式"是指文件的类型和操作要求。例如：

　　　　FILE *fp;

　　　　fp= fopen("f1", "r");

其意义是在当前目录下打开文件 f1，使用文件方式为"读入"操作。fopen 函数带回指向 f1 文件的指针并赋给 fp，这样 fp 就和文件 f1 建立联系了，或者说，fp 指向 f1 文件。可以看出，当打开一个文件时，要通知编译系统以下三条信息：需要打开的文件名，使用文件的方式，让哪个指针变量指向被打开的文件。

　　又如：

　　　　FILE *fp;

```
fp=fopen("D:\\f2", "rb");
```

其意义是打开 D 驱动器磁盘的根目录下的文件 f2，这是一个二进制文件，只允许按二进制方式进行读操作。两个反斜线 "\\" 中的第一个表示转义字符，第二个表示根目录。文件使用方式共有 12 种，如表 12-1 所示。

表 12-1　文件使用方式对照表

文件使用方式	意　　义
rt	只读，即打开一个文本文件，只允许读数据
wt	只写，即打开或建立一个文本文件，只允许写数据
at	追加，即打开一个文本文件，并在文件末尾写数据
rb	只读，即打开一个二进制文件，只允许读数据
wb	只写，即打开或建立一个二进制文件，只允许写数据
ab	追加，即打开一个二进制文件，并在文件末尾写数据
rt+	读写，即打开一个文本文件，允许读和写
wt+	读写，即打开或建立一个文本文件，允许读和写
at+	读写，即打开一个文本文件，允许读，或在文件末尾追加数据
rb+	读写，即打开一个二进制文件，允许读和写
wb+	读写，即打开或建立一个二进制文件，允许读和写
ab+	读写，即打开一个二进制文件，允许读，或在文件末尾追加数据

对于文件使用方式有以下几点说明：

(1) 文件使用方式由 r、w、a、t、b，+ 六个字符组成，各字符的含义为：

r(read)：读；

w(write)：写；

a(append)：追加；

t(text)：文本文件，可省略不写；

b(banary)：二进制文件；

+：读和写。

(2) 用 "r" 打开一个文件时，该文件必须已经存在，且只能从该文件读出。不能用 "r" 打开一个并不存在的文件(输入文件)，否则出错。

(3) 用 "w" 打开的文件只能向该文件写入，不能用于向计算机输入。若打开的文件不存在，则以指定的文件名建立该文件；若打开的文件已经存在，则将该文件删去，然后重新建一个新文件。

(4) 若要向一个已存在的文件末尾追加新的数据，应该用 "a" 方式打开该文件。但此时该文件必须是存在的，否则将会出错。打开时，位置指针要移到文件末尾。

(5) 用 "r+""w+""a+" 方式打开的文件既可以用于输入数据，也可以用于输出数据。用 "r+" 方式时该文件必须已存在，以便能向计算机输入数据；用 "w+" 方式时需要新建一个文件，先向此文件写数据，然后可以读此文件中的数据；用 "a+" 方式时打开的源文件不被删去，位置指针移到文件末尾，可以添加，也可以读。

(6) 在打开一个文件时，如果出错，fopen 函数将返回一个空指针值 NULL。在程序中可以用这一信息来判别是否完成打开文件的工作，并作相应的处理。因此常用以下程序段打开文件：

```
if((fp=fopen("D:\\f1", "rb")==NULL)
{
    printf("\n cannot open D:\\f1!");
    getch(); exit(1);
}
```

这段程序的意义是：如果返回的指针为空，表示不能打开 D 盘根目录下的 f2 文件，则给出提示信息 "cannot open D:\\ f1!"。在提示信息的下一行，getch() 的功能是从键盘输入一个字符，但不在屏幕上显示。这里，该行的作用是等待，只有当用户敲键盘上的任何一个键时，程序才继续执行，因此用户可利用这个等待时间阅读出错提示。敲键后执行 exit(1) 退出程序。

(7) 用以上方式可以打开文本文件或二进制文件，并用同一种缓冲文件系统来处理文本文件和二进制文件。但目前使用的有些 C 语言编译系统可能不完全提供所有这些功能，有的只能用 "r" "w" "a" 方式，有的不能用 "r+" "w+" "a+" 方式而用 "rw" "wr" "ar" 等。请注意所有系统的规定。

(8) 把一个文本文件读入内存时，要将 ASCII 码转换成二进制码，当把文件以文本方式写入磁盘时，也要把二进制码转换成 ASCII 码，因此文本文件的读写要花费较多的转换时间。对二进制文件的读写不存在这种转换。

(9) 当程序开始运行时，系统将自动打开三个标准文件，并分别定义文件指针。

① 标准输入文件(stdin)：指向终端输入(一般为键盘)。如果程序中指定要从 stdin 所指的文件输入数据，则就是从终端键盘输入数据。

② 标准输出文件(stdout)：指向终端输出(一般为显示器)。

③ 标准错误文件(stderr)：指向终端标准错误输出(一般为显示器)。

(10) 在向计算机输入文本文件时，将回车换行符转换成一个换行符；在输出时把换行符转换成回车和换行两个字符。在用二进制文件时，不进行这种转换，在内存中的数据与输出到外部文件中的数据形式完全一致，要一一对应。

2) 关闭文件函数(fclose 函数)

文件一旦使用完毕，应用关闭文件函数把文件关闭，以避免文件的数据丢失等。关闭就是使文件指针变量不指向该文件，也就是文件指针变量与文件脱钩，此后不能再通过该指针对原来与其相联系的文件进行读写操作，除非再次打开，使该指针重新指向该文件。

fclose 函数调用的一般形式为：

fclose(文件指针);

例如：fclose(fp);

应该养成在程序终止之前关闭所有文件的习惯，如果不关闭文件将会丢失数据。因为，在向文件写数据时，是先将数据输出到缓冲区，待缓冲区充满后才正式输出给文件。如果当数据未充满缓冲区而程序结束运行时，就会将缓冲区中的数据丢失。用 fclose 函数关闭文件，可以避免这个问题，它先把缓冲区中的数据输出到磁盘文件，然后才释放文件指针变量。

正常完成关闭文件操作时，fclose 函数返回值为 0。如返回非 0 值则表示有错误发生。

2. 文件的读和写

文件打开后，就可以对文件进行读和写，这是最常用的文件操作。常用的读写函数如下：

- 字符读写函数：fgetc 和 fputc；
- 字符串读写函数：fgets 和 fputs；
- 数据块读写函数：freed 和 fwrite；
- 格式化读写函数：fscanf 和 fprinf。

使用以上函数都要求包含头文件 stdio.h。

字符读写函数 fgetc 和 fputc 是以字符(字节)为单位的读写函数，每次可从文件读出或是向文件写入一个字符。

1) 读字符函数(fgetc 函数)

fgetc 函数表示从指定的文件中读一个字符。函数调用的形式为：

```
ch=fgetc(fp);
```

其中，ch 为字符变量；fp 为文件型指针变量。其意义是从打开的文件 fp 中读取一个字符并送入变量 ch 中。如果在执行 fgetc 函数读字符时遇到文件结束符，则函数返回一个文件结束标志 EOF。如果想在一个磁盘文件按顺序读入字符并在屏幕上显示出来，可以用以下程序：

```
ch=fgetc(fp);
while(ch!=EOF)
{
    putchar(ch);
    ch=fgetc(fp);
}
```

EOF 不是可输出字符，因此不能显示于屏幕上。由于字符的 ASCII 码不可能出现 −1，因此 EOF 为 −1 是合理的。当读入的字符值等于 −1 时，表示读入的不是正常的符号而是文件结束符。但对于二进制文件，读入一个字节中的二进制数据的值有可能是 −1，这样就会出现冲突，可能会将需要读入的有用数据处理为"文件结束"。为了解决这个问题，ANSI C 提供了一个 feof 函数来判断文件是否真的结束。例如：feof(fp)用于测试 fp 所指向的文件当前状态是否为"文件结束"，如果文件结束，函数返回的值为真(1)，否则为假(0)。若按顺序读入一个二进制文件中的数据，可用以下程序：

```
while(!feof(fp))
{
    ch=fgetc(fp)
    putchar(ch);
}
```

对于 fgetc 函数的使用有以下几点说明：

(1) 在 fgetc 函数调用中，读取的文件必须是以读或读写方式打开的。

(2) 读取字符的结果也可以不向字符变量赋值，例如："fgetc(fp);"读出的字符不能保存。

(3) 在文件内部有一个位置指针，用于指向文件的当前读写字节。当文件打开时，该指针总是指向文件的第一个字节。使用 fgetc 函数后，该位置指针将向后移动一个字节。因此可连续多次使用 fgetc 函数，读取多个字符。应注意文件指针和文件内部的位置指针不是一个概念。文件指针是指向整个文件的，必须在程序中定义说明，只要不重新赋值，文件指针的值是不变的。文件内部的位置指针用以指示文件内部的当前读写位置，每读写一次，该指针均向后移动，它不需要在程序中定义说明，而由系统自动设置。

2) 写字符函数(fputc 函数)

fputc 函数表示把一个字符写入指定的文件中。函数调用的形式为：

    fputc(ch, fp);

其中，ch 是要输出的字符，它可以是一个字符常量，也可以是一个字符变量；fp 是文件指针变量。例如：

    fputc('a', fp);

其意义是把字符 a 写入 fp 所指向的文件中。

对于 fputc 函数的使用也要说明几点：

(1) 被写入的文件可以用写、读写、追加方式打开，用写或读写方式打开一个已存在的文件时将清除原有的文件内容，写入字符从文件头开始。如需保留原有文件内容，希望写入的字符在文件末尾开始存放，则必须以追加方式打开文件。被写入的文件若不存在，则创建该文件。

(2) 每写入一个字符，文件内部位置指针向后移动一个字节。

(3) fputc 函数有一个返回值，如果写入成功，则返回值就是写入的字符，否则返回一个 EOF(即 −1)。可用此来判断写入是否成功。

(4) 前面介绍过了 putchar 函数，其实它是从 fputc 函数派生出来的。putchar(c)是在 stdio.h 文件中用预处理命令#define 定义的宏，即：

    #define putchar(c) fputc(c, stdout)

前面已叙述，stdout 是系统定义的文件指针变量，它与终端输出相连。fputc(c，stdout)的作用是将 c 的值输出到终端。用宏 putchar(c)比写 fputc(c，stdout)简单一些。从用户的角度来看，可以把 putchar(c)看作函数而不必严格地称它为宏。

【例 12.1】 从键盘输入一些字符，逐个把它们送到磁盘文件中，直到输入一个 "#" 结束；再把该文件内容读出，显示在屏幕上。

参考程序如下：

```
void main()
{   FILE *fp;
    char ch, filename[20];
    printf("input a filename:\n");
    scanf("%s", filename);
    if((fp=fopen(filename, "w+"))==NULL)
```

```
    {   printf("Cannot open file!");
        exit(1);
    }
    getchar();                      //此语句用于接收在执行 scanf 语句时最后输入的回车符
    printf("input a string:\n");
    ch=getchar();
    while (ch!='#')
    {   fputc(ch, fp) ;
        putchar(ch);
        ch=getchar();
    }
    getchar();
    printf("\n");
    rewind(fp);                     //fp 所指文件的内部位置指针移到文件头
    ch=fgetc(fp);
    while(ch!=EOF)
    {   putchar(ch);
        ch=fgetc(fp);
    }                               /*读出文件中的内容  */
    printf("\n");
    fclose(fp);
    }
```

运行结果为：

input a filename:

c11_1.c

input a string:

c program#↙

输出结果为：

c program

本程序文件名由键盘输入，存放在字符数组 filename 中，fopen 函数中的第一个参数"文件名"可以直接写成字符串常量形式(如："c11_1.c")；也可以用字符数组名，在字符数组中存放文件名(如本例题所用方法)。运行本程序时，从键盘输入文件名 c11_1.c，建立此文件，然后从键盘输入要写入该磁盘文件的字符"c program"，以'#'结束输入，程序将"c program"写到以"c11_1.c"命名的磁盘文件中，同时在屏幕上显示这些字符，以便核对。写入完毕，该指针已指向文件末。如要把文件从头读出，必须把指针移向文件头，rewind 函数正是完成此操作，然后读出文件中的内容。

3) 读字符串函数(fgets 函数)

fgets 函数表示从指定的文件中读一个字符串到字符数组中。函数调用的形式为：

　　fgets(字符数组名, n, 文件指针);

其中，n 是一个正整数，表示从文件中读出的字符串不超过 n-1 个字符。在读入的最后一个字符后加上串结束标志'\0'。例如：

        fgets(str, n, fp);

其意义是从 fp 所指的文件中读出 n-1 个字符，并送入字符数组 str 中。

对 fgets 函数有两点说明：

(1) 在读出 n-1 个字符之前，若遇到了换行符或 EOF，则读出结束。

(2) fgets 函数也有返回值，其返回值是字符数组的首地址。

4) 写字符串函数(fputs 函数)

fputs 函数表示向指定的文件写入一个字符串。函数调用的形式为：

        fputs(字符串, 文件指针)

其中，字符串可以是字符串常量，也可以是字符数组名或指针变量。例如：

        fputs("abc", fp);

其意义是把字符串 "abc" 写入 fp 所指的文件之中。

5) 数据块读写函数(fread 函数和 fwrite 函数)

C 语言还提供了用于整块数据的读写函数，可用于读写一组数据，如一个数组元素、一个结构变量的值等。

读数据块函数调用的一般形式为：

        fread(buffer, size, count, fp);

写数据块函数调用的一般形式为：

        fwrite(buffer, size, count, fp);

buffer：一个指针。对 fread 函数来说，它表示存放输入数据的首地址；对 fwrite 函数来说，它表示存放输出数据的首地址。

size：表示读写数据块的字节数。

count：表示要读写的数据块块数。

fp：表示文件指针。

例如：

        fread(a, 4, 2, fp);

其意义是从 fp 所指的文件中，每次读 4 个字节(一个实数)并送入实数组 a 中，连续读两次，即读两个实数到 a 中。

假设有一个结构体类型：

        struct student
        {
            long int num;
            char name[20];
            int age;
        }stu[10];

结构体数组有 10 个元素，其中一个元素用于存放一个学生的信息。假设学生的信息已存放在磁盘文件中，可以用 for 语句和 fread 函数读入 10 个学生的数据。其程序如下：

```
for(i=0; i<10; i++)
{
    fread(&stu[i], sizeof(struct    student), 1, fp);
}
```

同样，可以用 for 语句和 fwrite 函数将学生的数据输出到磁盘文件。其程序如下：

```
for(i=0; i<10; i++)
{
    fwrite(&stu[i], sizeof(struct    student), 1, fp);
}
```

若 fread 函数或 fwrite 函数调用成功，则函数返回 count 的值，即输入或输出数据的完整个数。

6) 格式化读写函数(fscanf 函数和 fprintf 函数)

fscanf 和 fprintf 函数与 scanf 和 printf 函数的功能相似，都是格式化读写函数。两者的区别在于，fscanf 函数和 fprintf 函数的读写对象不是键盘和显示器，而是磁盘文件。

这两个函数的调用格式分别为：

```
fscanf(文件指针，格式字符串，输入表列);
fprintf(文件指针，格式字符串，输出表列);
```

例如：

```
fscanf(fp, "%d%s", &i, &s);    /*从磁盘文件中将数据读入整型变量 i 和实型变量 s 中*/
fprintf(fp, "%d%c", j, ch);     /*将整型变量 i 和字符型变量 ch 的值输出到 fp 所指向的文件中*/
```

使用 fscanf 和 fprintf 函数对磁盘文件进行读写，方便易懂，但是输入时需要将 ASCII 码转换成二进制形式，而在输出时又要将二进制形式转换成 ASCII 字符，时间花费较多。因此，若在磁盘文件和内存频繁交换数据的情况下，最好使用 fread 和 fwrite 函数，而不使用 fscanf 和 fprintf 函数。

7) putw 数和 getw 函数

大多数 C 语言编译系统都提供另外两个函数，即 putw 和 getw，用于对磁盘文件读写一个(整数)。例如：

```
putw(10, fp);
```

它的作用是将整数 10 输出到 fp 指向的文件。而 "i=getw(fp);" 的作用是从磁盘文件读一个整数到内存，赋给整型变量 i。

如果所用的 C 语言编译的库函数不包括 putw 和 getw 函数，那么可以自己定义这两个函数。putw 函数如下：

```
putw(int i, FILE *fp)
{   char *t;
    t=&i;
    putc(t[0], fp); putc(t[1], fp);
    return(i);
}
```

当用"putw(10, fp);"语句调用时，形参 i 得到实参传来的值 10，在 putw 函数中将 i 的地址赋予指针变量 t(t 是指向字符变量的指针变量)，t 指向 i 的第一个字节，t+1 指向 i 的第二个字节。因此，t[0]、t[1]分别对应 i 的第一个字节和第二个字节，按顺序输出 t[0]、t[1]就相当于输出了 i 的两个字节的内容，如图 12-2 所示。

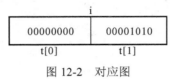

图 12-2　对应图

getw 函数如下：

```
getw(FILE *fp)
{   char *t; int i;
    t=&i;
    t[0]=getc(fp);
    t[1]=getc(fp);
    return(i);
}
```

putw 和 getw 函数并不是 ANSI C 标准定义的函数，许多 C 语言编译都提供这两个函数，但有的 C 语言编译可能取名不同，请使用时注意。

8) 文件定位函数

文件中有一个位置指针，指向当前读写的位置。前面介绍的对文件的读写方式都是按顺序读写，即读写文件只能从头开始，按顺序读写各个数据，但在实际问题中常要求只读写文件中某一指定的部分。为了解决这个问题，可将文件内部的位置指针移动到需要读写的位置，再进行读写，这种读写称为随机读写。实现随机读写的关键是要按要求移动位置指针，这称为文件的定位。

(1) rewind 函数。前面已经使用过，其调用形式为：

```
rewind(文件指针);
```

它的功能是将文件内部的位置指针重新返回到文件首位置，函数没有返回值。

【例 12.2】　将一个磁盘文件的内容显示在屏幕上，然后把它复制到另一个文件中。

参考程序如下：

```
#include<stdio.h>
void main()
{   file *fp1, *fp2;
    fp1=fopen("file1.c", "r");
    fp2=fopen("file2.c", "w");
    while(!feof(fp1))putchar(getc(fp1));
    rewind(fp1);
    while(!feof(fp1))putc(getc(fp1), fp2);
    fclose(fp1);
    fclose(fp2);
```

　　}

　　在第一次将文件的内容显示在屏幕以后，文件 file1.c 的位置指针已指到文件末尾，feof 的值为非 0(真)。执行 rewind 函数，使文件的位置指针重新定位于文件开头，并使 feof 函数的值恢复为 0。

　　(2) fseek 函数。对流式文件可以进行顺序读写，也可以进行随机读写，关键在于控制文件的位置指针。如果位置指针是按字节位置顺序移动的，就是顺序读写；如果能将位置指针按需求移动到任意位置，就可以实现随机读写。所谓随机读写，是指读写完上一个字符(字节)后，并不一定要读写其后续的字符(字节)，而可以读写文件中任意位置上所需要的字符(字节)。

　　fseek 函数用于移动文件内部位置指针。其调用形式为：

　　　　fseek(文件指针, 位移量, 起始点);

其中，"文件指针"指向被移动的文件。"位移量"表示移动的字节数，要求位移量是 long 型数据，以便在文件长度大于 64 KB 时不会出错。当用常量表示位移量时，要求加后缀"L"。"起始点"表示从何处开始计算位移量，规定的起始点有三种：文件开始、文件当前位置和文件末尾。其表示方式如表 12-2 所示。

表 12-2　起始点表示方式

起始点	表示符号	数字表示
文件开始	SEEK_SET	0
文件当前位置	SEEK_CUR	1
文件末尾	SEEK_END	2

　　例如：

fseek(fp, 20L, 0); 表示把位置指针移到离文件首部 20 个字节处。

fseek(fp, 20L, 1); 表示把位置指针移到离当前位置 20 个字节处。

fseek(fp, -20L, 2); 表示把位置指针从文件末尾处向后退 20 个字节。

　　还要说明的是，fseek 函数一般用于二进制文件。在文本文件中由于要进行转换，故往往计算的位置会出现错误。文件的随机读写在移动位置指针之后，即可用前面介绍的任一种读写函数进行读写。由于一般是读写一个数据块，因此常用 fread 和 fwrite 函数。

　　(3) ftell 函数。由于文件的位置指针可以任意移动，也经常移动，往往容易迷失当前位置，ftell 函数用于返回文件位置指针当前的位置，因此可以解决这个问题。

　　其调用形式为：

　　　　long　ftell(文件指针);

　　返回文件位置指针的当前位置(用相对于文件头的位移量表示)，如果返回值为-1L，则表明调用出错。例如：

　　　　offset=ftell(fp);

　　　　if(offset==-1L)printf("ftell() error\n");

　　9) 文件检测函数

　　C 语言中常用的文件检测函数有以下几个：

　　(1) 文件结束检测函数(feof 函数)。其调用格式为：

feof(文件指针);

功能：判断文件是否处于文件结束位置，如文件结束，则返回值为 1，否则为 0。

(2) 读写文件出错检测函数(ferror 函数)。在调用输入/输出库函数时，如果出错，除了函数返回值有所反映外，也可利用 ferro 函数来检测。其调用格式为：

ferror(文件指针);

功能：检查文件在用各种输入/输出函数进行读写时是否出错，如果函数返回值为 0，表示未出错；如果返回一个非 0 值，表示出错。对同一文件，每次调用输入/输出函数均产生一个新的 ferror 函数值。因此在调用了输入/输出函数后，应立即检测，否则出错信息会丢失。在执行 fopen 函数时，系统将 ferror 函数的值自动置为 0。

(3) 文件出错标志和文件结束标志置 0 函数(clearerr 函数)。其调用格式为：

clearerr(文件指针);

功能：将文件出错标志(即 ferror 函数的值)和文件结束标志(即 feof 函数的值)置为 0。

对同一个文件，只要出错就一直保留，直至遇到 clearerr 函数或 rewind 函数，或者其他任何一个输入/输出库函数为止。

12.4　文件操作举例

【例 12.3】 读入文件 d:\\f1.txt，并在屏幕上输出。

参考程序如下：

```
#include "stdio.h"
#include "stdlib.h"
void main()
{   FILE *fp;
    char ch;
    if((fp=fopen("d:\\f1.txt", "r"))==NULL)
    {   printf("Cannot open file!");
        getchar();
        exit(1);
    }
    ch=fgetc(fp);
    while (ch!=EOF)
    {   putchar(ch);
        ch=fgetc(fp);
    }
    printf("\n");
    fclose(fp);
}
```

本例程序的功能是从文件中逐个读取字符，并在屏幕上显示。程序定义了文件指针 fp，以读文本文件方式打开文件"d:\\f1.txt"，并使 fp 指向该文件。如打开文件出错，则给出提示并退出程序。程序第 12 行先读出一个字符，然后进入循环，只要读出的字符不是文件结束标志(每个文件末尾有一结束标志 EOF)，就把该字符显示在屏幕上，再读入下一字符。每读一次，文件内部的位置指针向后移动一个字符，文件结束时，该指针指向 EOF。执行本程序将显示整个文件。

运行情况：先在 d 盘根目录下建立文件 f1.txt，内容为"abcdefg"。

运行该程序后屏幕上将显示：

　　abcdefg

【例 12.4】 把一个磁盘文件中的信息复制到另一个磁盘文件中。

方法 1：在 main 函数中完成磁盘文件名称的输入，然后处理。例如：

```
#include "stdio.h"
#include "stdlib.h"
void main()
{   FILE *fp1, *fp2;
    char ch, fin[10], fout[10];
    printf("please input the in name:\n");
    scanf("%s", fin);
    printf("please input the out name:\n");
    scanf("%s", fout);
    if((fp1=fopen(fin, "r"))==NULL)
    {   printf("Cannot open %s\n", fin);
        getchar(); exit(1);
    }
    if((fp2=fopen(fout, "w+"))==NULL)
    {   printf("Cannot open %s\n", fout);
        getchar(); exit(1);
    }
    while((ch=fgetc(fp1))!=EOF)
        fputc(ch, fp2);
    fclose(fp1);
    fclose(fp2);
}
```

运行结果如下：

　　please input the in name:

　　f1.txt✓

　　please input the out name:

　　nf1.txt✓

注意：首先要确保 f1.txt 已存在，并与本程序同目录，运行结束后查看 nf1.txt，内容应与 f1.txt 相同。

方法 2：带参的 main 函数中，把命令行参数中的前一个文件名标识的文件复制到后一个文件名标识的文件中，如命令行中只有一个文件名则把该文件写到标准输出文件(显示器)中。

```
#include "stdlib.h"
void main(int argc, char *file[])
{   FILE *fp1, *fp2;
    char ch;
    if(argc==1)
    {   printf("have not enter file name strike any key exit");
        getchar(); exit(0);
    }
    if((fp1=fopen(file[1], "r"))==NULL)
    {   printf("Cannot open %s\n", file[1]);
        getchar(); exit(1);
    }
    if(argc==2) fp2=stdout;
    else if((fp2=fopen(file[2], "w+"))==NULL)
    {   printf("Cannot open %s\n", file[2]);
        getchar(); exit(1);
    }
    while((ch=fgetc(fp1))!=EOF)
        fputc(ch, fp2);
    fclose(fp1);
    fclose(fp2);
}
```

假如本程序的源文件名为 f3.c，则编译连接后得到的可执行文件名为 f3.exe。此方法必须在 DOS 命令工作方式下输入命令行来完成。

如果命令行参数 argc==1，表示没有给出文件名，则给出提示信息。运行结果如下：

d:\f3✓　　　　　　　(假设 f3.exe 所在目录为 c:)

have not enter file name strike any key exit (输出提示信息)

如果命令行参数 argc==2，表示只给出一个由文件指针 fp1 指向的文件名，fp2 指向标准输出文件(即显示器)。运行结果如下：

d:\f3　f1.txt✓　　　　　(假设 f3.exe 和 f1.txt 所在目录为 d:)

输出的结果：直接在终端输出 f1.txt 的内容。

如果命令行参数 argc==3，表示给出了两个文件名，程序中定义了两个文件指针 fp1 和 fp2，分别指向命令行参数中给出的文件。运行结果如下：

d:\f3　f1.txt nf1.txt✓　　(假设 f3.exe 和 f1.txt 所在目录为 d:)

然后到本目录下查看 nf1.txt，内容应与 c1.txt 相同。

注意：此方法中，file[0]存放内容为 f3，file[1]中存放 f1.txt，file[2]存放 nf1.txt，argc

的值为 3，因为该命令行中的参数个数为 3。在执行程序后，打开 file[2]文件，用循环语句逐个读出文件 file[1]中的字符再送到文件中。

【例 12.5】　从 d:\\f1.txt 文件中读入一个含 5 个字符的字符串。

参考程序如下：

```
#include "stdio.h"
#include "stdlib.h"
void main()
{   FILE *fp;
    char str [6];
    if((fp=fopen("d:\\f1.txt", "r"))==NULL)
    {   printf("Cannot open file strike any key exit!");
        getchar(); exit(1);
    }
    fgets(str, 6, fp);
    printf("%s", str);
    fclose(fp);
}
```

本例定义了一个字符数组 str 共 6 个字节，在以读文本文件方式打开文件 d:\\f1.txt 后，从中读出 5 个字符送入 str 数组，在数组最后一个单元内再加上'\0'，然后在屏幕上显示输出 str 数组。输出的 5 个字符正是例 12.3 程序的前 5 个字符 abcde。

【例 12.6】　在例 12.3 中建立的文件 d:\\f1.txt 末尾追加一个字符串。

参考程序如下：

```
#include "stdio.h"
#include "stdlib.h"
void main()
{   FILE *fp;
    char ch, str[10];
    if((fp=fopen("d:\\f1.txt", "a+"))==NULL)
    {   printf("Cannot open file strike any key exit!");
        getchar(); exit(1);
    }
    printf("input a string:\n");
    scanf("%s", str);
    fputs(str, fp);
    rewind(fp);
    ch=fgetc(fp);
    while(ch!=EOF)
    {   putchar(ch);
        ch=fgetc(fp);
```

```
    }
    printf("\n");
    fclose(fp);
}
```

本例要求在 d:\\f1.txt 文件末尾加写字符串，因此，在程序中以追加读写文本文件的方式打开文件 d:\\f1.txt，然后输入字符串，并用 fputs 函数把该字符串写入文件 d:\\f1.txt 中。本程序用 rewind 函数把文件内部位置指针移到文件首，再进入循环逐个显示当前文件中的全部内容。

运行结果如下：

input a string:

<u>abcde</u>✓

输出结果为：

abcdefgabcde

【例 12.7】 从键盘输入 5 个学生数据，写入一个文件中，再读出这 5 个学生的数据并显示在屏幕上。

参考程序如下：

```c
#include "stdio.h"
#include "stdlib.h"
#define NUM 5
struct student
{   int num;
    char name[10];
    int age;
} stua[NUM], stub[NUM], *p, *q;
void main()
{   FILE *fp;
    int i;
    p=stua;
    q=stub;
    if((fp=fopen("d:\\f7.txt", "wb+"))==NULL)
    {   printf("Cannot open file strike any key exit!");
        getchar(); exit(1);
    }
    printf("\ninput data:\n");
    for(i=0; i<NUM; i++, p++)
        scanf("%d%s%d", &p->num, p->name, &p->age);
    p=stua;
    fwrite(p, sizeof(struct student), NUM, fp);
    rewind(fp);
```

```
    fread(q, sizeof(struct student), NUM, fp);
        printf("\n\nnumber\tname\tage\n");
    for(i=0; i<NUM; i++, q++)
        printf("%5d\t%s\t%4d\n", q->num, q->name, q->age);
    fclose(fp);
    }
```

本例程序定义了一个结构 student，即说明了两个结构数组 stua 和 stub 以及两个结构指针变量 p 和 q，p 指向 stua，q 指向 stub。以读写方式打开二进制文件 "d:\\f7.txt"，从终端键盘输入 5 个学生的数据，写入该文件中。 fwrite 函数的作用是将一个长度为字节的数据块送到 "d:\\f7.txt" 文件中(一个 student 类型结构体变量的长度为它的成员长度之和，即 4+10+4=18)，然后把文件内部位置指针移到文件首，使用 fread 函数读出 5 块学生数据后，在屏幕上显示。

运行结果如下：

input data:

20190101 zhang 18✓

20190098 liu　 20✓

20190088 peng 19✓

20190110 li　 18✓

20190102 zhong 19✓

输出结果为：

number	name	age
20190101	zhang	18
20190098	liu	20
20190088	peng	19
20190110	li	18
20190102	zhong	19

值得注意的是，从键盘输入的 5 个学生的数据是 ASCII 码，也就是文本文件，送到计算机内存时，回车加换行符转换成一个换行符，再从内存中以 "wb+" 方式(二进制方式)输出到 "d:\\f7.txt" 中，此时不发生字符转换，按内存中存储形式原样输出到磁盘文件中。然后把文件内部位置指针移到文件首，又用 fread 函数读出 5 块学生数据，此时数据按原样(二进制方式)输入，也不发生字符转换。最后用 printf 函数将数据输出到屏幕，因为 printf 是格式输出函数，输出 ASCII 码并在屏幕上显示字符，换行符又转换为回车加换行符。

【例 12.8】 使用 fscanf 和 fprintf 函数完成例 12.7 的问题。

参考程序如下：

```
#include "stdio.h"
#include "stdlib.h"
#define NUM 5
struct student
{   int num;
```

```
    char name[10];
    int age;
} stua[NUM], stub[NUM], *p, *q;
void main()
{   FILE *fp;
    int i;
    p=stua;
    q=stub;
    if((fp=fopen("d:\\f8.txt", "wb+"))==NULL)
    {   printf("Cannot open file strike any key exit!");
        getchar(); exit(1);
    }
    printf("\ninput data:\n");
    for(i=0; i<NUM; i++, p++)
        scanf("%d%s%d", &p->num, p->name, &p->age);
    p=stua;
    for(i=0; i<NUM; i++, p++)
        fprintf(fp, "%d %s %d\n", p->num, p->name, p->age);
    rewind(fp);
    for(i=0; i<NUM; i++, q++)
        fscanf(fp, "%d %s %d\n", &q->num, q->name, &q->age);
    printf("\n\nnumber\tname\tage\n");
    q=stub;
    for(i=0; i<NUM; i++, q++)
        printf("%5d\t%s\t%5d\n", q->num, q->name, q->age);
    fclose(fp);
}
```

与例 12.7 相比，本程序中 fscanf 和 fprintf 函数每次只能读写一个结构数组元素，因此采用了循环语句来读写全部数组元素。还要注意指针变量 p、q，由于循环改变了它们的值，因此在程序中分别对它们重新赋予了数组的首地址。

【例 12.9】 在学生文件 d:\\f7.txt 中读出第三个学生的数据。

参考程序如下：

```
#include    "stdio.h"
#include    "stdlib.h"
#define NUM 5
struct student
{   int num;
    char name[10];
    int age;
```

```
    } stu, *p;
    void main()
    {   FILE *fp;
        int i=2;            //指针移位单元
        p=&stu;
        if((fp=fopen("d:\\f7.txt", "rb"))==NULL)
        {   printf("Cannot open file strike any key exit!");
            getchar(); exit(1);
        }
        rewind(fp);
        fseek(fp, i*sizeof(struct student), 0);
        fread(p, sizeof(struct student), 1, fp);
        printf("\n\nnumber\tname\t age\n");
        printf("%d\t%s\t%d\n", p->num, p->name, p->age);

    }
```

文件 d:\\f7.txt 已由例 12.7 的程序建立，本程序用随机读出的方法读出第三个学生的数据。程序中定义 stu 为 student 类型变量，p 为指向 stu 的指针。以读二进制文件方式打开文件，程序第 18 行移动文件位置指针。其中的 i 值为 2，表示从文件头开始，移动两个 student 类型的长度，然后再读出的数据即为第三个学生的数据。若本程序使用的文件 d:\\f8.txt 是由例 12.8 的程序建立的，将会出现乱码，学生可自行检验。

本章内容很重要，由于篇幅的限制，只介绍了一些基本的概念，没有举出更多的例题，希望学生能在实践中掌握文件的使用。

附录 A　常用字符与 ASCII 码对照表

常用字符与 ASCII 码对照表如附表 1 所示。

附表 1　常用字符与 ASCII 码对照表

ASCII 值字符 控制字符	ASCII 值字符	ASCII 值字符	ASCII 值字符	ASCII 值字符	ASCII 值字符	ASCII 值字符	ASCII 值字符
000 (null)NUL	032 (space)	064 @	096 `	128 Ç	160 á	192 └	224 α
001 ☺ SOH	033 !	065 A	097 a	129 ü	161 í	193 ┴	225 ß
002 ☻ STX	034 "	066 B	098 b	130 é	162 ó	194 ┬	226 Γ
003 ♥ ETX	035 #	067 C	099 c	131 â	163 ú	195 ├	227 π
004 ♦ EOT	036 $	068 D	100 d	132 ä	164 ñ	196 —	228 Σ
005 ♣ END	037 %	069 E	101 e	133 à	165 Ñ	197 ┼	229 σ
006 ♠ ACK	038 &	070 F	102 f	134 å	166 ª	198 ╟	230 μ
007 (beep) BEL	039 '	071 G	103 g	135 ç	167 º	199 ╠	231 τ
008 ▫ BS	040 (	072 H	104 h	136 ê	168 ¿	200 ╚	232 Φ
009 (tab) HT	041)	073 I	105 i	137 ë	169 ⌐	201 ╔	233 Θ
010 (line feed) LF	042 *	074 J	106 j	138 è	170 ¬	202 ╩	234 Ω
011 ♂ VT	043 +	075 K	107 k	139 ï	171 ½	203 ╦	235 δ
012 ♀ FF	044 ,	076 L	108 l	140 î	172 ¼	204 ╠	236 ∞
013 CR	045 -	077 M	109 m	141 ì	173 ¡	205 —	237 φ
014 ♫ SO	046 。	078 N	110 n	142 Ä	174 «	206 ┼	238 ε
015 ☼ SI	047 /	079 O	111 o	143 Å	175 »	207 ┴	239 ∩
016 ► DLE	048 0	080 P	112 p	144 É	176 ░	208 ┴	240 ≡
017 ◄ DC1	049 1	081 Q	113 q	145 æ	177 ▒	209 ┬	241 ±
018 ↕ DC2	050 2	082 R	114 r	146 Æ	178 ▓	210 ┬	242 ≥
019 ‼ DC3	051 3	083 S	115 s	147 ô	179 │	211 └	243 ≤

续表

ASCII 值字符 控制字符	ASCII 值字符	ASCII 值字符	ASCII 值字符	ASCII 值字符	ASCII 值字符	ASCII 值字符	ASCII 值字符
020 ¶ DC4	052 4	084 T	116 t	148 ö	180 ⊣	212 ⊥	244 ⌠
021　 NAK	053 5	085 U	117 u	149 ò	181 ⊣	213 ┌	245 ⌡
022 ▬ SYN	054 6	086 V	118 v	150 û	182 ⊣	214 ┌	246 ÷
023 ↕ ETB	055 7	087 W	119 w	151 ù	183 ┐	215 ╬	247 ≈
024 ↑ CAN	056 8	088 X	120 x	152 ÿ	184 ┐	216 ╬	248 °
025 ↓ EM	057 9	089 Y	121 y	153 Ö	185 ⊣	217 ┘	249 ●
026 → SUB	058 :	090 Z	122 z	154 Ü	186		218 ┌	250 ·
027 ← ESC	059 ;	091 [	123 {	155 ¢	187 ┐	219 ■	251 √
028 ∟ FS	060 <	092 \	124		156 £	188 ┘	220 ▬	252 Π
029 ↔ GS	061 =	093]	125 }	157 ¥	189 ┘	221 ▐	253 Z
030 ▲ RS	062 >	094 ^	126 ~	158 Pt	190 ┘	222 ▌	254 ■
031 ▼ US	063 ?	095 _	127 DEL	159 ƒ	191 ┐	223 ▀	255 (blank)

附录 B C语言的常用库函数

1) 输入/输出函数

使用输入/输出函数时，在源文件中应写入以下编译预处理命令：

#include <stdio.h> 或 #include "stdio.h"

输入/输出函数如附表2所示。

附表 2 输入/输出函数

函数名	函数原型	功 能	说 明
clearerr	void clearerr(FILE *fp);	清除文件指针的错误标志	
close	int close(int fp);	关闭文件	非 ANSI 标准函数
creat	int creat (char *filename, int mode);	以 mode 所指定的方式建立文件	非 ANSI 标准函数
eof	int eof(int *fd);	检测文件是否结束	
fclose	int fclose(FILE *fp);	关闭 fp 所指的文件，释放文件缓冲区	
feof	int feof(FILE * fp);	检查文件是否结束	
fgetc	int fgetc(FILE * fp);	从 fp 所指的文件中读取下一字符	
fgets	char *fgets(char *buf, int n, FILE *fp);	从 fp 所指的文件中读取(n-1)的字符串，并存入起始地址为 buf 的空间中	
fopen	FILE *fopen(char *filename, char *mode);	以 mode 方式打开文件	
fprintf	int fprintf(FILE *fp, char *format[, argument, ...]);	传送格式化输出到一个流中	
fputc	int fputc(int ch, FILE *fp);	将 ch 的字符写入 fp 所指的文件中	
fputs	int fputs(char *string, FILE *fp);	送一个字符到一个流中	
fread	int fread(char *ptr, unsigned size, unsignedn, FILE *fp);	从 fp 所指的文件中读取长度为 size 的 n 个数据，并存入 fp 所指向的内存区	
fscanf	int fscanf(FILE *fp, char *format, args, ...);	从 fp 所指的文件按 format 指定的格式读入数据，并存入 args 所指向的内存区	

函数名	函数原型	功　能	说　明
fseek	int fseek(FILE *fp, long offset, int origin);	将 fp 所指的文件的位置指针移动到以 base 所给出的位置为基准，以 offset 为位移量的位置	
ftell	long ftell(FILE *fp);	返回当前文件指针	
fwrite	int fwrite(char*ptr, unsigned size, unsigned n, FILE *fp);	将 ptr 所指的 n×size 字节写入到 fp 所指的文件中	
getc	int getc(FILE *fp);	从 fp 所指的文件中取字符	
getchar	int getchar(void);	从标准输入设备中读取字符	
getw	int getw(FILE *fp);	从 fp 所指的文件中读取一整数	非 ANSI 标准函数
open	int open(char *filename, int mode);	以 mode 的方式打开一个已存的文件，用于读或写	非 ANSI 标准函数
printf	int printf(char *format, args, ...);	产生格式化输出的函数	formate 可以是一个字符串或字符数组的起始地址
putc	int putc(int ch, FILE*fp);	输出一字符到指定文件中	
putchar	int putchar(int ch);	将字符 ch 输出到标准设备上	
puts	int puts(char *string);	将字符串输出到标准设备上	
putw	int putw(int w, FILE*fp);	将一个整数写入到指定的文件中	非 ANSI 标准函数
read	int read(int fd, char *buf, unsigned count);	从 fp 指定的文件中读 count 个字节到 buf 指定的缓冲区中	非 ANSI 标准函数
rename	int rename(char *oldname, char *newname);	重命名文件	
rewind	int rewind(FILE *fp);	将文件指针重新指向一个文件的开头	
scanf	int scanf(char *format, args, ...]);	执行格式化输入	args 为指针
write	int write(int fd, char *buf, unsigned count);	从 buf 指定的缓冲区中输出 count 字符到 fd 所指定的文件中	非 ANSI 标准函数

2) 数学函数

使用数学函数时，在源文件中应写入以下编译预处理命令行：

```
#include  <math.h>
```

或

　　　　#include　　"math.h"

数学函数如附表 3 所示。

附表 3　数　学　函　数

函数名	函数原型	功　能	说　明
abs	int abs(int x);	求整数 x 的绝对值	
acos	double acos(double x);	反余弦函数	x 应在 −1 到 1 范围内
asin	double asin(double x);	反正弦函数	x 应在 −1 到 1 范围内
atan	double atan(double x);	反正切函数	
atan2	double atan2(double y,　double x);	计算 y/x 的反正切值	
cos	double cos(double x);	余弦函数	x 的单位为弧度
cosh	double cosh(double x);	双曲余弦函数	
exp	double exp(double x);	指数函数	
fabs	double fabs(double x);	计算浮点数的绝对值	
floor	double floor(double x);	取最大整数	
fmod	double fmod(double x, double y);	计算 x/y 的余数	
log	double log(double x);	对数函数 ln(x)	
log10	double log10(double x);	对数函数 log	
modf	double modf(double value, double *iptr);	将双精度数分为整数部分和小数部分	整数部分存储在指针变量 iptr 中，返回小数部分
pow	double pow(double x, double y);	指数函数，即 x^y	
rand	int rand(void);	随机数发生器	
sin	double sin(double x);	正弦函数	
sinh	double sinh(double x);	双曲正弦函数	
sqrt	double sqrt(double x);	平方根函数	
tan	double tan(double x);	正切函数	
tanh	double tanh(double x);	双曲正切函数	

3) 字符函数和字符串函数

使用字符函数和字符串函数时，在源文件中应写入以下编译预处理命令行：

　　　　#include　＜ctype.h＞

或

　　　　#include　＜string.h＞

字符函数和字符串函数如附表 4 所示。

附表 4　字符函数和字符串函数

函数名	函数原型	功　能	说　明
isalnum	int isalnum(int ch);	判断 ch 是否为英文字母或数字	ctype.h
isalpha	int isalpha(int ch);	判断 ch 是否为字母	ctype.h
iscntrl	int iscntrl(int ch);	检查 ch 是否为控制字符	ctype.h
isdigit	int isdigit(int ch);	判断 ch 是否为数字(0~9)	ctype.h
isgraph	int isgraph(int ch);	检查 ch 是否为可打印字符(不含空格)	ctype.h
islower	int islower(int ch);	检查 ch 是否为小写字母(a~z)	ctype.h
isprint	int isprint(int ch);	检查 ch 是否为可打印字符(含空格)	ctype.h
ispunct	int ispunct(int ch);	检查 ch 是否为标点字符	ctype.h
isspace	int isspace(int ch);	检查 ch 是否为空格符	ctype.h
isupper	int isupper(int ch);	检查 ch 是否为大写英文字母	ctype.h
isxdigit	int isxdigit(int ch);	检查 ch 是否为十六进制数字	ctype.h
strcat	char *strcat(char *dest, const char *src);	将字符串 src 添加到 dest 末尾	string.h
strchr	char *strchr(const char *s, int c);	检索并返回字符 c 在字符串 s 中第一次出现的位置	string.h
strcmp	int strcmp(const char *s1, constchar *s2);	比较字符串 s1 与 s2 的大小	string.h
strcpy	char *strcpy(char *dest, constchar *src);	将字符串 src 复制到 dest	string.h
strlen	unsigned int strlen(char *str);	字符串 str 的长度	string.h
strstr	char *strstr(char *str1, char*str2);	找出 str2 字符串在 str1 字符串中第一次出现的位置	string.h
tolower	int tolower(int ch);	将 ch 的大写英文字母转换成小写英文字母	ctype.h
toupper	int toupper(int ch);	将 ch 的小写英文字母转换成大写英文字母	ctype.h

4) 动态存储分配函数

使用动态存储分配函数时，在源文件中应写入以下编译预处理命令行：

#include　　<stdlib.h>

动态存储分配函数如附表 5 所示。

附表 5　动态存储分配函数

函数名	函数原型	功　能	说　明
calloc	void *calloc(unsigned n, unsign size);	分配主存储器	
free	void free(void *p);	释放 p 所指的内存区	
malloc	void *malloc(unsigned size);	内存分配函数	或#include <malloc.h>
realloc	void *realloc(void *ptr, unsigned newsize);	重新分配内存空间	

参 考 文 献

[1]　谭浩强. C 程序设计[M]. 北京：清华大学出版社，1991.

[2]　谭浩强. C 程序设计指导试题汇编[M]. 北京：清华大学出版社，1997.

[3]　谭浩强. C 程序设计试题汇编[M]. 北京：清华大学出版社，1998.

[4]　谭浩强. C 语言程序设计[M]. 北京：清华大学出版社，2000.

[5]　谭浩强，张基温. C 语言程序设计教程[M]. 北京：高等教育出版社，2006.

[6]　谭浩强. C 程序设计教程[M]. 北京：清华大学出版社，2007.

[7]　谭浩强. C 程序设计[M]. 5 版. 北京：清华大学出版社，2017.

[8]　孙力. C 语言程序设计教程[M]. 北京：中国农业出版社，2012.

[9]　王浩. 高级语言程序设计[M]. 武汉：武汉理工大学出版社，2003.

[10]　田淑清，等. 全国计算机等级考试二级教程：C 语言程序设计(修订版)[M]. 北京：高等教育出版社，2003.

[11]　罗朝盛，余文芳. C 程序设计实用教程[M]. 北京：人民邮电出版社，2005.

[12]　李玲编. C 语言程序设计教程[M]. 北京：人民邮电出版社，2005.

[13]　湛为芳. C 语言程序设计技术[M]. 北京：清华大学出版社，2006.

[14]　武马群. C 语言程序设计[M]. 北京：北京工业大学出版社，2006.

[15]　杨路明. C 语言程序设计[M]. 北京：北京邮电大学出版社，2006.

[16]　王敬华，等. C 语言程序设计教程[M]. 北京：清华大学出版社，2006.

[17]　陈良银. C 语言程序设计(C99 版)[M]. 北京：清华大学出版社，2007.

[18]　罗坚，王声决，等. C 程序设计教程[M]. 北京：中国铁道出版社，2007.

[19]　严蔚敏. 数据结构[M]. 北京：清华大学出版社，2002.

[20]　何钦铭，颜晖. C 语言程序设计[M]. 北京：高等教育出版社，2008.

[21]　熊化武. 全国计算机等级考试考点分析、题解与模拟[M]. 北京：电子工业出版社，2007.

[22]　姜学锋. C 语言程序设计习题集[M]. 西安：西北工业大学出版社，2007.

[23]　邹修明. C 语言程序设计[M]. 北京：中国计划出版社，2007.

[24]　Stephen Prata. C Primer Plus. 中文版[M]. 5 版. 北京：人民邮电出版社，2005.